东亚乡村建设与规划

张立　编著

中国建筑工业出版社

图书在版编目（CIP）数据

东亚乡村建设与规划 / 张立编著 . -- 北京：中国
建筑工业出版社，2019.11（2023.1重印）
ISBN 978-7-112-24361-7

Ⅰ . ①东… Ⅱ . ①张… Ⅲ . ①乡村规划—研究—东亚
Ⅳ . ① TU982.31

中国版本图书馆 CIP 数据核字 (2019) 第 233367 号

本书首次从东亚视角来审视东亚国家和地区的乡村规划建设实践，内容包括：东亚发达经济体
农村发展的困境和应对；农村无形的国民财富、农业农村整治及地方创生；乡村社区的灾后恢复能
力与乡村规划；生态旅游与生态博物馆；乡村风貌的困境、成因和保护策略探讨等。

本书适用于城乡规划、建筑学、设计学、社会学、地理学等相关专业的科研人员和师生，以及
对东亚乡村建设的制度和政策特征有了解和研究需求的读者参考使用。

责任编辑：万　李　范业庶
责任校对：姜小莲

东亚乡村建设与规划
张立　编著

*

中国建筑工业出版社出版、发行（北京海淀三里河路9号）
各地新华书店、建筑书店经销
北京光大印艺文化发展有限公司制版
北京凌奇印刷有限责任公司印刷

*

开本：787毫米×1092毫米　1/16　印张：22$\frac{1}{2}$　字数：468千字
2021年2月第一版　　2023年1月第二次印刷
定价：69.00元
ISBN 978-7-112-24361-7
　　　(34879)

序　一

中国实行改革开放政策40多年来，随着经济的快速发展，城市数量和城市化人口规模均有了大幅增加，城市的现代化程度也不断提高；就整体而言，中国已经进入了"城市时代"。与此同时，乡村人口持续减少，"空心化""老龄化"等问题日益严峻；从微观机制上看，乡村社会的转型具有自发性，失序在所难免。对此态势，各级政府、学界和社会大众都很警觉。中央连续多年发布针对"三农"问题的"一号文件"；先后提出了"统筹城乡发展""城乡发展一体化""城乡协调发展"等新理念；在前些年的"新农村建设"基础上，党的十九大报告明确提出了"实施乡村振兴战略"，并指出"农业农村农民问题是关系国计民生的根本问题，必须始终把解决好'三农'问题作为全党工作的重中之重"。为了落实十九大精神，中共中央、国务院于2018年9月印发了《乡村振兴战略规划（2018—2022年）》。乡村振兴是伟大的历史使命，学界义不容辞，也要积极行动起来。《东亚乡村建设与规划》的出版可谓契合了我国当前经济社会发展和治理的一项重要课题。

做研究和为决策提供咨询往往需要做一定的国际比较研究和经验借鉴，在城市化和乡村建设与规划领域亦应如此。国际比较的对象选择要恰当，要避免"不可比"的情形及盲目照搬。当然，对欧美的规模化大农业以及他们的农村发展与治理经验我们也应当考察和借鉴，但务必要注意背景差异；尤其是美国、加拿大、澳大利亚等幅员辽阔的移民国家，虽有发达的现代农业，但其实没有传统的农村。相较而言，与我们相近的东亚国家和地区，例如日本、韩国，以及我国的台湾地区，则可比性较强。这些发达经济体都有小农经济传统，有悠久的农耕历史和乡村社区生活的底蕴，并都曾受儒家文化的影响。东亚国家和地区乡村的初始状况很相似；所不同的是日本、韩国现在经济高度发达，城市化水平也非常高，同时农村也出现了很多问题。这些国家和地区乡村发展历程、经验和教训、政策措施和绩效、未来趋势等均值得我们观察和研究。

本书的编著基于诸多相关课题。同济大学城乡规划学科的教授和研究生已经多年关注城市化及乡村建设和规划问题，承担过诸多国家部委和地方政府委托的研究课题和城乡规划咨询项目。在院系和学科团队的支持下，由张立副教授积极谋划和联络，乡村研究工作延伸到了海外。同济大学团队曾多次赴日本、韩国等进行乡村考察，在学习借鉴的基础上撰写了很多文章。日本、韩国等地的多位学者也与同济大学开展了合作研究和学术交流，并共同撰写了若干论文。海内外诸多教授和友人的支持和帮助，使得我们大大增进了对东亚乡村建设和规划的理解，同时也成就了这本专著。

现代化进程中的乡村发展是一个长期课题，无论是发达经济体，还是发展中国家和地区，都有其特定问题或困境，并都将不断面临新的挑战。我国"新农村建设"及"乡村振兴战略规划"实施的时间尚不长，在中央政府的政策引导及广大民众的努力下，农村面貌和农民生活已经有了一定改观；"以人为本""生态文明""城乡融合"等新时代的理念也正在日益为人们所熟悉和接受。在此背景下，农村地区的发展亟需探索新路子并形成科学的治理体系。过去那种城乡分离、政策上碎片化的农村建设实践已经无法满足新时代农村发展的现实需要。我们要立足本土而积极探索，同时亦要向先发国家和地区学习，从而少走弯路。

观察日本和韩国，在国家的工业化、城市化转型过程中一直在关注农村；政府和有关组织在农村实施了种种振兴计划，提供了多方面的支援，包括财政上的支持及公共服务上的均等化措施。政策措施对于维系农村运转和农业生产起到了很大作用，有较多成功案例。但整体而言，农村人口减少及老龄化的趋势并没有实质性改变，农村衰退的逆转仍是一个重大课题。另外，就我们所考察过的我国台湾地区若干乡村而言，衰退亦很明显。

由此可见，在现代化进程中，工业化、城市化背景下的农业现代化及乡村发展，是东亚或亚洲各国的共同课题，各国政府和学者对农村的现实状况和发展趋势都要有清醒的认识。发达经济体的城市和工业应该要反哺农村和农业，但就日本、韩国的经验而言，尚不能证明农村人口大幅减少和高度老龄化趋势能够被改变。这值得我们深思。如何在农村人口大幅减少的趋势下，使得农村社会结构保持相对均衡，使得乡村功能实现多元化及可持续发展，这是我们需要继续研究的课题。在这个语境下，尤其希望本书的面世将进一步增进各国的相关学术交流，并积极开展更有成效的合作研究和相互借鉴。

赵民

同济大学城市规划系　教授

序 二

19 世纪中期西方发生了工业革命，城市的机械工业快速发展，消费规模急剧增加。与此同时，人口开始加速在城市中聚集，出现了城市化现象。农村人口向城市的流动，使得农村人口急剧减少，城市人口不断增加。同时，城市周边的农村也在逐渐演化为城市。西方发达国家的这些现象很快在世界范围内扩散开来，甚至成为各大陆的发展中国家和最不发达国家城市发展的普遍现象。联合国预计 2050 年世界总人口将达到 90 亿，而城市人口预计占到 75% 以上；其中，亚洲的城市人口将会达到 31 亿。上述这些人口变化，预计主要发生在亚洲和非洲国家。

特别是在亚洲的国家，城市化对国家的经济发展起到了非常重要的作用。在日本成为经济大国的发展过程，韩国的经济成长过程以及中国的经济追赶过程中，最引人注目的便是城市化现象。但是亚洲城市发展过程中的不均衡现象给均衡发展的目标带来了不好的影响。此外，亚洲国家在城市化主导国家经济增长及其大都市化过程中，由于人口的流动和偏重于经济发展，加剧了农村地区的衰退。2019 年中国城市化率达到 60%，比 2010 年提高了 10 个百分点以上。与经济相对发达的东部和南部相比，近些年来西部和北部的城市化增长更快。中国快速的城市化进程使得农村地区的人口不断减少、生产力不断下降，从而导致了城市与农村地区在生活水平等方面的差距不断增大。中国政府 2014 年发布的《国家新型城镇化规划（2014—2020 年）》提出，除了城市化水平的提高之外，应更加关注城市化发展的效率以及人民生活水平的等质提高。2016 年，中国政府陆续颁布了一系列政策，以强化"以流动人口为中心"提升城市化质量，进而推进农民工在城市定居、改善城市功能和优化土地利用形态等。此外，地方政府也实施了整治农村土地，推进农民进城落户，实施万顷良田（江苏）等政策。这一系列政策，没有实质性缓解农村地区的衰退，这就是为什么我们现在需要有效地去发展乡村地区的原因。

乡村发展（Rural development）是指提高乡村地区居民的经济发展水平和生活质量，限制破坏传统农业和山林资源的土地密集开发，同时扩大利用乡村观光和第六产业的资产。此外，结合全球化的生产网络，形成有创意和韧性的乡村开发模式。

作为东亚国家，日本在第二次世界大战后取得了瞩目的经济发展成就。然而，在经济实现快速发展的同时，日本出现了农产渔村的人口减少和环境破坏、传统文化衰退等社会问题。面对这些社会问题，他们开始了新的社会共同体的构建和地域活性化运动。特别是在人口普遍高学历和多样化价值观的基础上，人们自己作为主体与行政机构一起，促进实施了村落改造计划等一系列地域主体与政府机构联合进行的村落活性化改造项目。这些项目在不断促进地域的活性化。

与此同时，韩国在内战以后一片废墟的情况下，通过20世纪70年代政府主导的促进经济开发，增加村落居民所得和追求生活环境质量的新村运动，成功地克服了战后的经济困难，并成为经济开发的范例。成功的乡村开发基础，加之居民自发的"（我们）可以做到"的自信心作用，为1980年代转换为"居民主导型项目"提供了基础。另外，在生物技术非常发达的中国台湾地区，在农村人口快速减少的情况下依然能增强农业的生产和效率。根据2008年的台湾地区农业生产年鉴的记载，当时1名农民的农业产出可以供养44个居民。同时，台湾地区为了提高农民收入，实施了休闲农场和休闲农业等政策，从而成功地实现了乡村发展。与此同时，中国大陆20世纪80年代以前的"自力更生"，20世纪80年代开始的"改革开放"，20世纪90年代末期的西部大开发和东北振兴等政策，都在力图减小地区间的差异。为了实现"中国梦"，中国一直在努力推进乡村振兴工作，从根本上改变占总人口60%的农村人口和农民工的生活质量。

本书整理记载了东亚主要国家和地区的乡村开发的政策和现状。编著者张立老师通过数年间与亚洲地区学者之间的讨论和会议，在不断努力探索有效的中国乡村发展方案。他把最近与东亚学者之间的研究成果编著在此书当中，是为了更有效地促进乡村发展，使中国和东亚国家一起，在城市化进程中顺利成为发达国家。本书的内容为中国乡村发展政策的制定和实施做出了贡献，同时也希望读者能够借鉴本书中所记载的大量的讨论和实践内容。

李仁熙

韩国釜山大学建筑系　教授

序 三[1]

    东亚文明，是在各国（地区）的相互影响下，发展并繁荣至今。现在的中国、韩国、朝鲜和日本，尽管不同时代有不同的名称和疆域，但都在互相采借中延续各自的历史。21 世纪是亚洲的世纪（Parag Khanna, The Future is Asian: Global Order in the Twenty-first Century, Weidenfeld & Nicolson, 2019），毋庸置疑，世界公认的四大古代文明中的古中国文明、印度河流域文明、美索不达米亚文明和古埃及文明中的三大文明发源于广阔的亚洲东西部和中央文明圈。此后，这些先进文明在传承的过程中，形式和范围在不断变化。放眼于作为文明象征的城市，目前世界上人口 200 万人以上的大城市（城市群）有 323 个，其中有 145 个是亚洲城市，占总数的 45%。以更能体现城市文明的摩天大楼（350m 以上）为例，在全部 63 座中，有一半以上是在亚洲地区建成的，如果将在建的高楼包括在内的话，这个比例会更高。亚洲，特别是东亚的城市，拥有世界上最先进的科技和文化水平。

    另一方面，由于资本和人力资源过度向城市集中，财富逐渐在城市地区积累，却不必然会扩散到乡村地区。纵观学术领域，过去乡村研究曾大幅领先于城市研究。如今，各种资源都向日益多元化的城市研究倾斜，乡村地区不仅在经济上，似乎在学术上也被抛在了后面。不得不承认，乡村发展与规划是政策制定和学术研究方面历久弥新的课题。乡村地区社会基础设施的建设和经济振兴的进程，不仅受到城市地区相关举措的外溢效应影响，而且紧随而至的人口老龄化，使本就捉襟见肘的乡村财政又添加了新的负担，形势变得越来越严峻。乡村地区逐渐落伍了。与此同时，乡村地区的问题也包括城市外围空间的都市圈的问题。由此可见，城乡关系是一个国家层面的难题。

    20 世纪 80 年代，起源于东亚地区的"一村一品运动"（使乡村产品品牌化，使其更具市场竞争力），逐渐地推广到整个亚洲。由于人口向城市集中，加剧了乡村地区普遍

1　由日本京都大学张睿翻译。

存在的空心化现象并使乡村逐渐失去生机。为了重新唤起这些地区的活力，需要建立符合当地特色的本地产业，转变对地方政府过度依赖的倾向，有必要培养村民自主性和干劲儿。但是，这一举措在促进单一支柱产业发展的同时，却让乡村地区不得不面临城市或外国消费者的"绅士化"风险。此后，"一村一品"运动及相关政策，逐渐转化为"产地自产自销运动"[不是将本地产品外销（在运往产地之外的地区销售），而是在当地进行消费]，不将本地特色商品销售到该地区以外。相反，将特色商品作为地区特产进行推销，吸引消费者到产地来消费。在此背景下，类似于"农林渔业的六次产业化"（把第一产业的农业、林业和渔业产品，经过第二产业的加工业添加技术附加值，由原产地的经销商提供服务包装，把第一产业、第二产业、第三产业经过组合并在第三产业中进行消费），以谋求振兴地方特色产业的案例比比皆是。在水资源较好，水稻、小麦、高粱、甘蔗等作物和马铃薯、葡萄等高产量的地区，除了将初级产品直接卖给消费者外，还可以将其加工成白酒、黄酒、红酒、米酒、啤酒、葡萄酒等酒类，作为二次加工产品销售，也可以与当地的美食搭配，作为餐饮服务的一环，促进旅游业的发展。

开始采取这些新举措的初期，在很多情况下，日本农村地区各种资源都是匮乏的。资金缺乏自不必说，能够将资金和人力资本市场化运作的人力资源也是有限的，这应该也是东亚其他地区的共同问题。这种情况困扰着日本的时候，手握解困金钥匙，给地区带来鼎新革故气象的，是被称为"外地人、年轻人、愚人"的三种人。"外地人"是指从外地移居或者因工作被派遣而来的人，他们不受当地乡规民约的约束，从而有能力以局外人的视角俯瞰全局；"年轻人"如字面所指，是十几、二十几岁的年轻一代，拥有属于年轻人的敢想敢做的精神，却在传统的社会中没有用武之地；"愚人"并不意味着傻子，而是指那些不被常识所束缚，即使周遭反对也勇于挑战的人。可以推测，这种现象在高速城市化的东亚地区或多或少普遍存在。

在日本，中央政府和民间支援团体通力合作。为支持地方创生，日本发起了"地区振兴合作队"项目，并取得了成效。在全国范围内召集"外地人、年轻人、愚人"，经过培训后派往人口稀少的乡村地区自治体中担任地区振兴项目的协调员。多年后，这些人有一半以上留在了当地，并活跃在政府和民间，持续为地区振兴而努力。

我第一次见到张立老师是在几年前，当时同济大学张立老师团队来日本乡村地区做田野调查，我安排了一周左右的调研行程，并陪同他和赵民教授等进行了实地调研。此后有幸能够不断加深彼此之间的学术交流。同济大学团队访日期间，我们就日本的地方制度，尤其是关于乡村地区实施了怎样的行政制度，以及城市规划和开发政策如何运作等问题进行了交流。随后，我陪同走访了作为广域自治体的东京都农村事务主管部门，东京都内农村地区基层自治体的联合办事机关东京町村会，和奥多摩町与桧原村的农村自治体，并同包括村长在内的行政负责人进行了访谈。若这次访日调研之行对张立教授的学术思考有所启发，哪怕只有一点点，也是我的荣幸。每日调查后恳亲会上与张立老师的交流，对我而言也是一种激活思维的智识上的奇妙体验。

　　我确信，本书不仅在学术研究领域，而且在实践政策方面会对中国的乡村发展以及乡村规划做出极大贡献，也将对东亚国家和地区的政策有重要参考价值。虽然很多起源于欧美的发展和规划的"普遍理论"已经被应用于亚洲地区，但亚洲向世界展示的"发展理论"和"规划理论"仍有很大研究空间。我也期待本书能成为向世界介绍亚洲经验的重要奠基之作。

锻冶智也

日本明治学院大学　教授

目　录

总论

乡村活化：东亚乡村规划与建设的经验引荐

◆ 1 东亚乡村研究的意义

　　20世纪以来，尤其是第二次世界大战后，发达国家和地区都经历了快速的城市化和现代化进程，乡村从传统的农业功能向综合功能转变。英国、德国、法国、日本、韩国和我国台湾地区等诸多国家和地区在乡村发展、规划和建设方面积累了丰富的经验，为发展中国家的乡村建设提供了多种参考模式。尤其是东亚的日本、韩国和我国台湾地区都在战后的10年左右时间通过改革建立了稳定的农地体制。与北美、澳大利亚的大农场农业和欧洲的中等农场农业相比较，三个国家和地区属于典型的小农经济，其特点在于规模经营受到"限制"和易受外部因素影响（比如气候、虫害等）。三个国家和地区都不约而同地在20世纪60～70年代经历过经济的高速增长，并基本同步实现了工业化、城镇化和农村的现代化。

　　三个资源禀赋相似的现代化经济体，在农村和农业领域面临着相似的问题（无论过去还是现在）。从历史视角来看，日本、韩国和我国台湾地区的农村在20世纪70～80年代都经历过乡村工业化所引发的农村土地浪费、景观破坏、环境污染、人口流出等问题。即使在当下，三个国家和地区小农经济下的精致农业也难以满足消费时代的谷物需求，粮食高度依赖进口，城镇化和老龄化导致的农村的凋敝和解体依然困扰着这些国家和地区[1]。数据显示，日本农业从业者平均年龄66岁（2010年）；我国台湾地区农民平

3

均年龄已达 61 岁 [1,2]；韩国虽然整体的老龄化程度不高，但其农村的老龄化程度非常惊人，农村老龄人口比例高达 32.1%（2007 年），高出城市 22 个百分点 [1]。更严重的是农业就业人口的老龄化，韩国和我国台湾地区的比例是 40%，日本则达到了 60%[1]。客观上，与欧美不同，日本、韩国、我国台湾地区在地缘特点、文化传统、发展条件、农业特征等方面与我国大陆地区有很多相似性，其乡村发展和规划建设历程及经验为学界提供了难能可贵的研究样本。

同济大学城市规划系乡村规划研究团队自从 2014 年起连续多次访问日本和韩国乡村，访谈地方政府、民间组织，踏勘乡村建设，深入农户家中访谈，聆听专家授课等，以多种形式深入了解和切身感受东亚的乡村规划和建设。在我们自身思想得到启发的同时，我们深知当下中国的乡村建设任务依然繁重，转变思想和创新工作方法与直接的乡村投资相比，同样重要。基于此，我们历时一年多的时间，特别组织了韩国和我国海峡两岸的专家学者，结合近几年开展的相关研究撰写此次专辑文章，包括韩国和我国台湾地区的论文及东亚地区的专家访谈（日本相关论文将择时组织专辑刊发）。希冀这些对东亚一些国家和地区的乡村发展讨论，能为我国当下的乡村规划和建设工作提供某些启示。

◆ 2 韩国：新村精神 + 政府运作

韩国国土面积 100120km^2，2015 年底人口 5060 万人，人均 GDP 超过 28000 美元 [1]。2009 年数据显示，韩国农村家庭户数 120 万户，国家老龄化指数（老年人口与儿童比例）并不高，但城乡老龄化指数差别较大，分别为 36.7% 和 108.2%，农村人口老龄化明显 [3]。韩国的行政区划体制大体分为三级，第一级称为广域自治体，包括 1 个特别市（首尔）、1 个特别自治市（世宗）、6 个广域市、8 个道（不含"以北五道"）及 1 个特别自治道（济州），总计 17 个，相当于我国的省；第二级是基础自治体，包括 73 个自治市、86 个郡、69 个自治区，相当于我国的县级市、县和区；第三级为基层自治体，即面、邑、洞，相当于我国的乡、镇、街道，面和邑通常是乡村地区，洞是城市地区。在面、邑、洞之下还可分为里、统，里相当于我国的行政村或村民小组，统相当于城市的居委会 [2]。

韩国是中国的近邻，在 20 世纪 70 年代以前一直是落后的农业国。韩国的乡村发展与规划有其自己的特色，备受国际关注的"新村运动"是一次全国性的社会运动，通过政府强有力的领导和居民自主的参与，引领国民精神和国家经济实现了飞跃。即便 40

1　摘自百度百科词条"韩国"，http://baike.baidu.com/，2016 年 8 月 30 日登录。

2　这里只是便于理解而作的比喻。因为中韩两国的国土面积差异很大，韩国行政层级比我国要少，直接的对比可能并不是很严谨。

多年后的今天，再次去回顾和探究韩国的新村运动和新村精神，仍然具有重要的学术意义和政策价值。

1945年日军从朝鲜半岛撤出，之后韩国和朝鲜又经历了战争，乡村建设非常滞后。1953年朝鲜战争结束时，韩国人均GNP只有67美元，即使在经济起飞前的1962年人均GNP也只有87美元，是世界上较为落后的贫困国家之一[4]。

20世纪50～60年代韩国政府持续在乡村地区开展力图改善农村面貌的基础设施建设和扶持工作，并开展了持续10年的社区发展运动，意图重建被朝鲜战争破坏的农村地区。虽然这些举措成效不佳，但为后来的新村运动提供了经验。1961年朴正熙总统执政，经过两个"五年经济发展计划"，以出口导向型和劳动密集型的经济发展取得了巨大的成功，国家经济基础得以强化。但是，20世纪60年代末期国际经济的不景气，韩国产能过剩，产生了扩大内需的动力，加之1970年冬的寒灾，朴正熙总统启动了以勤勉、自立和互助精神为核心的新村运动。

新村运动的初始阶段，政府财政没有直接投资于乡村劳动力和土地，而是以水泥和钢筋的形式下发，由各村庄自主组织建设。初期下发的水泥是均分到33000多座村庄的。第二阶段的资助采取了竞争性的遴选机制，选择优秀的村庄予以资助，从而激发了村民们的竞争意识，使得新村运动得以有了自下而上的动力。关注韩国的新村运动，还要把握政府在新村运动进程中所发挥的强有力的领导作用。首先是朴正熙总统意图改变农村面貌的坚强意志。朴正熙总统出生于一个普通农民家庭，对农民怀有深切的同情心。正如在1970～1979年间担任朴正熙总统助理的朴振焕博士所说"解决韩国半自给状态的农村贫困问题，需要心中装有农民的政治领导人……朴总统可能是唯一农民儿子出身，而且对农民怀有强烈同情心的总统"[4]。其次，村庄能人的挖掘和培训在新村建设过程中发挥了重要作用，政府在新村运动的全过程中，始终重视新村领导人的培训和教育工作，定期组织研修，邀请专家讲学等，不仅传授农业生产技能，也传授领导艺术。再次，新村运动的基层组织单位是村庄，或者说是农村社区，韩国与中国一样，在农村地区有着传统的村庄（社区）共同体传统，长期形成了互帮互助的习俗，具备了组织的基础条件，加之村庄中社会组织的协同作用，使得新村运动可以顺利开展。

新村运动不仅实现了农村的现代化，也振奋了国民精神，甚至于有人称之为"韩国模式的农村现代化道路"[4]。新村运动是在农村社会结构及传统价值观的基础上的全民参与行动，其本质是以"传统价值观"和"现代意识"来引领国家的现代化之路。

韩国新村运动的特点如下：以村庄为单位，政府展开体系化支援，财政投入少、通过物质文明建设带动精神文明建设，是政府主导的自上而下与自下而上相结合的社会运动。到1980年韩国人均GNP已经达到了1598美元，20世纪90年代中期越过了10000美元大关。2015年韩国人均GDP已经超过28000美元[5]。

新村运动随着 1979 年朴正熙总统遇刺而减缓了步伐，尽管如此，中央政府仍在持续关注农村建设事业，1986 年实施农村和渔村发展计划，1987 年实施农业和渔业家庭债务减免计划，1989 年实施特别债务减免计划和农村社区发展计划等。从部门来看，亦实施了多项举措，诸如：内务部（现公共管理和安全部）的农村村庄改善项目、小城镇发展计划、河流改造工程和岛屿开发项目等，农业部和林业部的新农村建设计划、小城镇（面）地区改善计划、农村生活条件改善计划等。这一时期，为了提高农村收入，政府引导在农村地区建设了若干的工业园区，1984 ～ 2000 年间建设了 295 个园区、4700座工厂，创造了 86000 个就业机会 [3]。

虽然这一时期政府的大量投入一定程度上改善了农村人居环境并提高了居民收入，但政府投资来源分散、效率低下，与 20 世纪 70 年代新村运动时期无法相比。单一的政府项目也使得村庄建设缺乏特色。为了克服这些问题，2000 年后韩国政府积极改进农村支援政策，强化当地农民和地方政府的参与性，事前做好受援地区的发展评估，并提供整块资金给受援对象，让他们集中力量办好自己想办的事。

20 世纪 90 年代之后韩国农村的另一个现象是"回农、回村现象增加"。所谓的回农是指城市居民回归农业、定居农村从事农业生产，所谓的回村是指城市居民定居乡村或者在乡村定期高频率的休闲度假。1990 ～ 2009 年累计有 34379 个家庭返回了农村地区，且 2001 年后这一趋势在加速 [3]。

尽管韩国政府在 20 世纪 80 年代之后仍然持续关注乡村地区的建设发展，但总体而言韩国当下的农村面貌并不乐观，其政策措施也并不都是很成功，尤其近期的农村政策对农村环境改善的作用很有限。纵观半个世纪以来韩国农村规划与建设，20 世纪 70 年代的新村运动依然是具有里程碑意义的、最重要的乡村建设实践，值得中国学习。基于此，本期我们向韩国教授邀约了四篇论文，分别从成功要素、政府运作、社会价值、本土化学习等视角对新村运动作了较为全面的剖析研究。

◆ 3　中国台湾地区：富丽乡村 + 社区营造 + 农村再生

中国台湾地区总面积 36193km²，2015 年底人口 2349 万人，人均 GDP 为 22598 美元（2014 年数据）[1]；2010 年农户 53 万户，农户人口 190 万人 [9]。

20 世纪初期台湾是典型的农业地区，二战期间农业生产设施受到严重破坏 [6]。经过一系列的改革，台湾经济从 20 世纪 60 年代起进入到快速发展的轨道。这一时期中国台湾推行出口导向战略和重点发展劳动密集型产业，实现了经济发展的飞跃，与韩国、

1　摘自百度百科词条"台湾"，http://baike.baidu.com/，2016 年 8 月 30 日登录。

新加坡及中国香港一起被称为"亚洲四小龙"。在这一经济奇迹背后，除了正确的宏观政策外，农业和农村扮演了举足轻重的作用[7]，其经验（包括对出现的问题的应对等）值得学习。概括而言，台湾的农村建设与规划的经验主要是在三次土地制度改革的基础上推行的以物质环境改善为主的富丽乡村建设、以社区共同体培养为导向的社区营造和以人为本的农村再生计划三个方面[1]。

1945年以后，台湾地区经历了三次大规模的土地制度改革。第一次土地改革革除了旧制度下佃农经济的弊端，建立了自耕田制度，也就是所谓的"小农制"。1953年台湾地区的农业生产恢复到了战前的最高水平，并克服了通货膨胀，稳定了台湾地区的经济[6]。经过本次土改，自耕农比例从1951年的38%提高到了1981年的84%，佃农则从37%下降到了7%，人均收入从1954年的56美元提高到了1974年的697美元（按1975年价格计算）[8]。

第二次土地改革是以农地重划为主题展开的。1981年制定完成"第二阶段土地改革方案"，重新颁布了"加速农地重划条例"和"农地重划实施细则"，标志着第二次土地改革正式开始。初期的农地重划只是在原有的农地格局下进行的改善、改良工作，未对农村社区的土地使用进行整体规划和统筹安排，导致台湾当局虽然对农村投入了大量资金、技术、人力、物力，但实施效果并不理想。为此，台湾当局于2000年正式提出在农村社区实施土地重划。经过社区土地重划，台湾农村居民点的生活环境和农民生活水平得到了极大改善。台湾的农地重划和农村社区土地重划类似于大陆地区的土地整理，其经验在于：分层管理的模式保证了各重划主体权责分明，政府在重划过程中，自身定位为指导者、审核者、协调者，而不是主导者；在重划过程中各方对成本投入和经济产出核算清晰，增值收益的分配透明，充分尊重村民意愿，坚持公众参与、公众主导等，这些经验值得大陆借鉴[8]。

第三次土地改革是为了满足经济建设和非农业部门的用地需求，解决农地的市场化流转问题，即放宽农地管制，有计划地推动农地释放。本轮改革推动了"大农业"的发展，使得乡村土地的经济价值得以扩大。20世纪90年代以前，台湾实施的是"农地农有农用"政策，之后修改为"农地农用"政策，不再强调"农地交易对象必须是有耕种能力的人"。第三次土改满足了农业产业转型和工商业用地及休闲农业发展的需要，但是也带来了农地的低效使用、大量农舍兴建、乡村景观破坏和"黑金政治"等问题。总体而言，台湾地区的三阶段土地改革对乡村建设和发展起到了基础性影响，但最近一次的农地释放改革受到的非议较多，问题也比较明显，其积极作用和消极作用还有待历史的观察。

1　当然，台湾农会的高效组织能力和休闲旅游产业的发展也是值得研究的。限于篇幅，本文聚焦于乡村建设和规划，不做更多的拓展。

与三次土地制度改革相伴随，台湾地区的农业发展和农村建设一直在稳步推进。相应地，农业发展缓慢和农村建设滞后问题一直没能得到很好解决。即使在台湾地区经济实现跨越式起飞之后的 20 世纪 80 年代，农民收入减少、农村劳动力外流、农村生态环境恶化、农村面貌破落等问题依然困扰着台湾当局。因此，20 世纪 90 年代"台湾农委会"出台了《农业综合改革方案》，提出"照顾农民、发展农业、建设农村，最终实现富丽农村"的长期目标，把现代农业发展延伸到了农业、农民、农村三位一体的全面发展[9]。富丽农村的建设目标把三农和三生（生产、生活和生态）紧密结合。2001 年出台的《农业中程施政计划》将富丽农村的建设目标深化定位为"建设农村新生活圈，塑造农村新风貌"，力图构建农村休闲旅游圈、农村社区生活圈和农村产业发展圈的三圈战略。虽然 20 世纪 90 年代中期以来，台湾地区经济一路滑坡，但富丽农村计划一直没有停止。

在经济快速发展时期，中国台湾地区的乡村与其他东亚国家一样面临着乡土文化消逝、村落环境破败、建地蔓延和社区萎缩等问题[10]。因此，台湾地区乡村规划建设在重视物质环境的同时，也开始注重人的"改造"，注重社区共同体意识的培养，将乡村规划从关注于"点"的建设，拓展到"面"的营造和乡村的整体复兴。在社区营造启动初期，以建立社区共同体为宗旨，初期以社区空间改造、地方产业振兴和文化艺术活动为基础，融入社区参与、社区学习和社区美学等价值观，形成一项整合政府资源、专业协作和社区居民共同参与的公民学习和社会改造运动[11]。1999 年"9·21 地震"后，与灾后重建相结合（加之休闲旅游需求的快速增长），社区营造迅速普及。

社区营造作为一项系统工程，促进了台湾乡村的复兴。但在实施过程中，各方力量发现，人在乡村建设和复兴过程中起到主体作用。人的思想的改变，才是乡村彻底的改变；乡村再生是人的再生，乡村的希望在人的希望；外人带来的（肯定的）乡村价值，是没有根的，是不长久的。因此，2010 年台湾地区通过"农村再生条例"[1]，改变以往只注重物质投入和外来投入，不注重村民精神培育的弊端，力图通过"人"的改造，推动农村的活化再生，即改变农村的"为我做"为"我要做"，充分发挥农民的主体作用，建设富丽乡村[13]。

本期邀约了三篇关于台湾乡村建设和规划的论文，主题分别为乡村规划、农地政策演变和农村社区土地重划。

◆ 4 日本：老龄化 + 过疏化

日本国土面积 377972km[2]，2015 年人口 1.27 亿人，人均 GDP 为 32477 美元[2]。日本

---

1 乡村再生计划最早是在《乡村新风貌计划（2005）》中提出的，但当时还是聚焦于物质规划和建设。
2 摘自百度百科词条"日本"，http://baike.baidu.com/，2016 年 8 月 30 日登录。

的行政体制与中国类似，但层级仅有两级，最高一级是都、道、府、县，从行政级别上类似中国的省，从地域规模来看类似中国的县或地级市；第二级行政区是区、市、町、村，区与市同级，市与西方市的概念接近，町相当于中国的镇，村相当于中国的乡；中国所谓的自然村在日本称为集落。如同中国的行政区划调整一样，日本的市町村也在不断地进行调整归并，比较大规模的合并有三次，分别为明治合并、昭和合并和平成合并[13,14]。日本的市町村合并对现代日本的农村建设产生了积极影响：顺应了城乡居民活动圈扩大的趋势、市的数量的增加提高了名义上的城市化水平、提升了乡村地区的形象、涌现出一批城乡一体化发展的田园都市、通过市町村合并激发了居民参与地方事务的热情、提升了农村地区的公共服务质量[14]。当然，市町村合并后，被撤销的町村的发展会受到抑制，这是其负面影响。

日本的乡村规划与欧洲基本上是同时开展的，但日本的乡村规划是向欧洲学习过程中的本土化过程，且近年来政府的角色越来越重。当下日本乡村面临的问题主要是老龄化和过疏化问题，以及由之而生的乡村社区衰败问题，因此政府的相关政策主要也是围绕这些问题而展开。日本在乡村建设管理方面充分重视立法工作，相关法律就有十几部[15]。

与其他国家一样，日本的乡村规划建设与其经济社会发展阶段密切相关。因此，理解日本的乡村规划进程和特点，需要从农村的历史演进过程来全面把握。

18世纪以前，日本是一个贫穷落后的纯农业国家。经历了明治维新，日本逐步从农业国过渡到了工业国。战前日本农村长期处于衰败状态，主要问题是地少、人多、租重。日本山多、平地少，主要以水田为主，农业经营方式一直是传统的小农经营，直到20世纪50～80年代才基本实现了机械化种植。严峻的农村贫困问题引起各方重视，人们开始思考如何拯救农村。最为主流的思想是"农村工业化"，包括传统的农副产品加工业、工艺品制造业、纺织业等下乡，也有学者提出机械工业下乡的大工业向农村分散的政策。但是明治维新初期日本的基本国情是，农业人口比重占80%，农业产值占总产值的80%，国家工业化必然从农村开始，从农民开始。国家工业化政策导向和农村贫困的双重动力使得农村工业化大步前进。统计资料显示，明治时期的农村工厂占工厂总量的一半以上，战争时期日本的工业分散政策更甚，农村工厂数量更多[16]。

战后的日本百废待兴，大量复员军人和失业工人返回农村。在经历了最初的军国主义阶段后，1955年开始实施重化工业化政策，农业进一步衰退，环境被破坏，出现了公害问题。1961年日本国会通过了《农业基本法》，从法律层面保护了农民和农业利益。

20世纪60年代后期开始，日本由经济增长社会向福利社会转换，农村福利也同步列入。这一时期日本城市吸纳劳动力的能力进一步增强，使得农村劳动力由过剩转向平衡，进入城乡共同富裕阶段。20世纪70年代后期日本开始了所谓的尖端技术革命，与此同时，因人口年龄更替的原因，日本社会开始了老龄化进程，部分农村甚至出现了土地无人耕种的现象[17]。

20世纪60～70年代是日本经济高速增长的时期，农村劳动力大量流入城市，导致农村地区的过疏化[1]现象日益显现。这一阶段农地开始向特定农户集中，推行土地流转，大量农民就近到城镇兼业，兼业农户逐年增多，从1947年的44.5%提高到了1980年的86.7%[16]。这一时期国家主导实施了农渔山村地区的基础设施建设，大大提高了村民的生活水平，改变了乡村落后的面貌。然而近20年的建设热潮，也致使乡村地区的文化、习惯、生业、景观等固有特性遭到破坏，甚至消失。

20世纪80年代以来，日本人口结构愈发老龄化，农村地区的过疏化现象依然没有缓解，被界定为过疏化町村的数量达到了1100个左右，占全部市町村总量的36%。2000年后受平成大合并的影响，过疏化市町村数量又减少到1970年的水平（2007年738个），但占全部市町村总量的比重上升到40.9%[14]。此外，经济高速发展引发的土壤污染和乡村活力不足等，都是政府需要面对和解决的问题。

21世纪以来，除了以东京为首的几大都市圈的人口继续增长以外，其他地区的城市和乡村人口均处于持续减少状态，不仅农村活力在下降，其所在地区的总体经济和社会活力也在衰减。农村问题成为全国性的社会问题，如何更好地保护乡村文化和景观，如何利用乡村资源为乡村注入活力等，是当下日本普遍关注的农村议题。

在日本的快速城镇化进程中，地域发展的不均衡问题一直很突出，为此日本开展了五次国土综合开发规划，意图缩小区域（城乡）发展差距。20世纪50年代中期日本就着手实施工业和城市分散化战略，在农村地区实施町村合并，建设中小城镇。1961年颁布《低开发地区工业开发促进法》，1962年制订了第一个国土综合开发规划，把全国划分为工业过密地区、整备地区和开发地区，这一时期农村地区开发的方式是"据点开发"，即在后两类地区设立了15个农村工业据点、6个工业整备特别区和97个工业开发区，意图为农民提供就业机会，为农村发展注入活力。1969年的第二次国土综合开发规划，通过大项目建设提升地方的基础设施水平，以促进区域均衡发展，这一时期特别关注远离大城市的边远乡村，1971年颁布实施了《农村地区引入工业促进法》，1972年制订了《工业重新配置促进法》。1977年的第三次国土综合开发规划的主要目标是居住环境整治，重点是过疏化地区。1987年的第四次国土综合开发规划提出了构建多极分散型的国土开发战略，同样是意图促进区域的均衡发展。1998年的"21世纪国土利用的大型设计"

1　过疏化现象是日本经济高速发展过程中地区间经济社会发展不平衡的一种表现，最早是在1967年的日本内阁会议上提出来的。过疏化地区主要是町村地区，1970年全日本有776个市町村被界定为过疏化地区，20世纪80～90年代有所增长，大体维持在1100个左右，占市町村总量的36%。2000年后受平成大合并的影响，2007年过疏化市町村减少为738个，但占全部市町村总量的比重上升到40.9%[15]。

（也称第五个国土综合开发规划）提出，要通过多元化主体参与地区合作，搞好国土规划建设。在国土开发规划的指引下，日本的城市和农村基本实现了共同发展[14,16]。

◆ 5 结语

东亚乡村建设和规划在传统儒家文化和小农经济的影响下有其内在的客观规律。我们要加强同日本、韩国和我国台湾地区的学术联系，总结经验，学其精华。但是客观而言，18世纪以来的西学东鉴对东亚文化的冲击是显见的。当下不仅仅对中国而言，整个东亚地区都要增强基于厚重历史积淀的自信心，让强大的文化传统迸发出惊人的力量及为当今所用。就这一点而言，西方人的认识有时比我们要更深刻。哈佛大学费正清东亚研究中心前主任傅高义（针对日本）曾说过，"日本确实具有值得其他国家学习的东西。我已经不能满足于把日本当作一个猎奇的对象了，我想就具体问题去探索和理解日本的成功。"[19] 其实，韩国和中国台湾地区何尝不是值得关注和研究的对象呢？

日本、韩国和中国台湾地区的乡村规划和建设有差异，但也有共性，其都经历了乡村衰败、建设和活化的发展历程，且总体来说在一定阶段内是成功的，但同时也仍面临着诸多困境或挑战。从历史视角来看，日本、韩国和我国台湾地区的经验表明，应对乡村问题要有长期性和可持续性。对于中国大陆地区的实践而言，需要借鉴外部的经验和教训，但任何直接照搬和拿来就用都是行不通的。一方面是因为具体情况、社会制度和时代背景有很大差别；另一方面，经济社会发展的梯度差异广泛存在，使得乡村发展、建设和规划处在不同的发展阶段。对于发达地区而言，可能乡村规划不仅仅要关注物质环境的建设，还要重视社区营造和乡村活化，吸引更多的人口在乡村定居；但对于贫困落后地区的乡村规划而言，可能最根本的住房、物质环境和设施建设还是最迫切的。但不论是哪一个发展阶段，自下而上地参与和村民能力的培养是必须要引导的，只有自下而上与自上而下的机制相结合，乡村才能发挥其更大的社会效益。在快速城镇化的历史大势下，我国各地最终都要迎来村庄衰退的发展阶段，乡村活化和再生是各地的村庄必然要面对的挑战。

参考文献：

[1] 张玉林."现代化"之后的东亚农业和农村社会——日本、韩国和中国台湾地区的案例及其历史意蕴[J].南京农业大学学报(社会科学版),2011,3:1-8.

[2] 王志国.台湾现代农业农村发展的若干特点及其借鉴意义[J].中国发展观察,2015,9:77-81.

[3] 韩国农村经济研究院.韩国三农[M].潘伟光,郑靖吉,译.北京：中国农业出版社,2014.

[4] 朴振焕. 韩国新村运动 [M]. 潘伟光, 郑靖吉, 魏蔚, 等, 译. 北京: 中国农业出版社,2005.

[5]KoreanStatistics[EB/OL].[2016-07-26].http://kostat.go.kr/,2016 年 7 月 26 日.

[6] 萧国和. 台湾农业兴衰 40 年 [M]. 台北: (台北) 自立晚报社,1987:16.

[7] 王先明.1950～1980 年代台湾乡村建设思想与实践的历史审视 [J]. 史学月刊,2013,3:57-65.

[8] 张远索, 胡红梅, 蔡宗翰, 等. 台湾农村社区土地重划案例分析及经验借鉴 [J]. 台湾研究集刊,2013,4:45-52.

[9] 单玉丽. 台湾建设"富丽农村"的政策措施及其启迪 [J]. 台湾研究,2006,5:33-38.

[10] 李阿琳. 从台湾农村空间的发展看农村都计区的成败 [J]. 城市发展研究,2012,2:54-59.

[11] 陈可石, 高佳. 台湾艺术介入社区营造的乡村复兴模式研究 [J]. 城市发展研究,2016,2:57-63.

[12] 余侃华, 刘洁, 蔡辉, 等. 基于人本导向的乡村复兴技术路径探究 [J]. 城市发展研究,2016,5:43-48.

[13] 乔海彬. 中外城镇化: 日本农村地域改革 [M]. 北京: 法律出版社,2016.

[14] 焦必方, 孙彬彬. 日本现代农村建设研究 [M]. 上海: 复旦大学出版社,2009.

[15] 李京生. 乡村规划原理 [M]. 北京: 中国建筑工业出版社,2016.

[16] 周维宏. 农村工业化论——从日本看中国 [M]. 北京: 中国社会科学出版社,2008.

[17] 邱丽君. 发达国家乡村演变的历程与启示——以日本为例 [J]. 郑州航空工业管理学院学报,2015,2:123-126.

[18] 同济课题组. 我国农村人口流动与安居性研究报告 [R]. 住房城乡建设部村镇司,2016.

[19] 傅高义. 日本第一 [M]. 谷英, 张柯, 丹柳, 译. 上海: 上海译文出版社,2016.

本文刊发于《国际城市规划》杂志 2016 年第 31 卷第 6 期 1-7 页, 作者: 张立。

共性与差异：东亚乡村发展和规划之借鉴

——访同济大学建筑与城规学院教授李京生

李京生，同济大学建筑与城市规划学院城市规划系教授，博士生导师，上海同济城市规划设计研究院总规划师，中国城市规划学会乡村规划与建设学术委员会顾问，主要从事生态城市和乡村规划研究。法国波尔多建筑学院访问学者，师从日本农村计画学会创建人和前会长青木志郎教授，在日本大学生物资源学院获农学博士学位。

张立（下称 ZL）：我国乡村规划教育刚刚起步，我们知道您是我国最早的留日学习乡村规划的农学博士，您能谈谈日本乡村规划教育有什么特点吗？

李京生（下称 LJS）：日本的乡村规划称作"农村计画"，教学主要安排在研究生阶段。在本科教学中，农学院的农业土木工程系和工学院的建筑系的毕业设计有选择乡村规划的，通常会安排一些概念规划和乡村建筑设计课程。导师在指导研究生的过程中主要是依据自己的关注点或已经开展的研究项目，指定或引导学生论文选题。硕士论文的成果以现状调查和第一手资料分析为主，博士研究涉及一些基本理论问题，在同一师门下历届研究生的课题有很强的连续性。以现实问题和需求为对象，采取实证研究方法，重细节、重调查、"重视第一手资料的分析和发现"可以看作是最大的特色。

ZL：中国的乡村规划与日本的乡村规划有何区别？

LJS：日本乡村规划的政府主管部门是农林水产省，规划的课题和内容主要集中在农业生产环境和相关的基础设施方面，其中也涉及部分农村生活环境综合治理和生态环境保护的内容，政府在农村基础设施建设中以投入为主，没有规划的项目很难获得国家的资助，但是大多数规划都是专项规划，综合发展规划编制得不多。日本在乡村规划的思路和方法上主要有侧重农业工程的规划和侧重空间设计的乡村规划两大类。泡沫经济破灭后，日本进入休闲时代，乡村规划被推向一个高潮，关注和参与的人越来越多，政府各相关部门开始协作，规划涉及的领域和内容也更加广泛，呈现出对社会、经济、环境和空间等多项要素综合规划的趋势。

尽管中国的乡村规划涉及的部门很多，但主管部门是住房城乡建设部，乡村规划是由城乡规划和建筑学科主导的，以人居环境规划为中心的空间规划，主要依据是《城乡规划法》。尽管一些规划也涉及农村的产业和社区发展，但研究得比较浅。比较中国和日本的乡村规划制度，虽然各有利弊，但总的来说都是以物质环境建设为中心的。

ZL：您认为日本的乡村规划与欧洲的乡村规划有什么不同？或者说两者之间的关系是什么？

LJS：日本的乡村规划和欧洲的乡村规划基本上是同时展开的，但日本更多的是学习欧洲的经验，并使其不断"日本化"的过程。近十几年来日本的乡村规划由于更加强调"本土化"，积极开展乡村生态环境修复和历史文化遗产保护，乡村资源的循环利用，城乡交流和公众参与，在具体做法中与欧洲很不相同。同时，政府在乡村规划中的角色越来越重。

ZL：您觉得日本与中国同属东亚大国，文化上也有异曲同工之处，日本的乡村规划和建设经验是否值得中国学习？

LJS：这也是我为什么在结束了法国留学后辗转日本的原因。其实中日两国不仅仅文化上接近，两个国家适合人居的人均国土面积也比较接近，而法国在这项指标上是中国和日本的8倍。我相信资源决定论，如果认为日本在乡村规划方面比我们做得更好的话，借鉴日本的经验（相比欧美国家）可能会更直接一些。

ZL：您觉得中国的乡村规划学习日本的经验，主要在哪几个方面？

LJS：日本的乡村规划宏观指导方面比较弱，也没有乡村规划法，多数是自治体和研究人员自发的规划实践活动。要说经验学习，主要有三个方面。一是要跨学科，二是规划要有针对性，三就是要学会自下而上。也就是说日本的乡村规划在宏观和微观两头的拓展方面比我们做得好，公众参与的经验非常值得借鉴。不过日本在跨学科的研讨中也有很多困惑。譬如，跨学科研究中往往分歧大于共识，各自处在不同的语境，同一概念，用语完全不同，专业词汇不通，十分费解。如果克服了这些问题的话，我们也许会做得更好。

ZL：我们知道日本的民间组织十分发达，您觉得中国在这方面是否有必要效仿？有哪些阻力？

LJS：民间组织多是发达国家的特点。在日本，各种各样的商会、行会、协会、学会、研讨会、自治会和非政府组织（NGO）组织名目繁多，还包括在城乡居民交流中自发形成的各种临时性民间团体，这些组织都活跃在乡村规划第一线，成为乡村规划编制、实施和乡村运营管理的主力。不过在 2011 年的"3·15 大地震"后，有政府主导规划的趋势。

我国编制乡村规划的主力仍然是大专院校和科研院所，对规划资质要求比较高，往往将规划与实施管理分割开来，规划被看作一项工程任务来完成，与农村发展的实际需求脱节，缺少后续的规划服务。遇到新问题时，要么得过且过，要么推倒重来。其实我国的民间团体也不少，并且不同程度地得到政府的支持和资助，政府在扶持农业和乡村环境治理方面投入很大，但是这些资源都没有很好地通过规划整合起来，规划和实施管理是两拨人、两张皮。因此，要说阻力，主要是一个认识问题，也就是能否承认那些利益相关人也是一支乡村规划、建设和管理的力量。

ZL：我们知道日本现在进入了老龄化社会，乡村地区不仅高龄化，而且人口处于减少态势，这对农村产生了负面影响。您认为中国未来是否也会像日本一样进入到这个阶段？我们应如何应对？

LJS：实际上日本在 20 世纪 80 年代乡村地区就已经进入了高龄化时代，不仅是乡村，除了东京、大阪和名古屋三大都市圈以外的地方，城市人口都在大量流出。中央政府也试图通过工业导入农村，零部件生产下乡，开展城乡交流，提高农产品价格等方式振兴农村，但都没有遏制住人口流出的势头。泡沫经济时期更是雪上加霜，出现了大面积的弃耕，"三农"问题非常严重，对乡村发展的负面影响不言而喻，这些现象与中国当前的状况非常相似。近十几年来，通过加强城乡互动、绿色农业、乡村旅游、生态修复和乡村遗产保护的推进，日本的农村面貌发生了一些变化，但人口减少仍是大趋势，这些与日本总人口减少和高龄化社会状况是分不开的。

从现代农业的生产技术和组织模式来看，从事农业的人口和纯农户的减少是必然的，结合国土资源条件，合理引导人口流动和分布非常必要，新型城镇化的重要意义就在这里。我国东部地区（腾冲—黑河线以东）是传统的农业地区，现在人口密度超过了每平方公里 350 人，城乡空间高度混合，现代交通体系的完善和信息网络的全面覆盖加速了城乡一体化的进程，城乡互动和人员密切往来会成为常态，为农业的三产化、郊区化和休闲化提供了有利的条件。随着户籍改革和城乡二元结构的消解，农业和农村应有的价值会不断地显现出来，会吸引更多的人从事农业和相关产业的工作。

ZL：东亚除了日本以外，韩国的农村建设也很有特点，您觉得韩国 20 世纪 70 年代的新农村运动对中国的农村建设有直接借鉴意义吗？您如何评价韩国的新农村运动？

LJS：我对韩国新农村运动了解得不多，而乡村建设和运动往往是分不开的。20 世纪 60 ~ 70 年代的十多年中，韩国的新农村运动完成了从政府主导向民间主导的转变，从自上而下到自立内生发展的转变。其主要成功经验是将新农村运动上升到国家战略的层面，实行全社会总动员，使农民逐步成为乡村建设的主体，充分调动了农民的自主精神和生产创新的积极性，其中值得借鉴的有很多。在此我不得不说，第二次世界大战结束后，一些国家首要任务就是大力发展农业，实现粮食自给和生产自救，韩国新农村运动就是在这样的时代背景下开展的。韩国新农村运动中的很多做法我们也实践过，甚至一些具体的做法是一样的，并且在时间上也基本是重合的，但内涵是有区别的。

ZL：近年来台湾的乡村建设也搞得有声有色，尤其是乡村旅游，您认为台湾乡村建设的经验对我们有哪些借鉴意义？

LJS：我在日本留学期间，大陆留学生研究日本乡村规划的人屈指可数，但来自我国台湾地区的有一大批，也有来自韩国的。我的师兄就是台湾地区行政管理部门主管规划的处长，当时已经 48 岁了，才刚刚开始攻读乡村规划硕士。受他的影响，我也接触到不少我国台湾地区的案例和规划文本，总体感觉我国台湾地区深受日本的影响，从日本学了不少。不过近十几年来在农业主题园和市民农园建设方面比日本做得还要好，以至于日本的学者开始到台湾地区"取经"了。

我国台湾人口密度大，人均农业资源少，人地矛盾突出，搞精细农业是必然的。台湾的精细农业比通常的精细农业更加"精细"，丰富了农业的产业结构，将农产品深度、精细地开发，走的是精品化的路子。由于台湾人口密集，在城乡空间混合的状态下如何在"螺蛳壳里做道场"很重要。因此，台湾的乡村旅游的主体是农业观光体验。由于城乡高度融合，互为市场，使农村不仅是农业生产的基地，也成为消费的场所和教育的课堂，从而将农村的价值最大化，农村的功能最大化。对于我们来说，最值得借鉴的就是在城乡一体化的背景下，通过市民参与和乡村社区建设保护农业，实现"农"的现代化和人的现代化。

ZL：您认为东亚经济体在乡村建设方面有哪些共性特征？有哪些差异性特征，我们在政策制定过程中应特别注意什么？

LJS：共性应该有很多，东亚地区在地理上接近，同属汉字文化圈，相同的饮食结构，都是以稻作农业为主，人口和城镇密度大，从人均资源来看，都属于"农业小国"，小农意识根深蒂固。这些因素决定了东亚地区在现代化进程中会遇到相似的问题和课题。在现代化进程中，东亚的乡村建设经过了几乎相同的历程。与欧洲相比，又都属于政府主导型，民间的力量相对比较弱。同时，东亚地区也都深受欧洲乡村建设实践的影响，苏联的集体农庄、法国的乡村博物馆、德国的市民农园和公众参与等都曾有过实践，有的还发扬光大了。目前东亚的日韩和中国台湾地区都在积极探索本土化和多元化的乡村建设。总体上看，东亚各国和各地区的乡村建设共性大于差异，有必要相互借鉴。当然，差异也有很多。综合上述观点，这些差异主要表现在乡村建设的主体、农村的土地政策、中央政府和地方政府的权利、乡村规划的作用和地位，以及对"三农"的认识和态度等方面。中国是一个国土辽阔、自然地理构成丰富和文化悠久的多民族国家，区域发展的基础和条件不同，制定政策和评价体系时采用"一刀切"的做法，显然是不可取的。就乡村规划而言，不拘泥于固定的模式，提倡具有针对性的规划内容和多样的组织形式十分重要。

本文刊发于《国际城市规划》杂志 2016 年第 31 卷第 6 期 49–51 页，采访：张立。

东亚发达经济体农村发展的困境和应对

——韩国农村建设考察纪实及启示

◆ 1 考察缘起

我国"新农村建设"开展的时间尚不很长，在各级政府推动和广大民众的努力下，农村面貌和农民生活已经有了一定改观。在新时期的新常态下，"以人为本"、"环境友好"和"城乡统筹"等理念日益为人们所接受。相应的，农村地区的发展也需要探索新路子，并形成清晰和完整的思路；过去的那种政策碎片化、空间上聚焦于局部的新农村建设实践已经无法满足我国农村发展的需要。我们要立足本土积极探索，同时亦很有必要向先发国家学习，以期借鉴其经验乃至教训，从而少走弯路。地处东亚的日本、韩国都属于发达经济体，工业化和城镇化程度很高；某种程度上都有儒学文化的传统根基，农村都是以小农经济为主（不同于欧美的大农场经济），都经历过农村建设运动。因此相较于欧美国家，高度工业化、城镇化背景下的日韩农村发展历程和策略更值得我们关注和研究。基于上述认识，我们筹划了中日韩农村发展比较研究的课题，目前尚处在初期推进阶段。课题组曾于 2014 年 7 月考察了日本九州岛的部分农村地区；于 2015 年 1 月考察了韩国釜山、大邱和大田地区的农村建设（图 1）。通过对村庄、农户考察和访谈，对政府及非政府机构的访问和座谈，我们获得了日韩农村发展的初步信息和若干感性认识。我们将对日本和韩国的农村建设进行更为广泛和深入的考察，力求形成准确和完整的认

图 1 韩国全罗南道乡村

知。拟分阶段向大家介绍日韩农村考察的见闻、收获和启示。

本文基于我们对韩国若干村庄的踏勘和访谈、与农村开发支援机构和高校研究机构的座谈等所获得的信息和认知，介绍韩国新农村运动的体制、运作方式和实施状况，农村发展的支援机构和关键问题。

从实地考察看，韩国农村的衰退极为严重，尤其是人口大幅减少和高龄化态势；同时，政府对农村的大力投入和支持是显而易见的。政府层面的常设负责机构为"韩国农渔村地区综合开发支援协会"隶属于中央政府的农林水产食品部，由原分属不同政府主管部门的水利协会、土地开发协会和农田开发协会等于2000年合并而成，担当大城市地区以外的农村发展推进工作，其宗旨是"更好地、有效率地利用农村资源，给农村更多的价值和经济能力"。在互动讨论中获知，该协会在全国各地有93个分会，6个社团，雇员达5300多人；年度预算约为9000亿韩元（约合人民币50亿元）。其主要工作是有效整合农渔村的资源，提高生产价值，加强农渔村的竞争实力；为农渔村的发展建设提供所需的服务。其中针对农村的农产品和地区开发支援工作设有农渔村开发支援团。该团与韩国农业部联系紧密，与韩国中央政府的区域开发政策部是直接对接的，负责中央政策的实施、并可提出调整的建议。

韩国农渔村地区综合开发支援协会大田地区分会向我们介绍了当下制约韩国农村发展的关键问题，主要为人口减少、高龄化和缺乏就业岗位。同时，韩国农村也正呈现出另外的发展趋势，一是在农村人口减少的同时老龄化的趋势在下降，二是"归农"、"归村"的潮流已见端倪（所谓归农是指外出人口回流或城市人口迁移到农村从事农业生产活动，所谓归村是指城市人口来农村生活或高龄人口回农村养老）。此外，人们的思想在转变，过去对农村的理解仅仅是粮食的生产基地，现在更多的理解是生活、就业和休闲的空间。

该机构负责人向我们简单介绍了韩国的新农村建设事业的历程。大体上，1970年开始兴起新农村改造事业；而1980年新农村运动发展以市、郡为单位，到1990年演进到了以村为单位的小规模运作。2010年开始，不再按地区分散进行支援，而是更加全面、统筹地进行运作和管理。

◆ 2 改进运作方式，提高支援效率

2010年之前，韩国政府农村建设的支援呈现"多头"推进状态，亦即由很多不同部门（如农林水产食品部和国土海洋部）对同一个地区进行支援。后来认识到这样的模式统筹性较差，所以改为了主要以政区类别（包括人口规模）来划分支援责任主体。由农林水产食品部所辖的协会，负责人口规模较少的政区（人口规模50万以下的地方政区）。据统计，2005～2015年间实施的支援项目共有1430个。协会在工作中很注重运作方式的改进和政策的调整。例如原来的工作部门（事业部）分得太细、数量太多，现在已经大为归并和简化。农村政策的总方向可以归纳为三大类：一是打造新的农村生活圈；二是文化资源再开发，建设农村文化圈；三是激发农村自我发展的活力，营造农村社区。新农村建设工作的具体形式可分为三类：一是以居民为主来进行村落改造；二是聘请专家、培养村中人才而施行改造；三是统筹各方资源。同时，协会对选定的存在的支援工作不是一次性的，而是分阶段性推进，且每个阶段有每个阶段的支持目标和投入重点。

以2014年村落改造评比中获得金奖的某村为例，协会展开支援和投入资源前，先在现场组织了讨论会，以期对实施方案取得共识。具体支援工作，首先是对村落里的水塘进行改造，并完善了其中的游船设施，包括壁画创作、改善游船外观等；其次是为村落基础设施和增加集体收入提供支援工作。其内容包括：一是针对高龄人群的服务空间建设；二是提高整个村落的安全性和预防犯罪，如安装一些减速带和监控探头等；三是为村民创造更多的就业岗位；四是在文化和医疗方面的支援工作，如更多的上门医疗服务，组织文化活动和民间交流等。

就运作方式而言，过去是大规模地展开村落支援工作，现在都是以小规模进行，即实施单位在变小。同时，针对实施过程中出现的问题——尤其是过高估计村落的实施能力（即支援力度过大，但村庄的实施能力不匹配），对实施阶段进行了调整，大体分为

四个阶段：一为预备阶段，二为进入阶段，三为发展阶段，四为自立阶段；各个阶段各有其发展目标和相应的资源投入量。此外，还对支援工作的程序进行简化，如以前对支援工作的批准是以"道"为单位，现在权限下放，以更为有效地激发村民的积极性和创意性。实践表明，支援的地域规模过大会导致基层的积极性不高，使得村子没有原创动力、并且对设施的管理不热心，所以现在基本均是以村为单位（一般为几十人到百余人）。此外，对支援金额和实施的年限也都做了灵活的变动。单个项目的支援总金额从5亿到40亿韩元（约合人民币280万元至2250万元）不等，实施年限在5年之内灵活掌握。实施过程分为4个阶段：第一阶段是能力培养阶段；第二阶段开始以5亿韩元为单位进行投入；第三阶段是评估和持续实施阶段，即要对之前投入的资源和创造的成果综合审视，通过评估之后才能拨给下一批资金；第四阶段属于自立阶段，这个阶段不再投入直接的建设资金，一定的资源投入将限定在教育、宣传和互动方面（见图2）。

图2 听取开发支援协会的工作介绍及座谈

自立阶段有一个案例是针对青少年问题，即支援某村建立了"人性学校"，从而巩固村庄建设的成效。韩国农村青少年工作面临两大类问题，一是存在暴力行为和小群落排挤问题，在互动交流方面并不健康；二是相关的村落设施欠缺及维护较差。青少年教育问题和设施问题都亟待解决，因此，建立农村人性学校，由教育部门对人性学校进行支援——对青少年进行人性心态健康教育；农林水产食品部所属的协会对学校的支持是聘请专家对村中的设施建设进行指导。通过各方的持续努力，农村青少年犯罪率已经在下降。

◆ 3 激发村民积极性，促进内生的农村改造

我们与韩国有关部门座谈及实地考察后的深刻感知是，对农村建设加以支援很必要，

但村落改造及振兴归根结底有赖于大家的共同努力，没有居民积极性的支援工作难免会失败。可以说所有成功案例都是缘于各方的同心协力。以下简介若干堪称成功的案例。

第一个是提高农村创收的案例。该村落原本就有绿色大米的种植，以这个为基础，量产"锅巴"产品，实现了创收。现在大家追捧绿色产品，而该村的锅巴是用绿色大米进行制作，因此锅巴的销售很好；由此导致绿色大米的种植和销量也在不断增高。2005年的绿色大米销售量达到55t，2012年达到了330t。另外锅巴制作也提供了20多个就业岗位。

第二个是有效利用村庄资源的案例。早在1960年该村庄就面临被淹没的困境，有些村落已经被淹没了，原来较为完整的村庄就被分散开了。后来为了利用滨水景观资源，在水位线以上复建了一条老路，这条路吸引了许多喜欢徒步旅行的游客（类似于济州岛的徒步旅行道路）。这条路线可以徒步全程，再坐船返回。因为该村离城区不远，因此不论周末还是平日，都会有游客过来，且数量在逐步增多。2009年的游憩服务收入仅为800万韩元，至2011年则增加了60倍，达到了近5亿韩元。

第三个是开发庆典和观光活动的案例。该案例村庄只有25户居民，可谓是深山老林里面的小村子。因有一条小溪水穿过，村里就利用这条溪开创一个"冰上庆典"活动，吸引游客参加。刚开始时活动很单一，只有简单的冰雕和溜冰活动，后来活动逐步丰富，游客也在不断增多。为了扩大庆典活动的影响力，村里在溪水旁种植了许多葫芦，开设了葫芦庆典活动。现在一年四季都有庆典活动，游客不论什么时候过去都有丰富的活动可参加。虽然村子只有25户，但其所属的城市政区有3万人，村子通过庆典吸引的游客量累计已达20万人之多。

第四个是发动全民参与的案例。该村种植一种山野菜，韩国人特别爱吃。该案例就是对山野菜加以很好开发利用。山野菜的特点是种植方便，男女老少都能种植。原来是种植后自己吃，种植量不大；现在是大量收集，村民就开始大量种植山野菜了。通过这个项目，不但使村民创收，更为重要的是使得村民对村组织有了信心。村庄聘请了5名村庄建设改造的专员；通过电视和网络的宣传，村庄的知名度在不断扩大，山野菜产业的规模也在逐步扩大（图3）。

第五个是以艺术创作为引领的案例。因有10户艺术家在该村归农或居住，就产生了如何发挥艺术家资源的作用问题。让艺术家们通过雕塑、壁画等对村貌进行改善，让村民对新农村改造产生了一定认识和兴趣，进而逐渐参与到改造工作之中。最后村庄在其他资源投入较少的情况下，完成了改造项目。

第六个是废弃学校改造的案例。一些村子的自然景观很好，但是随着城市化进程和农村人口大幅减少，一些乡村学校被废弃。这个案例是把废弃的学校作为生态体验学校来打造，学校不仅组织城市居民体验农活和学生体验生态活动，还承担了村中居民文化设施的功能。这个案例说明，新农村建设不仅需要能人和资金，还需要巧妙利用地域资源（见图4）。

图3　某衰退村庄的振兴主题宣传（发展葵花种植和加工）

图4　某村已经撤销小学旧址，拟申请其为村庄文化活动中心

　　第七个是基于文化交流的案例。在新农村改造开展之前，该村庄已经进行过新文化改造活动，已经有了"文化和交流非常重要"的意识基础。通过支援项目旨在强化共同

的意识，包括建立多个俱乐部，如交际舞、乐器等俱乐部，加强了村民间的文化交流。现在比较活跃的俱乐部有 9 到 10 个。在韩国 2014 年的新农村改造评比中，该村因文化方面的成绩得到了金奖。

除了协会支援农村建设和发展第三产业外，农业部门还有专门的机构负责支持种植业和养殖业的发展，诸如通过优化品种、提高产量来促进农民增收。总体而言，这些项目成功的主因是有民意基础，或是说调动了村民的积极性，而政府机构的支援主要是辅助性的。

◆ 4　启示

韩国农村人口的大幅减少和高度老龄化现象比中国要早数十年；整个国家的经济和城镇化高度发达的另一面，是农村问题的日益突出。但政府和社会各界都认识到农村有其不可替代的价值。多年来，韩国政府及有关机构在农村问题上倾注了大量的人力和物力，试图激发农村活力，保持农村的健康发展。调研发现，韩国的农村建设已经从最早期的新村运动发展到如今的农村支援；通过自上而下的经济支援和技术支援与自下而上的申请和施行互动，来达到全面激发农村活力的目的。韩国在新农村支援上不仅有着较为健全的体制和机制、有着可观资金的投入，还注重传授农村发展的理念和运作技术，通过各种培训促使农村自我发展、可持续发展。相比而言，尽管韩国与我国一样，政府有着强烈意愿振兴农村，但所不同的是，韩国更为注重调动村庄的积极性，包括引导农村竞争性地申请项目支持，继而政府机构再加以筛选和施以支援。这方面启示意义极为深刻。

韩国取得了工业化和现代化的巨大成就，但其农村的凋零程度令人震惊。在村庄的主动申请、政府的支援政策下，韩国的农村建设改造取得了一定的成效；案例村庄之外的农村振兴成就有多大，我们尚不了解。因而我们还将继续考察和分析研究。

本文刊发于《城镇化》2015 年第二辑第 108–111 页，作者：赵民，张立。

韩国、日本乡村发展考察

——城乡关系、困境和政策应对及其对中国的启示[①]

做研究和制定政策往往要做一定的国际比较和国际经验的借鉴，在乡村发展领域亦是如此。国际比较的对象选择要恰当，要避免"不可比"的情形。例如，欧美的规模化大农业及他们的农村发展与我们的情形差异很大，尤其是在美国、加拿大、澳大利亚等移民国家，虽有发达的现代农业，但其实没有传统农村。与我们相近的东亚国家和地区，例如韩国、日本、我国台湾地区等，则可比性较强——都有小农经济传统，有农耕文化和生活的底蕴。这些国家和地区过去与我们的情况相似，现在工业化高度发达，城镇化水平也很高，同时农村也出现了很多问题。他们的农村发展状况很值得我们研究。

本文基于相关研究课题[②]，主要介绍韩国和日本农村的发展状况。首先是关于城乡关系和城镇化历史演进的认知，然后分别介绍韩国和日本的农村现状和振兴策略，最后是若干感悟和启示。

◆ 1 城乡关系及城镇化的历史演进

乡村发展，包括美丽乡村建设等，都不是孤立的，而是在历史长河中的某一个阶段需要做的事情。研究城乡关系，需要考察城镇化的历史演进。我们曾经做过关于城镇化发展与经济发展的关联性研究[1]。通过对一百多个国家的数据做统计分析，可以得出经济发展与城镇化发展的大趋势。随着经济增长，人均 GDP 的提升，城镇化水平会逐步提升，农村人口则相应减少。就两者关系而言，大致呈现为 4 个阶段：初期阶段（Primary Stage）两者高度相关，然后会经历起飞阶段（Taking off Stage）的离散和登高阶段（Culmination Stage）的收敛；到了发展成熟阶段（Post-urban Stage），城镇化水平与经济发展程度在统计上不再相关，亦即城镇化水平不再是经济和社会发展程度的标志（图 1）。总之，在发展的不同阶段，城乡关系的特征和内涵会很不同。

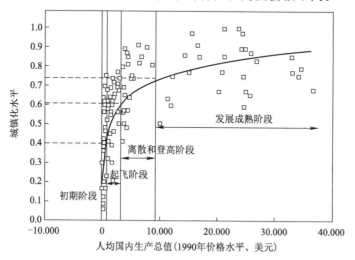

图 1　城镇化发展和经济发展的关联性

在初始阶段，整个国家的经济发展水平很低，可谓是落后贫穷的传统农业社会。那时的城镇化水平只有 10%～15%（1949 年中国的城镇化水平约为 11%，改革开放前不到 18%）。为了打破积贫积弱的状态，国家需要发展工业；即便要搞现代农业也没有资本，所以只能在落后的农业基础上先搞工业。工业发展需要城镇载体，城镇化水平也就相应提高。这个阶段无暇顾及农村，反而是通过工农产品的价格"剪刀差"剥夺农村。由此，工业化开始起步和发展，这个阶段城镇化水平处在 15%～30%，部分农村地区引入加工业而达小康，但是很大一部分的农村地区却继续积贫积弱。

工业的发展也带动了第三产业的发展，城镇变得繁荣起来；这是个发展的积聚阶段，城镇化水平从 30% 上升至 50% 左右。在这个阶段，第二、三产业的大发展需要大量廉价劳动力，由此农村人口大幅度流出，导致的结果是传统农村社区趋于解体，农村物质环境日益破败。这就是中国目前的状况，前些年更加明显。这个阶段的后期，工业反哺农业和城乡统筹发展的呼声日益强烈，最终变成一个严肃的政治命题。相关的政策不断出台，对农村的投入逐步加大；新农村建设开始被提上议事日程，试点和示范项目遍地开花。

随着第二、三产业的进一步发展和城镇建设水平的不断提升，城镇进一步吸引了人口流入，农业人口继续大幅减少。这个阶段的城镇化水平跨越了 50%，一些发达地区的常住人口城镇化率甚至高达 70% 以上。这一阶段公共财力比较强，政策取向上则进一步扶持"三农"，城乡社会保障和公共服务差距趋于缩小，城乡统筹和新农村建设被放到了更高的位置。"美丽乡村"建设其实就是在这个阶段的经济社会发展和政治诉求的大背景下启动的。

当城镇化水平达到70%以后，国民经济已经进入高度发展的阶段。这个阶段的农村人口、农业人口占比会变得极小，城市型经济和城市人口占主导地位；这个阶段的城乡社会保障、城乡公共服务、城乡要素市场等都有必要、也有可能实现一体化。国家对农村、农业的补贴力度也会变得很大；但国家的总支出比例不一定很高，因为农村人口比例很低，但是对于农村来讲，这部分收入有可能占很大比重。

在最近展开的课题研究调研中[③]，得知日本非农与农民收入比为0.86～0.97（2000年），韩国为1.74（2012年），中国台湾地区是1.40（2005年）；而农村居民的非农收入占总收入之比，日本为86%（2005年），韩国为60%（2005年），中国台湾地区为77%（2004年）。其发展模式或是基于农业加工业，或是基于农业加工业再加农村旅游业。在专业与兼业户数方面，日本的专业农户不足11%，而兼业农户占84%（2004年）；韩国的兼业农户约达40%（2011年）；中国台湾地区则与日本相似。也就是说，在实现了工业化和城市化以后的新时期，农村发展和农民的生产活动实际上是兼业化的；农民不仅仅是靠种地为生，农产品的加工，乡村旅游加上文创等，使得同样的产品可以产生更高的附加值。

另外，这个阶段的城乡一体化境界，包括实现公共服务和社会保障的城乡一体化等，政府公共财政的支持必不可少，可以说政府干预在乡村发展中占据了重要地位。政府的直接及间接补贴并行，能够有效提升农民的转移性收入，有利于缩小城乡居民收入差距。据调研数据，政府支持占农村收入的比例，日本达到58%，韩国达到63%。政府和社会不光是不希望农产品过于依赖进口，更是不愿意看到农村继续衰退、甚至彻底消失。尽管政府对农村和农产品补贴的代价是很大的，但是为了保护好一部分农业及维系农耕文化的基因传承，这么做是值得的。

韩国和日本都经历过与中国目前类似的工业化和城市化发展阶段；其现代化进程中的经验和教训，其高度工业化、城市化背景下的农村发展状况和策略等，均值得我们关注和研究。

◆ 2 韩国的"新村运动"及农村发展状况

2.1 "新村运动"的历史演进

韩国20世纪70年代初期的城镇化率为41%，1993年达到了77%，目前应该已经超过了 90%。作为战后国家现代化进程的组成部分，韩国在经济和城镇化发展较低的阶段就开始了"新村运动"，通过改善农业生产设施、改善人居生活环境来提升农民的福利和农村的吸引力。其特点是村村整治，农民就地现代化；但在城镇化程度不高、农村和农业比例很大的情况下，政府和社会的投入难以充分，加之资金分散，当时的新村运动只能侧重于基础设施建设，但非常注重国民精神提升。其后，新村运动转变了方式，以"农村支援"为方针，即由"官主导、民参与"，改为"民主导、官支援"。在运作上则是"高层次统筹，小单位运作"，不再是全国性改造运动，而是以市、郡为单位、以村为单位小规模运作；也不再分散支援，而是更全面地统筹和运作。20 世纪 70 年代的"新村运动"被认为深刻地改变了韩国的农村面貌，包括人的精神面貌。

考察得知，"新村运动"一直在持续，新村建设项目实际覆盖了乡村与城市社区。在运作方式上，2005 年以后更多是由村提出申请，政府部门加以筛选，然后再提供支持，以这样的自下而上的申请和自上而下的经济支援及技术支援来施行援助。2005 年至 2015 年间实施的支援项目共有 1430 个，分为四个实施阶段（预备、进入、发展、自立），分阶段确定目标及资源投入量，支援金额约合人民币 280 万～ 2250 万元，实施年限 5 年。

2.2 新村发展的现实状况

韩国新村运动名声很大，并曾积极向接受韩国经援的东南亚和非洲国家输出他们的经验。课题组对韩国的新村建设项目做了专门考察。如果光是看韩国的农村现状，无论曾搞了多少年新村运动，花了多少钱，农村仍然处在严重衰退状态。尤其是农村人口大幅减少和极其高龄化，与中国的一些乡村的状况差不多，甚至更严重。

另一方面，政府仍在对农村大幅投入和多方支持。这个力度很大，且一直在做。政府层面的常设负责机构为"韩国农渔村地区综合开发支援协会"，隶属于中央政府的农林水产食品部，由原分属不同政府主管部门的水利协会、土地开发协会和农田开发协会等于 2000 年合并而成，担当大城市地区以外的农村发展推进工作，其宗旨是"更好地、有效率地利用农村资源，给农村更多的价值和经济能力"。该协会在全国各地有 93 个分会，6 个社团，雇员达 5300 多人；年度预算约为 9000 亿韩元（约合人民币 50 亿元）。

其中针对农村的农产品和地区开发支援工作设有农渔村开发支援团。该团与韩国农业部门联系紧密，与韩国中央政府的区域开发政策部直接对接，负责中央政策的实施、并可提出调整政策的建议。

我们访问了这个支援协会下面一个地区分会——位于大田市的大田分会。据分会的负责人介绍，当下制约韩国农村发展关键问题就是人口减少、高龄化，而另一面就是缺乏就业岗位，工作机会少（图 2）。

同时，他们提到目前也正在出现一些新的积极态势。一是在农村人口减少的同时，老龄化状况有所改善。二是"归农""归村"潮流已经初现端倪。"归农"是指外出人口回流，或者城市人口迁移到农村从事农业劳动。城市的人可以到农村，按照法律规定，有生产能力的人可以买耕地，城里的白领可以到农村置业和务农。"归村"就是城市的人到农村去居住，包括城里的老人回农村养老。人们的思想在转变，过去对农村的理解仅仅是粮食生产基地，现在更多是将农村看成是生活、就业和休闲空间。对于支援农村，其定位是保全农村，而不仅仅是为了粮食等生产。

在协会的支持下，每一个村庄都建有一个公共服务点，作为接待、培训及文化娱乐场所，服务点设有公益性岗位，由政府出资（图3）。韩国的"村"与日本的"村"不一样，韩国的村很小，就几十个人到一两百人。日本的村与中国农村的"行政村"也不一样，日本的村是一级行政机构，市、町、村是平级政区，由此看来日本的"村"相当于我们的"乡"，而韩国的"村"近乎于中国的"自然村"。

图2　访问"韩国农渔村地区综合开发支援协会——大田分会"

韩国农村人口大量外流后，在老龄化和少子化的状况下，原先建设的一些基础设施闲置了。我们看过一所设在村里的学校，大概十几年前就关闭了，原来有几百个学生，后来就剩下十几个，经过家长投票同意后合并到了其他学校，这个校址就空置下来，但学校的产权仍属于地方政府的教育部门（图4）。这个村提出的建设计划是"诗和歌的家园"，所以要求从政府手里把校产拿过来，改建为文化中心。该村接待我们的人是位归农的知识分子，是一名养牛专业户，同时善于搞文宣，所以协助村民发起了诗和歌的创作。在我们访问时，农民给我们演唱了自己创作的歌。听起来很悲情，怀旧和伤感，似与现实的农村发展和农业生产没有什么关系。

图3　支援项目——村庄的公共服务点

在韩国农村还可以看到有些老房子。我们考察的另一个列入援助计划的村显得比较破败。其倡议是做一个生产和文创主

图4　农村一所已经关闭的学校

题——向日葵，以这个主题向政府申请资助。包括把地开垦出来种植向日葵，可以榨油，并藉以搞观光和摄影创作等。据说村产的葵花油预计要比进口的价格高几倍。由此看来，这仅是一项主题倡议，实际难以有什么经济价值（图5、图6）。

韩国也搞"新农村建设"评奖，釜山大学的教授给我们介绍了若干案例，包括提高农业创收、开发观光事业、开展文化活动、利用废弃公共设施等。取得了一定成效，但对农村振兴的作用看似有限。

图5 衰退中的村庄

图6 村庄振兴主题——"向日葵"

2.3 小结

韩国的农村建设和对农村的政策扶持很早就启动了，曾经取得过很大成就，呼应了国家的现代化进程。就目前的状况而言，一方面国家的经济和城市化高度发展；另一方面农村问题依然突出，农村的凋零程度令人震惊。政府和社会各界都认识到农村有其不可替代的价值。多年来，韩国政府及有关机构在农村发展中倾注了大量的财力、物力和人力，试图激发农村活力，使农村走上健康发展之路。调研发现，韩国的农村建设已经从最早的新村运动发展到如今的农村支援，通过自上而下的经济援助和技术支援与自下而上的申请和施行互动，达到全面激活的目的。在农村支援上不仅有着较为健全的体制和机制，有着可观资金的投入，同时也注重传授农村发展的理念和运作技术。

中韩两国政府都有着振兴农村的强烈意愿，但是韩国在操作上与中国有着较大不同。韩国更注重调动村庄积极性，包括引导农村竞争性地申请项目支持，继而政府机构再加以筛选和施以支援。亦即由民主导，由村里提出实施的项目，政府部门批准后先搞培训，然后对实施提供支持，如果做得好再追加经费，项目成功以后还会继续跟踪维护。总之，不仅仅是上面想出一套什么东西后就推行下去，而是上下互动，协同推进。

韩国农村建设改造确实已经取得了一定成效。但是，即便是通过较成功的案例也难以看出逆转农村人口流失和彻底改变衰退的可能性。现有的村庄应该还会维持下去。由于政府的投入，农村基本公共服务和社会福利将继续得到保障，但是要振兴和回到过去人丁兴旺和社会结构健全的状况应是不可能了。可能这就是现代化的一种代价。因此，中国要谋划在先，努力走出一条能够保全乡村社会主体地位的工业化、城镇化之路，从而实现更为健康的城乡一体化。

◆ 3 日本农村现状及振兴策略

3.1 乡村现状

感官上，日本农村的总体面貌比韩国好很多，这似乎并不是经济发展阶段的问题，而是与地方文化传统有关。就调研数据显示，日本在 20 世纪 60 年代初的城市化程度是 63%，2001 年是 86%，目前在 90% 以上。并据有关数据，从 1945 年到 1970 年，日本农村的"村"数量减少到原来数量的 8%，也就是说曾有过大规模的撤并，此后又有大幅减少。实际上这与行政建制的调整有关。日本的村、町、市是同一级行政区，若是村并入市，或是村与村的政区合并，村的数量减少了，但自然村落实际并没有消失。

日本农村目前在提所谓的"六次产业"，就是"一产＋二产＋三产"。农业现代化和农地规模化也都在推进，取得了成效。耕地的集中，很大程度上亦是不改变产权的流动，即通过租赁方式向大农户集中。农村产业多元化和农村休闲化的趋势也很明显。

从课题组 2014 年对九州的多个地区考察，再到 2015 年的本岛北部和北海道访问，看到的乡村基本都是井井有条的。到处可见到精细耕作的水稻田，农民住宅大都处在良好状况，风格也较统一（图7、图8）。我们问当地人士是否搞过农村建设运动，是不是对建筑式样和材料等有一定规范要求，没有得到清晰解答，但应该是有引导的，可能更深层次的是一种文化的接受和延续。

图7 九州的农村景象　　　　　　　　图8 稻田及田野风貌

农宅往往是与自己的农地结合在一起的，自然村落呈大分散、小集中状态，据称没有什么村庄建设控制。农民在自己的土地上建自己的住宅，经了解，并没有对建筑面积的控制。但是如果是申请贷款建房，则对面积是有限定要求的。在农村公共领域，道路和基础设施都达到了较高水准，对乡村景乡村遗产建筑来保护，修建价格非常高昂（图9）。

因人口减少等原因，日本的基层政区也有过很多撤并。如位于九州的佐伯市是2004年由多个市、町、村合并而成。合并之后，市政府仍然保留了在原市町村的政府管理服务职能，我们访问了佐伯市下设的浦江振兴局（位于原浦江町）。当地的官员做了介绍，我们也提了很多问题。中午工作餐，服务人员都是本地七八十岁的老太太，她们表示"年轻人现在都不在了，我们还得努力"（图10、图11）。

图9　九州农村的保护建筑（草屋顶）

图10　访问佐伯市下设的浦江振兴局——座谈

3.2　乡村维系和振兴的努力

日本农村的人口流失、老龄化及"空巢"现象很严重，且持续加剧。在这个意义上，乡村确实面临衰退的困境。另一方面，传统乡村的维系和振兴努力也没有间断。社会各个群体都在积极做出自己的贡献。

在九州的乡间，我们看到一些老人在整理一个农村社区场所，包括清除杂草和修剪树枝等。问下来，这些老人属于国东县的"长寿者协会"，这是一个非政府的志愿组织。据说协会每年组织老人搞3～4次这样的公益活动。协会成员最小的70岁，最大的93岁。

在国东郊外的森林保护区，我们还看到了来自城乡的志愿者修复林地的工作情景（图12）。这是一片需要恢复的树林，但杂草的生长力增强，阻碍了树木的生长。因此，志愿者每年都来锄草，以帮助新种植的树木生长。活动的组织很细致，不但提供技术培训和午餐等，还为来参加的家庭提供孩子游戏的场地，甚至于帮助照看小孩。来自城市和乡村的志愿者通过这样的参与增进环境意识和集体互助精神。

尽管农村人口非常老龄化，但基本上看不到抛荒，耕地基本为水稻田，有自己家里种，也有一些是集中起来大户在种。甚至把农耕方式作为一种文化遗产而加以保护，朝日町有一个所谓"生态博物馆"就包括了梯田。这个梯田比中国云南哈尼梯田或贵州的

图 11　访问农户

图 12　九州国东郊外的森林保护区的志愿者

梯田差远了，但这确实是一种文化景观，应该开发利用。

因为老龄化及"空巢"，一些村民很希望城里人来乡下居住和体验。我们访问了山形县饭丰町的一户农村民宿，邻近各家的主人也过来参与了交谈。当地政府部门为参与民宿的家庭搞了些培训，并协助发布信息（图 13）。

我们还看了山沟里面一个小村落，这是一个保护传统手工艺的村落，村民都是做陶艺的。访客很少，经济效益可能不会很好。村庄看上去很大，实际就只有 10 户人家。制陶仍在用传统的水力夯陶土，可谓是一种文化景观，也是一种振兴策略（图 14）。

图 13　山形县饭丰町农村民宿访问后告别

图 14　山沟里的陶艺村

还有一些乡村的小镇，显然是经过维修的，路面是新铺过的。希望通过原样恢复，使得历史小镇能发挥传承历史文化的作用，并能开发旅游。应该是花了不少钱，但是我们去访问的时候看不到多少人。外国游客大都跑大城市，其实一些小镇更加有味道，更加有典型的日本传统特色（图 15）。

农村振兴的手段还有很多，譬如北海道美瑛町的"四季彩之丘"观光农园，就是通过大片种植薰衣草等花卉美化，形成图案化的大地景观。游客很多，据称到北海道旅游的国人都给拉过去了，实际也是有东西可看。有拖拉机牵引的游览车，也可以租卡丁车。我们去的时候并不是最好的季节，很多田地都已经收割掉了，但仍是很壮观、很漂亮。美瑛町还发起成立了最美乡村协会，已经有了国际影响（图16）。

图15　九州的一个传统小镇　　　图16　北海道美瑛町的"四季彩之丘"观光农园

　　在北海道余市町我们还参观了采摘果园。果园里有多个品种的大樱桃等果树，果园已经传承了几代，果品以往出口较多，现在销到大城市，同时也接受游客参观，自己采摘，不同价格的门票可以带走不同量的采摘果品。

　　在城市郊区保留的农田被作为"城市农园"，或是有期限租赁给市民耕种，或是发挥教育功能。有些农园被小学和幼儿园所认领，在播种的时候、生长的时候和采收的时候，可以组织小朋友来参与，从而学到农业知识。

　　在日本北海道考察时获知，当地有民间组织专门从事"市民归农"的技术培训和服务工作。已经有较成功的市民归农案例。例如我们所考察的一个葡萄农园，位于北海道人口规模不断萎缩的余市町，是以家庭为单元所进行的小范围农业创业活动。男主人出生在北海道，在札幌读完大学以后，与其他很多青年人一样离开了北海道，成为了东京市的白领一族。在大城市工作多年后，因为向往田园生活，便举家迁居至余市做"新农民"。时至今日他与夫人已在此创业四年。他们在从事农业的同时，也为来此访问的游客提供简易的住宿服务。

　　给我们做介绍的一位女士在这里有一个工作站，作为非政府组织，在这里积极推进农村的振兴。主要是辅助新来的归农人，或者是帮助当地的务农户。

　　农村高度老龄化，所以政府在农村也建设了养老设施。我们参观了北海道一个农村老人住区。这是一个统一建设的联排式房屋，符合一定条件的农村老人家庭可以申请入住。因冬天很冷，住宅间有内部连廊，设有餐厅和管理中心，有志愿者在那里服务。老人每天早上按铃报平安，如果有哪一户没有报，服务人员就会上门查看。该地区有一政府投资建设的锅炉房，燃料为本地的林木碎屑，为老人住区等供暖（图17）。

图 17　北海道下川町农村老龄人口住区

◆ 4　若干感悟及对中国的启示

在韩国和日本看了听了很多，有一些感悟。

我们的政策目标总是追求区域平衡发展，但看来区域差异有其必然性。在考察日本九州、本岛中部和西北部及北海道时，可发现日本区域间的现代文明程度及公共管理差异很小，但是经济密度和人口密度反差很大。前者公共服务水平离不开公共政策干预，如中央政府财政预算或转移支付等，从而全国城乡居民都可以享受公平的国民待遇。在此情形下，人口流失还在继续。总体而言农村都在流失人口，但是北海道及北部地区流失得更多。北海道开发了 100 多年，至今人口总量仍然很少，且其中相当部分集中在首府札幌。就我们所考察过北海道地区的农村而言，都是人口稀少，并且还在持续减少，老龄化也很严重。确有城市居民来此"归乡"的，但仅是个案。

日本国土比较小，人口密度比较高，经济高度发展，地区间公共服务没有大的差别，政府和民间为区域间平衡发展做出了种种努力，投入很大的财力。但即便如此，北部地区、传统农业地区的衰退趋势仍难以逆转。其背后的规律性和作用机制有待进一步揭示。

韩国、日本与中国有着相似的农耕传统，家族式、小规模的农田持有和农业生产方式根深蒂固。在工业化、现代化的进程中，传统农村和农业仍在延续。东方小规模农业的特征仍很明显，农村以分散持有农田和经营为主流，农户保持相对较大的数量，但农村人口持续减少。

与之形成反差的是北美、澳洲及部分欧洲地区，其工业化、农业现代化、城市化结合在一起，形成一种不同于东方国家的发展模式——这些国家有现代农业，但没有传统农村。

现代都市生活和工作对农村年轻人有着极大的吸引力，因而农村年轻人大都离村进城，即便是韩国、日本这样的有着亲缘联系的传统社会亦是如此。其后果不但是农村人口持续减少，老龄化现象更是不断加剧，农村社会的整体衰退日益严重。

韩国和日本政府及非政府组织投入了巨大的财力和精力，在农村施行了种种振兴计划，对于维持农村运转和农业生产，发挥了很大的作用。有较多成功案例，但整体而言，农村人口减少及老龄化的趋势并没有实质性改变。

在一定程度上，韩国、日本农村的今天就是中国农村的明天，所以对中国农村的现实和发展态势要有清醒认识。城市和工业应该要反哺农村和农业，农村的振兴势在必行，但就韩日的经验而言，这并不意味着农村人口减少和相对老龄化能够被逆转。这值得我们深思。如何在工业化、城镇化及农村人口大幅减少的大趋势下，使农村社会结构保持相对均衡、使乡村功能及农业生产可持续发展，这是我们面临的巨大挑战和紧迫课题。

农业现代化、农村社区重构，以及农村复兴或振兴，实际上是与务农人口大幅减少、村庄不断撤并等条件联系在一起。新农村建设及"美丽乡村"需要有一个合理的基础。如果面对的是空心村，为何还要去美化？首先还是要解决资源合理配置的问题，在城镇化率不断提升、农村人口不断减少的大背景下，农村的人居空间要实现"精明收缩"。农村住区的适当归并、农村社区公共服务设施配置的优化调整，与新农村建设非但没有矛盾，反而是相互促进的。如果资源不能优化配置，人走了资源退不出，那么人也不会彻底走。如果多为老人、小孩留守，家园也难以建好。

所以，农村发展策略和规划要有新思路，要积极研究农村三权（农地承包权、宅基地使用权、集体经济分享权）的退出机制。根据韩国和日本的经验，在高度城市化和现代化的条件下，城乡资源要双向流动，农民可以进城，城里人也可以"归农"和"归村"。现实中，确有一些富裕农村的房子比人多。房子建得很好，但往往低效利用、甚至空置，这不是现代化。人进城了，房产怎样退出，是拆了，或是合理流转？解决这些问题需要制度创新。新农村建设需要获得政策上的支持，但更重要的是要顺应发展规律，并在制度设计上寻求突破。

当然也要看到中国的地区差异很大，很多地方的农村人口可能还留在农村，很多地区还会保持小规模农耕生产方式，传统农耕和居住文明还将长期延续。对于这样的地区也需要因势利导推进规模化生产和经营，而乡村规划则要适应发展的实际诉求和约束，以新的思路来推进农村振兴。

注释：

① 本文基于作者在农业部美丽乡村创建办公室、同济大学、江苏省海门市人民政府等于 2015 年 11 月 13 日联合举办"美丽乡村创建论坛"上所作的报告改写。

② 上海同济城市规划设计研究院课题"东亚国家农村发展的比较研究——对中国农村发展的经验借鉴"，课题组成员：赵民、张立、张冠增等。

③ 国家开发银行苏州分行课题"苏州市城乡一体化发展的理念和模式研究"，课题组成员：赵民、陈晨、徐素、方辰昊、吴梦迪等。

参考文献：

Min Zhao, Ying Zhang. Development and urbanization: a revisit of Chenery—Syrquin's patterns of development[J]. Ann Reg Sci.,2008(5).

本文刊发于《小城镇建设》2018 年第 4 期 62-69 页，作者：赵民，李仁熙。

我国乡村研究经典回溯

——重读费孝通先生《小城镇　大问题》有感

在中国城市规划学会小城镇规划学术委员会成立30周年之际，重读费孝通先生1983年在江苏省小城镇研究讨论会上的发言——即后来以"小城镇　大问题"为名的文章①，感到非常有意义，可进一步体会小城镇问题的历史厚重感。

当年费老曾说，"小城镇　大问题，不是从天上掉下来的，也不是哪一个人想出来的，它是在客观实践的发展中提出来的，问题在于我们是否能认识它。"他还说，"小城镇研究是一个综合的长期的科研项目。现在它已经吸引了多学科和多层次的人员，随着时间的推移和研究范围的扩展，将会有来自更多方面的同志参加进来。这就需要有一个相应的机构来加强各方的联系，进行组织和协调。"他当时曾提出要成立一个关于小城镇研究的学术性团体，以便把"有志于此的同志组合起来"。30年前的小城镇规划学委会成立应该正是费老所希冀的！目前，我们既有小城镇规划学委会，还有专门的《小城镇建设》杂志，这两者都是我国小城镇学术研究和交流的重要平台。

今天重读"小城镇　大问题"，我们仍能深获教益。据我的好友沈关宝教授回忆，费老在参加1983年研讨会以前，曾带领调查组到"江村"做第6次访问，前后花了一个多月时间，集中调研了吴江10多个小城镇。费老在研讨会上的娓娓道来和深入浅出的分析，是以扎实的实证研究为基础的。这种理论联系实际和求真务实的精神永远值得我们学习。用费老的话，"只有联系实际才能出真知，实事求是才能懂得什么是中国的特点。"因而，费老的小城镇研究一开始就摆脱了在概念中兜圈子、从书本到书本的模式，而是注重实地调查，力求在对小城镇的实际考察中提高认识。费老认为，"历史的真实记录，过了几十年甚至几百年人们还是要翻看，仍然具有价值。价值就在于它是未来的起步；而今后的变化则是它的延续。"②

从改革开放初期至今，小城镇发展的路径极为多样，实践经验空前丰富，可谓成绩巨大，但教训也很多；学界对小城镇发展的认识也有了很大发展，但仍存在诸多困惑和争议，学术研究和实践探索还将继续推进。费老在1983年就提出"小城镇研究是一个长期的研究课题"；他认为"人们的主观认识与事物的客观存在完全符合是不可能的。人们对客观实际的认识要有一个过程，而客观实际又是不断变动的，人们的认识也得跟着变动。反映不能及时，跟不上变化而固步自封，认识就会落后于实际。我们的一生，人类的一代又一代，对事物的认识总是一步一个脚印地跟着向前走的。我们今天对于小城镇的认识，过些时候回头一看，如能发现它的肤浅和幼稚，那就证明我们的认识有了进步。"这些教诲值得我们认真领会。费先生作为一位学术大师，绝不固步自封，从不自诩为发现了终极真理；而是与时俱进、不断探索，并随时准备更新自己的认识。

在1980年代初期的乡镇企业"异军突起"，"小城镇"发展开始被广为提及之时，费老在报告中明智地提醒大家，"任何事物一旦产生了理论概括，便容易使人忽视事物内部之间的性质差异，只从总体概念上去接受这一事物。小城镇也是这样。如果我们从笼统的概念出发，就会把所有的小城镇看成是千篇一律的东西，而忽视各个小城镇的个性和特点。因此，小城镇研究的第一步，应当从调查具体的小城镇入手，对这一总体概念作定性的分析，即对不同的小城镇进行分类。"进而他结合吴江调研，对五种不同类型的小城镇的缘起、功能特征、发展态势等做了详细讲解。费老这些见解在今天仍有很强的指导意义。但凡讲起"小城镇"，我们决不能陷于笼统的概念。费老曾在当年的报告中还提到，"有人看到在现在所谓'小城镇'里还存在着和群众语言相通应的层次，所以主张用'城镇''乡镇''村镇'来区别。'城镇'指松陵一样的大镇，即县属镇，'乡镇'指公社一级，也是体制改变后乡政府所在地的镇，其下则是'村镇'，这种意见值得考虑。我在这里只是提出来供大家讨论。我们的调查研究越深入，对我们用以识别事物的概念也会越来越细密，也会要求我们所用的名词更加确当切实。"30多年过去了，小城镇发展并没有在同一的"小城镇"概念下出现趋同化；不同地区、不同类型的小城镇的功能内涵甚至有了更大分化。有的小城镇显然属于城市范畴，是城市型经济和社会发展的载体；有的小城镇仍然是农村的服务中心、文化中心和教育中心。因而，对不同的小城镇发展的战略导向探讨及政策建议，必须基于脚踏实地的调研工作，而不能仅以抽象的概念来演绎。

毫无疑问，小城镇研究有着重要的学术价值，但同时也要看到其现实的社会价值。

费老做小城镇研究，有着强烈的社会责任感，以"志在富民"为根本目标。他希望学界能对贯彻"积极发展小城镇"的方针提出一些具体的建议。他认为"社会主义现代化需要知识，也就是要依据从科学研究取得正确反映实际的知识，去解决社会主义现代化过程中发生的各种问题。"要做到这一点，科学研究和建设工作之间必须建立起畅通的渠道，使得发展建设中出现的问题能够被纳入到科研的项目里，经过科学研究来认知实际情况，再形成解决问题的具体建议，最后再由决策机关审核和做出实施的决定。他提出，"由科研、咨询、决策和实践构成一个现代化建设过程中的循环系统，这四个环节环环紧扣，周而复始，不断地研究新情况，解决新问题。"同时他还认为，"把科研和咨询作为上述系统中的必要环节包涵着它们具有和其他有联系的环节相对的独立性"；"科学知识必须为政治服务。这里所说的服务绝对有别于'四人帮'时的'梁效'对其主子的'效忠'"。这是非常深刻的见解，是基于我党的实事求是原则，并鉴于以往的反面教训。总之，"科学研究要对客观事实负责，即实事求是。"

重读"小城镇 大问题"，感受颇多。费老30多年前的报告，曾在学界产生过巨大反响，并引起了当时中央领导的高度关注。该报告经整理后公开发表，至今仍是为学界所重视的重要文献，可谓是小城镇研究的经典之作。我们从该文中学到的既是小城镇发展的历史信息和实证分析方法，更是费老所倡导和身体力行的科学求真精神。

我本人曾有幸数次聆听费老的学术报告和会议发言，并与费老的弟子沈关宝教授有过多年的科研和教学合作，费老的小城镇研究以及他的风骨可谓深刻影响了我们这一代学者。同时也毋庸讳言，基于我本人的学习和专业实践认知，对费老的某些观点并不很认同，诸如"以农民为主体的乡村工业化"和"优先发展小城镇的城市化道路"等；这与崇敬他的学术地位和学习他的科学精神并不矛盾。正如费老自己所说，"实事求是的科学研究不等于消除了可能有的片面性，每一门学科的研究，其片面性都是难以避免的。越是专家，其片面性或许会越大。"这就是科学态度。

事实上，当年的费老以其高龄和所处"高位"，一直在洞察国家发展的现实，一直在探究对城乡发展规律的客观认知，并修正自己的观点。据沈关宝教授的记述，费老注意到了20世纪后期全球出现的跨国经济共同体的现象和理论；也看到了随着我国改革开放的逐步深入、市场经济的成长，过去因行政区域而分割的经济关系，需要转变为有协作、互补和超越行政区域需求的关系。在此认识基础上，费老开始实地研究城市化中各级各类城镇对其周边区域的牵引、辐射等问题。他首先考虑到的是长江流域的发展和上海的定位问题，提出了是搞深圳式的上海，还是建设香港式的上海的问题。他深入分析了上海的传统，特别是曾经作为远东金融中心的那段历史，建议上海应当成为长江流域的贸易、金融、信息、科技和运输中心；他还提出了以上海为龙头，江浙为两翼，长江为脊梁，以南方丝绸之路和西出阳关的欧亚大陆桥为尾闾的宏观设想。这些见解是何其深邃!

可见，尽管费先生的学术生涯与"江村调查"和"小城镇研究"密切相关，但他的学术研究和思想是开放的，唯有求真务实才是他的终身追求。

注释：

① 费孝通先生于1983年9月21日在南京召开的"江苏省小城镇研究讨论会"上做了"小城镇 大问题"的发言。随后由沈关宝整理了发言稿，并经费先生审阅订正。翌年9月，在《瞭望》杂志发表了《小城镇 大问题》这篇文章。

② 有关阐述参考了沈关宝的文章"《小城镇 大问题》与当前的城镇化发展"，社会学研究。2014（1）：01-09。

本文刊发于《小城镇建设》2018年第36卷第9期14-15页，作者：赵民。

日本

全球视野下的乡村思想演进与日本的乡村规划建设

◆ 1 全球视野下的乡村思想演进

乡村的起源显然早于城市，乡村规划的起源可能也不比城市晚，或者说是伴随着城市规划而发展。如果说孟菲斯城是城市规划的最早杰作的话，那么伴随农业发展、择水而居的乡村居民点的诞生抑或可以说是乡村规划的最早作品。在封建社会时期的中国，乡村地区遍布乡绅、乡贤们营建的大院或建筑群落；甚至整村都是一个家族的聚居地，比如安徽的西递宏村、山西的大夅古村、贵州的屯堡（明朝汉兵南迁）等。这些村庄在建设之时必定有着充分的规划思想指导，故能处理好供水、排水、采光、通风、防火、防御和健康等诸多问题。目光投向近代，乡村规划同样是与城市规划相伴而生的。19 世纪英国率先启动了工业革命，顺利完成了从农业国向工业国的转型。从欧洲近代早期的乌邦托空想社会主义的提倡者托马斯·莫尔开始，就强调了城乡融合发展，甚至于提出每户人家有一半人在乡村工作；之后的罗伯特·欧文提出了新协和村的公社构想，强调村庄的自给自足 [1]。探究霍华德的田园城市概念，其核心思想也是将城市和乡村置于同一框架下；他提出了构筑城乡一体化的理想城市策略，其主导的田园城市建设堪称是将乡村思想引入城市的伟大实践。之后，1933 年阿伯克隆比提出的"城镇和乡村规划"和1947 年英国颁布的《城镇与乡村规划法案》更是明确地将城市和乡村并立①[2]。

在纷繁变迁的全球格局下，城乡关系亦在不断演化。即便如此，欧洲国家仍然把乡村作为区域发展中的重要组成部分。比如法国，虽然在其国土开发政策中把国土划分为城市地区、乡村地区、城乡混合区、山区和滨海地区四种类型，但乡村开发与建设管理始终是纳入到统一的城市规划管理体系中，践行着城乡统筹发展 [3]；比如德国，20 世纪 80 年代开始了"乡村地区更新建设"，不仅要促进乡村地区的更新发展，也要使乡村更加融入到整个国家的空间体系 [4]；再比如日本，一系列的国家法律法规贯穿于城市与乡村 [5]。在现代化大势下，乡村在从传统的纯农业功能向综合功能转变 [6]。

乡村思想的演进性特点和差异化的实践，提示了乡村研究亦要与时俱进；除了基本的理论研究之外，也要结合最新的发展情势和研究前沿的实践，从而为政策制定提供有效支撑。

中国共产党十九大提出了要实施乡村振兴战略；而借鉴发达国家经验，形成具有中国特色的乡村振兴之路，应是未来几十年中国乡村规划和建设发展的方向。与欧美国家相比，日本虽然也是资本主义制度，但其农村与农业经营的特点与同处东亚的中国较为相似；其乡村规划建设曾经历了国家工业化、城市化发展所带来的巨大影响，同时也曾学习过欧美发展的经验。因此日本的乡村规划建设经验，对正处于快速工业化和城镇化的中国而言，其学术和实践价值不言而喻②。

同济大学乡村研究团队自 2013 年起曾多次赴日本开展乡村田野调查，南至九州的大分地区、北至北海道；不仅考察了偏远村落，也拜访了大都市郊区的（东京都）的村役所。通过深入的居民访谈、政府座谈和实地考察，我们逐步加深了对日本乡村规划建设的理解。我们在考察过程中，曾与当地多位教授进行深入交流；有关学者欣然接受了我们的邀稿请求，撰写了若干介绍日本乡村规划和建设经验的文章。在多方支持下，本期的"乡村振兴——来自日本的经验"专题得以面世。

本期专题的文章在一定程度上摒弃了宏大叙事的文体格局，即并非全部采取常规的学术文体，而是聚焦于当下日本乡村规划建设中的几个关键议题，关注于介绍经验和利于得出启示。除了对日本乡村规划政策的综述外，还包括了乡村生态规划、乡村社区的灾后恢复能力、边缘村落活化、生态旅游与生态博物馆、季节性居住、市民农园等具体内容。正是这些"小视角"的微观议题，构成了对当下日本乡村规划建设特点的精准描述；希冀本期的专题内容不仅对高校读者有益，而且对一线的规划编制和管理者的具体工作也有所裨益。

◆ 2 日本的乡村规划建设特点

日本国土面积 38 万 km²，2015 年人口 1.27 亿，属多山型国家，农地面积仅占 12%，目前是仅次于美国和中国的全球第三大经济体，2015 年人均 GDP 排名世界 23 位，为 32477 美元，是中国的 4 倍。日本的行政区划体系采用二级体制，一级是相当于中国省级的都道府县，二级是市町村，市大体与中国的建制市相当，町可以基本对应于镇，村可以基本对应于乡。经过多次市町村合并，截至 2016 年日本有 183 市、745 町和 790 村。

日本实行地方自治制度，理论上市町村是独立的自治单位，但中央和都道府县政府仍然可以通过财政手段去引导和控制其建设方向。在 20 世纪 50 ～ 70 年代日本乡村建设大发展时期，中央税占比曾经高达 75%（目前中国中央税收占比为 50% 左右），但其中央对地方的转移支付制度较为健全，科目较为明确 [7]。19 世纪 70 年代以前的乡村建设中，中央政府拨款、都道府县出资、市町村自筹比例约为 60%、20% 和 10%。19 世纪 80 年代经济平稳增长时期中央投入比例下降到了 50% 左右。2012 年都道府县的财政支出总额为 4948 万日元、市町村为 5566 万日元，市町村占比超过了都道府县 [8]。

日本的农村建设法律体系较为健全。以《食品、农业、农村基本法》（1990 年颁布，原为 1961 年版《农业基本法》）为母法，各类涉及农业农村建设的法律总共有 200 多部。战后日本农村建设与规划制度的变迁大体经历了三个阶段：20 世纪 40 ～ 50 年代促进农业发展的土地改革阶段，20 世纪 60 ～ 80 年代的农村土地利用和规划体制建设阶段和 20 世纪 90 年代至今的国土一体化发展阶段 [9]。20 世纪 60 年代随着快速的经济发展和城镇化，农村人口大量流出，日本开始制定针对性的农村政策，并把农村地区纳入规划体系，之后陆续出台了《国土利用规划法》《城市规划法》《农业振兴地域整治建设法》《农业地区工业引入促进法》《村落地域整治法》《多级分散型国土形成促进法》《食品·农业·农村基本法》（前身是《农业基本法》）《关于在特定农山村的活性化推进基础设施整治法》《过疏地区自立促进特别措施法》和《国土形成规划法》等刚性法律，此外还有《市町村基本构想》和《景观法》等非刚性法律。一系列法律法规的出台保障了农村建设的有序开展 [5, 8]。

日本农村地区的核心规划是农业振兴地域整治规划（简称"农振规划"）。日本的规划一般从四个层面展开：国家层面、广域层面、都道府县层面和市町村层面。在市町村规划层面，在城市化调整区的农村规划要符合城市规划法的要求，原则上在农振地区要制定农业振兴地域整治规划，在城市化调整区和农振地区重叠范围内的农村地区，要按照《村落地域整治法》制定集落农振规划。但具体的建设落实，需要符合农村综合整治计划和市町村计划 [10]。显然日本的农村规划划分了两个部分，一部分是纯农地区，一部分是城乡融合地区，或者说是有城市化特征或者即将城市化的地区。两部分的规划编制侧重点不同，前者侧重于土地改良和农业生产，后者重视建设控制。这对中国乡村规划体系建设有着较强的借鉴意义。

在日本经济和城镇化快速发展时期，农村人居环境的改善是通过农业农村整治工作推进的，大体经历了从初期的农田开发和填海造地、重视农业生产能力提升、环境整治、农村生活质量提升和全面振兴乡村地域五个阶段。其中发起于 20 世纪 60 年代的造村运动影响较为持久,平松守彦推广的"一村一品"具有世界影响。

大体而言,日本乡村地域的基础设施建设较为健全,在局部和重点地域的风貌保护较为成功。日本同其他发达国家一样,乡村经历了工业化、环境公害、农业保护、乡村建设和乡村活化的发展过程,其自上而下与自下而上相结合的乡村规划与建设经验,以及面对乡村老龄化和空心化所做出的应对措施等,均值得我们深入考察和学习借鉴。

另一方面,我们近年对日本乡村地区的田野考察也表明,日本的农村规划建设虽然有一定的成就,但其存在的问题也非常明显。尽管日本政府采取了诸多政策措施,力图挽回乡村地区的衰退趋势和重振活力,但总体成效并不大。在日本的很多农村地区,乡村建设亦较为杂乱,即使东京都的郊区村庄,其建设质量也并不都是很理想;而在九州的大分县,我们访谈过的村庄中也有污水直排的。所以,乡村振兴不仅仅是发展中国家的命题,对发达国家而言亦是需要应对的难题。

注释:

① 如果说特例的话,或许 20 世纪初期为了解决大城市的无限蔓延问题而提出的卫星城理念抛开了乡村,孤立地建立城市与周边地区的联系。

② 除了日本之外,东亚的韩国也值得我们去深入研究学习,相关的研究成果请参见《国际城市规划》杂志 2016 年第 6 期的东亚乡村规划研究专栏。

参考文献:

[1] 吴志强,李德华. 城市规划原理(第四版)[M]. 北京:中国建筑工业出版社,2010.

[2] 尼克·盖伦特,梅丽·云蒂,苏·基德,等. 乡村规划导论[M]. 闫琳,译. 北京:中国建筑工业出版社,2015.

[3] 刘健. 基于城乡统筹的法国乡村开发建设及其规划管理[J]. 国际城市规划,2010(2):4-10.

[4] 李京生. 乡村规划原理[M]. 北京:中国建筑工业出版社,2016.

[5] 王雷. 日本农村规划的法律制度及启示[J]. 城市规划,2009(5):42-49.

[6] 张立. 乡村活化:东亚乡村规划与建设的经验引荐[J]. 国际城市规划,2016(6):1-7.

[7] 葛庆丰. 日本战后地方自治研究——以战后地方自治的新发展和中央地方关系为中心[D]. 上海:复旦大学,2005.

[8] 王丽娟.日韩农村建设的历程、经验及借鉴 [D].上海：同济大学 ,2017.

[9] 冯旭.基于国土利用视角的韩国农村土地利用法规的形成及与新村运动的关系 [J].国际城市规划 ,2016(5):89-94.

[10] 北村贞太郎.地方分权时代的农村规划：未来的市町村条例 [J].农村规划学会志 ,2001(20):3-6.

[11] 同济课题组.我国农村人口流动与安居性研究结题报告 [R],2015.

[12] 焦必方,孙彬彬.日本现代农村建设研究 [M].上海：复旦大学出版社 ,2009.

本文刊发于《小城镇建设》杂志 2018 年第 4 期 5–9+28 页，作者：张立。

农村规划的历史、方法、制度、课题及展望

笔者曾做过从建筑到农村规划等领域的研究，涉及农村地域与自然及农业并存的可持续生态农村集落规划；此外 15 年前在大学校园里启动了生态校园项目，这个项目至今仍在运行（图 1）。本文主要阐述日本农村规划的历史、概况、课题及展望，以期为中国的农村规划建设提供借鉴。

◆ 1 何为农村

日本农村和山村的历史是从绳文时代狩猎生活的定居开始的。神奇的是那时的人们在定居点仅依靠周围的自然环境持续生活了一万多年，人类学家西田正规称其为绳文时代的定居革命。而"二次性自然"概念的提出则是基于人类对自然的利用和管理行为，包括周期性的混乱；烧毁村庄周边的原野、定期收获野菜等，其结果是"黑土"得以形成。

随着中国大陆和朝鲜半岛的水稻种植技术传到日本，用水田种植大米的弥生时代随之到来。随后在奈良、平安和镰仓时期，日本发展出了水田及水稻种植文化。中世纪战国时期以后的江户时代，日本形成了相对稳定的封建社会，250 年没有内乱，由此也奠定了现在农村的基本形态，构建并且维持了适合于地形和气候的农村人居环境。另外，日本也通过农村规划来开发新的农田和集落，以及水利条件不佳的台地，以此来扩大农地（图 1）。这种做法曾被纳入了国策。

图 1　日本大学生物资源科学部的生态校园案例

注：这个项目是一个环境、农业和建筑融合的实践场所，是由地下管道（室内外空气交换的管道，通过大地的温度加热或冷却室外空气，改变室内温度，不是工程概念上的地下管线）、太阳能电池板屋顶、墙壁、稻草砖、泥土、木材构成的自然建筑；同时还在校园内建构了一个包含农业的居住环境模型。

明治维新以后，西学东渐，日本实现了农业的现代化。在富国强兵政策下发展了蚕桑养殖农业，促进了海外贸易，同时也推进了重工业的发展。在这一背景下，农村的大地主制度得以形成，因此也出现了很多地主与农民的议题。之后在世界性的衰退背景下，日本农村也疲于应对所谓的"昭和恐慌"①。为了保住农村，日本开展了"经济复兴运动"，并实施了农村自力更生政策，采取了农村再生的相关措施。之后，日本侵占了朝鲜半岛，并入侵中国大陆，以扩大领土，但最后以失败告终。二战后，为了提高本土的粮食产量，日本继续将农业现代化作为国家政策推行。

在昭和 40 年代（20 世纪 60 年代）日本经济高速增长，都市化的浪潮逐步侵蚀了农村。在这一时期，城区快速扩展，土地利用的转变发生得非常迅速，尤其是珍贵的农林地被开发成了住宅区。与此同时，农村也产生了很多非农民的住宅用地，城乡混住现象快速增加，维持都市近郊农村地域的农业生产环境和社区环境变得越发困难。昭和 43 年（1968 年）颁布的"新都市规划法"划分了都市化区域和城市化调整区域；昭和 44 年（1969 年）制定了"农业振兴地域整治"的相关法律，国家采取了积极的农地保全和农业振兴策略。在都市化区域，农地保全和振兴策略并不在农林水产省的制度范畴之内，取而代之的是都市规划中的生产绿地制度。至平成 27 年（2007 年），日本还制定了"都市农业振兴基本法"，以期实现都市农业的振兴。

目前日本农村需要研究的主要课题为：地方农村社会的过疏化、衰退化和人口减少；粮食自给率低下，TPP（跨太平洋伙伴关系协定：Trans-Pacific Partnership Agreement，译者注）的应对；农地荒废，鸟兽损害农作物的应对；推进与消费者的合作（产地直送系统）；六次产业化（农村的一产+二产+三产，即为六次产业）；观光产业振兴、绿色旅游、生态博物馆；可再生能源促成的农村经济振兴；低碳型农村社会的建构。

◆ 2　何为农村规划

农村规划涉及多方面内容，其实施不能仅凭空间规划、空间整治及设施维护等来实现，而是必须通过社会规划、经济规划、空间规划（包括自然环境、农林用地和人造设施）三位一体的综合规划来实现。农村规划的基本目标是追求农村地区人类社会的幸福，其与社区营造相关。为了营造农村这个社区，就要切实解决经济、空间和环境三方面的问题。我们需要纠正"以经济优先和经济增长为中心的现代价值观"，要将经济纳入到地域的社会发展进程之中，这就需要以空间规划、环境规划的综合性和连续性来支持社会和经济的持续发展。日本农村规划学的现代化发展进程表明了这个趋势（表1）。

日本农村规划学现代化发展及标志性事件历时性分析表　　　　　表1

年　代	事　件
1900	村是规划[②]
1930	农村经济复兴运动、农业土木学（现代农业环境整治）向农业农村工学会发展
1949	土地改良法（农民的农业基础改善团体向全国开展，现在约有5000个）
1950	城市规划学会成立
1960	建筑学会农村规划委员会成立
1974～？	政府机构改革，设立国土厅
1977	开展第三次全国综合开发规划、地方定居圈规划
1981	设立农村规划学会，作为基于农业土木学、建筑学、造园学、农村社会学、法学（土地法）、农业经济学经营学、农村生活学的综合学会

农村空间是人们接触自然的二次生态系统空间。在槌田敦所倡导的"江户模式"中，曾提出了围绕着农业生产的海洋、农村和山区的生态循环系统；我们需要据此解读农村空间在生态系统中的生态性（图2）。

对人类生活来说，不仅物质空间环境的可持续性重要，经济和社会层面的可持续性也至关重要。国际上已有共识，一个地区要想实现可持续发展，必须是各个地区都以综合的观点来施行"地方行动"。这意味着要与各农村地域的居民一起行动。农村规划的综合性与全球及地区发展的综合性具有异曲同工之处。

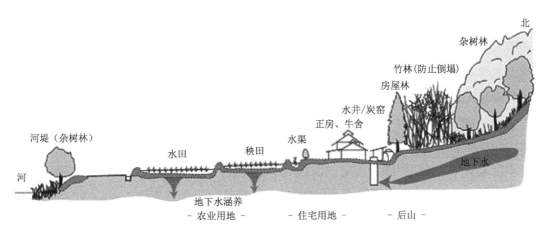

图 2　集落的空间构造示意图

◆ 3　农村规划能做什么，必须做什么

在农村规划综合性的前提下，空间和环境规划的目标有五个：与环境和谐（生态系统的保全和维护）、安全性、便利性、卫生性、舒适性。这些目标之间有着紧密的关系，但并非各自独立，因而需要调整好其相互之间的平衡关系。需要注意的是，若只专注于其一，结果就可能会是扭曲的。

农村规划有必要关注农村环境的多方面功能，其中也包括对城镇居民的贡献。具体为：自然生态系统、生物多样性，粮食生产，能源生产，水源保护、水涵养，农村生活、历史文化的传承与维护，景观，环境教育，情绪休憩空间。

农业对于都市有着很重要的意义。为响应都市居民的诉求，需要在城区配置蔬菜直销市场、农贸市场、农民联合临时直销市场等。应当将"如何构建'农业能够存在、能够发展'的城市"作为农村规划研究的一部分，并对此加以深入探讨。

农村规划对旅游业的作用日益增强，要充分利用地域历史、环境等资源来进行都市—农村交流的设施建设，如实施生态博物馆（Eco-Museum）建设和开展绿色旅游（Green Tourism）。在规划中要善于发现且活用农村地域的地形、环境、历史、产业文化和生活文化，这就是所谓的"地元学"。

例如，日本北海道的美瑛町作为中国赴日旅游的田园目的地而受到关注。美瑛町是日本"建设美丽乡村联盟"的发起方。参加联盟的标准是人口规模小于 1 万人的地方自治体，人口密度小于 50 人 /km²，且拥有下列两种以上的地域性资源：（1）景观：由生活活动所创造的景观；（2）环境：富裕的自然环境或由自然所孕育的农村环境；（3）文化：自古流传至今的传统节日、乡土文化、建筑；（4）珍视美好景观的乡村建设；（5）居民首创的地域活动；（6）地域特有的工艺品和生活方式。

即使已经发展了绿色旅游的农村，其景观的塑造也是一个重要议题。最近日本制定了景观法，对美好的农村景观形成的意义作了如下定义：自然环境的保全和管理；农村文化、文学的表现；深层次文化的保全和传承；地域居民的精神（自豪感）创造；创造农村经济多样性的手段；为都市居民提供各种自我实现的场所和修养的空间。

农村景观塑造有如下手段和方法：（1）与自然地形及生态系统达成和谐：利用地形起伏、与生物共存及维系生物多样性；（2）眺望景观：利用地形和风土以产生景观效果；（3）生活文化的表演：传统节庆等周期性活动及其场地景观；（4）历史文化的保全和传承：保护农民的茅草建筑、传统农业生产设施、道祖神③等民俗文化事物；（5）复兴：复兴已经灭绝或快要灭绝的遗产物，复兴水路等；（6）消除：消除不舒适，拆除景观障碍物，拆除电线杆、电线、招牌等；（7）使用当地的天然材料：充分利用石材、木材、土壤、水、植物等当地的天然材料；（8）设施标志性与和谐：与周围景观的和谐，保护象征性的设施景观；（9）管理：与地域居民合作进行的景观管理，与农业生产管理及活动合作，从景观规划初期开始就引入居民参与（图3、图4）。

图3　散居村落景观（饭亠町）　　　　　　图4　山丘农业景观（美瑛町）

创造与野生动物共生的地域也是当下农村规划的课题。过疏化和老龄化带来的森林管理缺失、田地弃耕，与之相悖的是，野生动物栖息环境缩小、野生动物被驱赶；而农村规划必须解决这个矛盾。笔者曾参与过两项这类实践案例：一是兵库县丰冈市的鹳鸟放生、共生米种植等农村活性化战略案例；二是长崎县对马市的岛民共同实践的复活项目，实现了传统农法木庭作（火田）与珍稀动物豹猫的共生，以及建立了栽培共生米的水田管理制度（图5、图6）。

图5 对马市木庭作复活

图6 木庭作区域出现的豹猫

◆ 4 农村规划的主体和若干规划类型

农村规划的实施主体是居住在农村地域的居民。农村环境整治虽然主要依靠各项公共事业，但仍有必要尊重与农村经济和社会紧密相关的村民意向及其共同意志，有必要依托于村庄的自立和自律，发动村民共同制定村庄规划。以笔者积累的经验来看，在规划的最初阶段就要让村民参与规划非常重要。可以通过以下几点来推动村民参与：（1）行政上以居民为主体开展村庄规划和发展产业，而不是采用自上而下的形式；村庄是基层自治的共同体，以村庄为主体进行规划和开展事业；（2）与政府合作推动和运作公共工程；（3）与都市居民合作。为了实施规划，培育运营能力，明确经营主体及法人也很重要。

4.1 定居和自产自销型的农村规划

针对过疏农村的农村定居规划和政策必须要强调有效性。日本目前已经实施的农村规划和政策主要如下：（1）推进地方定居的政策：涉及20世纪70年代推进的地方定居政策、国土开发规划中的定居圈概念、城乡生活环境差距的弥合、都市以外的乡村魅力的发现和利用，以及自立定居圈事业（总务省）等；（2）促进迁移的政策：涉及退休后返农运动、促进青年向农村移徙和定居、从都市至农村的流动及逆向迁移；（3）粮食生产和消费的地域间循环、自产自销、市区和农村合作；（4）由森林、农村生物资源生产的能源的自产自销，以活用环境和振兴本地经济（比如笔者长期关注的山形县饭丰町的生物质能源区域战略，其活用了本地区的树木，建设了木质颗粒生产系统）。

在农村规划的实践过程中，笔者亦认识到"农村如果仅自产自销，局限性太大"，所以必须要通过双地域居住系统来振兴农村，为此综合性的农村再生复兴计划甚至应该上升到国家政策层面。

4.2 生态村（Eco-Village）规划的展望

展望都市地域和农村地域的农村规划，构建低排放甚至零排放社会是必然趋势：

（1）都市地域：构建活用自然、农林用地环境的循环型的低碳型居住区；农民和市民合作促进市民农园、联合农园和山区的共同利用等，建设有机垃圾堆肥和利用可再生能源的低碳型居住区；（2）农山村地域：保持农林用地的二次性自然，建设活用本地生物质可再生资源的自产自销型生态村；提出对策防止鸟兽损害农作物，基于维系生态系统而建构农村六次产业，以及与城市迁徙来的移民共同建设生态村。

通常情况下，需要专门开发能让居民自主、共同参与生态村建设的规划方法，并要建构相应的制度及实践策略。尽管目前大的形势并不太有利，但日本目前仍有13.5万个农业村庄，农村规划课题的重要性不可小觑。最后，从与都市居民合作的生态村建设的角度看，相信面向乡村再生的农村规划必定会有突飞猛进的发展。

注释：

① 昭和恐慌：昭和4年（1929年）美国引发的世界经济危机也波及到了日本；从昭和5年（1930年）到昭和6年（1931年），日本经济也陷入了危机。这是二战前日本最严重的经济危机，称为"昭和恐慌"。当时日本农业危机尤为严重，农村的经济结构、阶级结构由此发生重大变化。（译者注）

② 所谓"村是"是指调查乡村本地的历史沿革和现状，制定未来的目标后编成的书册。

③ 道路的守护神，是日本村庄的守护神，立在村边道旁。据说可防止恶魔瘟神进村。（译者注）

参考文献：

[1] 系长浩司，等.地球环境建筑的推荐[M].东京：彰国社，2002.

[2] 系长浩司，等.地球环境设计和继承[M].东京：彰国社，2004.

[3] 系长浩司，等.地球环境时代的城镇建设[M].东京：丸善株式会社，2007.

[4] 系长浩司，等.东北复兴城镇建设[M].东京：大月书店，2011.

[5] 系长浩司，等.农村规划学[M].东京：朝仓书店，2012.

本文刊发于《小城镇建设》杂志2018年第4期10-13页，作者：【日】系长浩司，【译】宋贝君。

小规模自治体·町村的行政

近年来，日本农村、山村和渔村地区的"町村"小规模自治体的财政状况发生了很大的变化，这是日本政府管理面临的全新课题。我们一般认为传统的日本是集权的融合型治理结构。"中央-地方"必然不是分权性的权力分配关系，地方自治体无法充分决定自己的工作内容，而且由于日本还拥有集权性财政结构而难以分配资金，地方自治体的工作资金都要自己负担。虽然国家和地方的行政机关是独立设置的，但各自执行的业务分工并不是很明确，或者说，不是"分离型"的，地方自治体也要承担中央政府的工作。地方自治体所承担的工作中，纯粹的自治性的固有业务和受国家委任（委托）的业务经常混杂在一起，这就是"融合型"治理结构。

日本是集权治理结构还是分权治理结构，在这里我们不作详细讨论。2015年度全国地方自治体的年收入中自主财源的占比，也就是地方税收收入占到的比例为38.4%，地方交付税为17.1%（后述），国库支出金¹为15.0%，从国家获得的财政支出占比为32.1%，此外还有10.5%的地方债及其他项目。自治体自主财源率²的全国平均水平为

1　也就是补助金，用于指定的用途，国家所负担的比例是确定的。

2　自主财源率的全国平均值，自主财源比率=（都道府县的自主财源额度＋市区町村的自主财源额度）÷（都道府县的年收入＋市区町村的年收入）由此计算得出。地方自治体的财源包括，经各自权限收入的财源，和经由国家财源但自治体的裁量受到限制的财源。前者被称为自主财源，后者被称为依存财源。自主财源的中心很明显是地方税。此外，基于条例或规则征收的使用费和手续费等也是自主财源。依存财源的典型是国库支出金（补助金），地方交付税和经由国家一般会计的费用也是依存财源。关于地方债，原则上由于贷款发行自由（地方自治法230条）应当属于自主财源，但由于许可制度（地方自治法250条）地方债被分类为依存财源。

54.39%。这可以理解为，从财源来看自治权达三分之一到一半左右。

另一方面，将全国政府服务对地方自治体的影响程度作为衡量指标，基于最终支出的基础，来看国家财政以及地方财政整体的年度支出结算。2014年度中央政府年度支出总额为106.0万亿日元，地方自治体整体的年度支出总额为98.5万亿日元。中央政府对地方自治体的支出为36.0万亿日元，反过来看，地方对中央的支出有只有7054亿日元。对这些数据进行加减计算可知，中央政府对地方自治体是42：58的关系[1]。但是，这个数值中包含了公债费用（占21.4%，中央政府和地方是63：37的关系），经过修正后，中央政府对地方自治体就是35：64的关系。数据表明，日本伴随着年度支出的政府系统服务，实际上有三分之二（64.1%）可以影响到地方自治体。地方自治体承担了行政中为居民服务的大多数职责，其自制决定权受到制约也就可以理解了。在这样的制约体系下，町村行政究竟是怎么执行的，下文将从行政财政的角度加以分析、考察。

◆ 1　地方自治的结构

1.1　双层制的地方制度

日本的地方制度是双层的结构。一层是"市""町""村"等基础自治体[这其中也包括"都和特别区制度"（以下简称"都区制度"）中提到的大都市特例的特别区"区"，故以下记为"市区町村"]，另一层是"都""道""府""县"等广域自治体。都道府县和市区町村是互相之间拥有对等地位的自治体，在日本居住的人们，无一例外都是这两层自治体的居民，和美国一样，不属于任何自治体的非法人化地区是不存在的。

英国被称为地方自治的发源国，在英国某一时期，曾经从双层结构转换为单层结构，但威尔士议会（1998年）和苏格兰议会（1999年），以及2000年大都市地区设立大伦敦政府（Greater London Authority）等举动都表明了双层结构正在复活。2013年，葡萄牙在里斯本及波尔图这两个大都市圈之外的地区实施单层结构，但其对双层结构的探索在不断地进行中。此外，芬兰也正在从单层结构向双层结构转换。像这样的单独国家大

1　中央财政的年度支出金额是，一般会计和交付税及出让税配付金特别会计、能源对策特别会计、养老金特别会计、食品稳定供给特别会计、汽车安全特别会计、日本大地震复兴特别会计等六个特别会计的净总额结算金额。中央政府对地方自治体的支出是，地方交付税（包含地方分与税、地方财政平衡交付金、临时地方特例交付金及特别事业债偿还交付金等），地方特例交付金等，地方出让税及国库支出金（包含交通安全对策交付金，国有提供设施等锁在市町村推动交付金及地方债中特定资金公共投资事业债）的合计金额，根据地方年度收入额度会有所不同。另外，地方自治体对中央的支出是，根据地方财政法第17条第2项规定提到的地方自治体的承担费用（地方年度支出决算金额中，有关国家直辖事业承担费用而向国家缴纳的现金金额及对国家公布公债的本金利息偿还金额的合计金额）。

多以双层结构为主，三层结构的单独国家数量正在不断增加；联邦国家以双层结构和三层结构结合为主，并正在向多层结构进步。

日本从1878年采用近代地方制度开始，都市地区实施双层结构[1]，农村地区设置"郡"这一地方行政机关，来调节町村与府县之间的联络，实施三层结构，但此制度于1926年废止。现在仅在住址登记表上还残留着"郡"这一名称。此后，日本的地方制度就持续使用双层结构。

1.2 广域自治体 – 都道府县

"都"是现在适用于东京都市地区的特例制度，为了确保大都市行政的整体性，由都这一广域自治体来管理上下水道、消防、城市交通以及部分城市规划工作等通常由基础自治体来管理的业务。但另一方面，与区域卫生相关的保健所、与建筑标准相关的建筑管理部门、与儿童福利相关的儿童商量所等，这些并非由基础自治体来管理的业务也要由特别区这一基础自治体来管理。此外，有关统计调查的事务和室外广告物的规章等，这些通常属于广域自治体首长或行政委员会管理范围的工作，也作为特殊的工作分配，分配给特别区作为工作内容。

"道"是19世纪北部的岛屿作为殖民地（开拓地）编入国内地方制度时设立的制度，由于岛屿地域广大，设立了派出机构"支厅"，且与国家行政官厅北海道开发局共同管理部分事务，仅在北海"道"的情况下适用。

"府"是第二次世界大战前，仅在东京、大阪、京都三个地区适用的制度，作为政治（东京）、经济（大阪）及文化（京都）的中心地区，由于人口集聚，府内的都市地区拥有府 - 市 - 区三层结构，和"县"不同。随着在东京战后转变成都区制度，和县只在名称上有所差异，但拥有同样的机能。

最后，关于"县"，全国47个广域自治体中，除了前文所述的东京都、北海道、大阪府和京都府外，其他43个自治体都称为县。县作为广域自治体的权限包括：大规模综合开发规划的制定或治山治水等覆盖大范围的工作（广域机能），及国家与市区町村的联络或市区町村之间的联络调整工作（联络调整机能），还有一些不适合交给市区町村来处理、规模和性质特殊的工作（补完机能）。

1.3 基础自治体 – 市区町村

市町村作为基础的地方自治体，是全体性自治体，负责实施与居民日常生活密切相

---

1 东京、京都、大阪这三个大城市采用的是例外的府 – 市 – 区三层结构。

关的工作。在日本，上下水道、公共交通、医院等地方公营企业之类的地方行政机关为提供单一服务而设立，而这类地方行政机关主要由地方自治体所吸收管理，在这个意义上，市町村也是综合性的行政机关。2000年实施地方分权一括法后，遵循"补完性原理"国家和地方之间，和地方自治体之间确立了分担工作的原则[1]，根据该原则，基础自治体的工作，不是国家所赋予的，而是可以自己规定的。

除了前文所述"区"这一大都市特例的特别区，"市""町""村"是后述根据人口规模大小的顺序来大致区分的，原则上市町村各自的自治体之间权限没有差异。"市"作为都市区的自治体，根据人口规模的差异设有特例制度，人口规模不同，市的权限反而有很大的差异。政令指定的都市（法律规定是人口50万以上，实际运用是人口约70万以上），中核市（人口30万以上），特例市（人口20万以上），人口越多的都市自治体，拥有更多的行政财政权力。另外，一般市（人口5万以上）根据个别法的特例，各个都市自治体（市）被委任了一部分都道府县权限的例子也有很多，都市自治体与人口规模对应拥有一定的权限，可以根据拥有权限多少的排序来进行比较细致的区分，但自治体的名称都同样是"市"。

根据地方自治法第8条的记载，设市需要满足3个条件，即"原则上必须要拥有5万以上的人口"[2]，"中心市区的户数必须要占总户数的6成以上"，"从事商业工业等城市业态的家庭人数要在全人口的6成以上"。但是，即使设市后由于人口减少等原因不再能满足设市的条件，也仍然是一个市。至今为止，还没有设了市的自治体，重新变回町或村的事例。但是，有市由于被分割而变回町村的案例。另外，即使是市，根据面积和市区的配置，也可能存在山区或农村占大半面积的情况，市的人口密度并不一定比町村更高。

在都市区以外的地区，区分町和村。町和村的差异，根据各都道府县的条例来决定[3]。比如，在东京，设町的四个条件是，"拥有1万以上的人口，且最近五年人口有增加的倾向"，"中心市区的区域内居住的户数占总户数的4成以上，且包括周边区域的合计户数，占总户数的6成以上"，"从事商业工业和其他都市业态的人及其同住家属的人数合计，占总人口的6成以上"，"设有交通机关和通信机关，设有土木、保健卫生、警防、教育及文化等设施"。

1　补完性原理是指，广域团体不能抢夺那些可以由个人或地区团体自己处理的事件，这一原则，是以尊重个人自由和居民自治的基督教思想为基础，根据1988年欧洲地方自治宪章而制定的。

2　1956年以后，如果可以满足市町村合并特例有关的法律（2004年法律第59号新法第7条），3万人以上就可以设市。

3　条例，是地方自治体指定的法令。把地方议会的决议称为"条例"，知事和市长等首长和行政委员会制定的称为行政规则（纲要），以此来区分。顺便一提，在国家中，国会制定的法令称为法律，行政机关制定的称为命令，内阁的称为政令，省厅大臣的称为省令，省厅内各局的称为通告。

"市""町""村"法律上的权限基本没有差异。制度上的差异，列举以下几点。町村可以不设置作为会计监察行政委员会委员的监察委员事务局。此外，在不设有议会事务局的市，必须设置书记长、书记，但町村可以不设置书记长。町村没有生活保护等福利事务或决定城市规划等城市规划有关的事务。还有，市町村作为自治体最大的差异是，町村可以根据条例不设置议会这一决议机关，决议机能采用直接民主制的方法，由全体居民（有权者）组成的町村总会来达成[1]。

◆ 2　町村的行政财政机能

2.1　二元代表制的政府结构

日本的政府结构，中央政府和地方自治体的代表制度是不同的，这也是世界上罕见的一个案例。中央政府一直以来都是立法、行政、司法三权分立的形式，采用议院内阁制，立法和行政也就是国会和内阁的关系是非常融合的。这是因为帝国议会以来，日本采用以英国为范本的欧洲政治制度，且第二次世界大战以后议院内阁制也继续使用[2]。另一方面，日本战前的地方制度是不规则的制度。具体而言，府县知事是由国家的内务大臣任命的，而府县议会是公开选举的，也就是说府县是准自治体。在市町村，采用的是地方议会选任市町村长这一间接的选拔方式，采用以法国为范本的欧洲政治制度。但战后，地方制度采用了以美国为范本的二元代表制度。现在国政采用议院内阁制，地方采用机关对立主义的首长制（大统领制）。首长和地方议会是由各自的居民直接公开选举出来的。此外，日本地方制度中不设地方特有的法院。地方法院虽然设立在地方，但其定位属于国家司法制度体系。

市长、町长、村长等首长，有着"整合，并代表"自治体的权限，被赋予了以下权限：预算的筹备和执行、事务事业的管理执行、向议会提出的条例草案等议案的提案以及结算草案的发送、行政计划的决策制定、行政规则与纲要的制定、地方税的上缴征收、分担金加入金的征收、过失罚款的上缴、职员的任免以及监督指挥、事务组织的编成等。而且，当自治体制调整的条例等法令及预算与议会的决议不同时，自治体对议会再议拥有拒绝权，在部分特定情况下，可以代替议会处理议会权限范围内的事项，自治体拥有独自处理权。

1　现在，还没有町村总会代替议会设置的事例，但过去从 1951 年至 55 年，东京都宇津木村（现八丈町一部）曾经设置村民总会。后宇津木村与八丈村合并后称为八丈町，议会就替代了村民总会。

2　帝国议会沿袭了英国议会的审议方式，采用了全体大会主义的读会制度，但国会转换为了以美国式的委员会审议为中心的方式。

另一方面，地方议会在预算草案的决议、结算的通过认可、条例的制定等方面，可以由三分之二以上的大多数人，发起首长的不信任决议。在这种情况下，结果只可能是首长解散议会或是首长辞职。另外，议会可以设置拥有传问证人权和刑事起诉权的调查委员会。此外，议会还可以接受居民的陈情或请愿进行审议，可以不根据条例或是议案，作为居民代表表明意见。议会的主要作用是通过议会的审议来实施行政监督和提出政策课题。

市町村设有教育委员会、选举管理委员会、人事委员会或是公平委员会、固定资产评价审查委员会、农业委员会及监察委员会等行政委员会，在必须确保政治的中立性或必须调整多种多样的利害关系等特定的行政领域，市町村设有独立于首长的合议制行政机构，拥有多元的行政结构。

2.2 町村自治体的民主性统管

作为组织体的町村自治权形态，如前文所记述，但町村掌权者的民主治理方法，与市比较起来，又是怎样的呢？

表1～表4，是2015年地方统一选举时，首长（区长、市长、町长、村长）和地方议会议员的各个选举的投票率、竞争率、女性占有率及平均年龄的比较列表。投票率是截止日期前投票的投票率。竞争率是当选者占全体候选人的比例数值。女性占有率是女性当选者的比例。平均年龄是当选者的平均年龄。

首长选举的比较 　　　　　　　　　　　　　　　　　表1

	特别区	指定都市	一般市	町村
投票率 （%）	44.11	51.57	50.53	69.07
竞争率 （%）	2.9	3.4	2.0	1.6
女性占有率 (%)	6.3	17.6	6.7	1.5
平均年龄 （岁）	64	59	60	62

资料来源：根据总务省2015年地方选举结果调查，笔者作成。

地方议会选举的比较 　　　　　　　　　　　　　　表2

	特别区	指定都市	一般市	町村
投票率 （%）	42.81	44.28	48.62	64.34
竞争率 （%）	1.4	1.4	1.2	1.1
女性占有率 (%)	24.1	17.8	15.0	10.2
平均年龄 （岁）	51	53	58	62

资料来源：根据总务省2015年地方选举结果调查，笔者作成。

地方议会议员数的比较　　　　　　　　表3

	特别区	指定都市	一般市	町村
议员平均数	39.2	59.3	22.9	12.2
总数/自治体数（人）	302/23	1186/20	17693/772	11315/929

资料来源：根据总务省2015年地方选举结果调查，笔者作成。

不投票选举的当选者数比较：实际数量和比例　　　　　　表4

	特别区·指定都市·一般市	町村
市町村长（人）	27(3.3%)	53(5.7%)
地方议会议员（人）	263(1.3%)	930(8.2%)

资料来源：根据总务省2015年地方选举结果调查，笔者作成。

　　特别区和政令指定都市都是大都市地区，随着大都市地区向农村地区转移，即大都市→城市→町村，有投票率升高，竞争率降低，女性占有率降低，平均年龄升高的趋势。但特别区长选举的竞争率、女性占有率、平均年龄和政令指定都市呈现了趋势相反的数字。

　　可以从这组数据中了解，町村的政治参与程度虽然高，但这并不代表町村对政治的关心程度高，在传统地域社会关系很稳固，是否去投票和都市地区不同是"可见的"，地域社会对于投票活动的参与压力很高。实际的选举候选人数量和当选人数量呈现了几乎相同的数值，几乎是稳定选举。如表4所示，选举中也有通过不投票选举当选的町村长（53名）和町村议会议员（930名），考虑到全体选举的人数，不投票选举出现概率町村长是市区的1.7倍，町村议会议员是市区的6.3倍。在町村，即使通过选举这样正式的竞争，选出的政治代表也不是根据居民们积极的偏好而选出来的。可以从中推测，在地域社会密切的人际关系影响下，比起正式的制度，非正式的选举过程能更有效地发挥作用。这也暗示了，町村长和町村议会议员拥有的正式权限可能会被非正式的程序性过程所埋没。

　　另外，在町村，女性的代表性极低。与都市地区相比，农村地区由于农业的特性，夫妻共同劳动的情况较多，从社会角度来说，可以认为女性进入社会的程度很高，但政治代表性反而停留在一个较低的水平。町村议员的平均年龄也相当高。从町村掌权者平均年龄很高这一点，我们可以得出结论，在町村有一定程度的代表会受到社会结构的偏向，比较保守。

地方议会议员候选人的分行业比较　　　　　　表5

%	特别区	指定都市	一般市	町村
教育	1.0	0.9	0.0	0.4
商业	2.6	1.2	5.5	7.9

%	特别区	指定都市	一般市	町村
农林水产业	0.0	1.5	7.8	27.7
专门职业	1.9	1.6	0.8	0.5
公司职员	13.9	12.7	19.3	19.1
团体干部	2.9	5.8	3.1	2.2
政党干部	7.5	8.1	4.7	1.9
无业	7.6	13.3	15.1	20.0
其他职业	62.6	54.9	43.7	20.3

注："专门职业"是指律师、会计师、医生、药剂师、作家、出版商和记者的统称。
资料来源：根据总务省 2015 年地方选举结果调查，笔者作成。

表 5 展示的不是地方议会议员的当选者，而是候选人的职业分布，町村议会议员的特征，首先是与农林水产业相关的人很多。由于人口规模小，所以商业相关的人比例也较高。我们可以认为这反映了主体居民的职业分布。其他值得特别关注的数据还有，町村"其他职业"的比例仅占到都市地区的二分之一至三分之一。这可以理解为农村地区的职业多样性及与此对应的议员职业多样性受到了一定限制。根据后述，城市地区的市议会议员的报酬水平较高，可以仅靠报酬生活，专职从事议员的人可以支付最低生活费；农村地区的町村议会议员的报酬水平很低，议员的工作都是以兼职为前提的，从事农业及土木业的人在不同季节需要投入的必要劳动力是不同的，兼职成为议员受本职工作条件的限制，而在町村有特有的结构，让他们也能轻松成为议员。

2.3 町村的联合组织

各个自治体，作为单体影响力很小，但如果作为一个集合体发言就能够发挥影响力，所以自治体的规模以及执行部门和决议机构是否结成联合组织，都关系到国政方面有关地方行政的各种各样的决策。于是，日本设有全国知事会、全国市长会、全国町村会作为首长联合组织，设有全国都道府县议长会、全国市议会议长会、全国町村议会议长会，作为会议的联合组织，共设有以上六个团体组织。一直以来，这些团体组织负责协商自治体之间互相的联络调整或共同问题，或组成游说团体进行活动，推动中央政府工作。另外，虽然国会或内阁拥有增收地方税等政策权限，但这些权限会影响到地方自治体，在实施这些政策前，需要征得上述六个团体组织的同意，并需要形式上征得地方自治体的同意。在 1993 年，地方自治法得到修正，"有关涉及地方自治的法律或是政令等其他事项，可以经由总务大臣对内阁提出意见，或是向国会提出意见书"（地方自治法263 条第 3 点），赋予了这些团体组织提出意见的权利，能使他们在制度改革等方面能更加积极地发挥影响力。

全国町村会和全国町村议会议长会，都有若干个固定职员，基本都是由从各个构成自治体外派（调任）的职员组成，预算也是依靠构成自治体的资金，以这种方式来运营，还有町村会馆的运营等若干独立业务，在东京都千代田区的中央官厅街附近设有办公室（全国町村会在国会议事堂和首相官邸、自民党本部所在的永田町，全国町村议会议长会在设有英国大使馆和行政机关分部的一番町），基本行使了全国町村的共通业务。

此外，在东京都，还设有东京都町村会和东京都町村议会议长会，就都内町村间的联络调整和共同课题协商等问题，向都知事或都议会进行游说活动。和地方的六个团体组织一样，由构成自治体外派职员和资金来运行。全国各个都道府县也是同样，结成了町村的联合组织，各自进行活动。

2.4 町村的人力资源与人才供给

町村职员的收入水平，比城市自治体的职员和都道府县的职员低。据 2015 年总务省"地方公务员收入实际情况调查"，在收入水平最低的 200 个自治体中，町村占了 188 个（94%）。在收入水平最低的 500 个自治体中，町村占了 426 个（85.2%）。虽说农村地区的物价水平低，但基于广域的视点，农村也绝非一个有魅力的职场，但对于不继承家业的次子及其他人来说，农村能够提供一个稳定的职场。

那么地方议会议员的报酬，到底如何。作为一般的倾向，人口规模按村→町→一般市→特别区→指定都市的顺序依次扩大，或者说越接近都市地区，报酬就越来越高。具体的来看东京都的市区町村的例子（2015 年的数据），东京都内每月议员报酬最高的自治体是立足区 62.1 万日元，一直到到中野区 58.4 万日元，除八王子市 59.0 万日元位于中野区的前，属于例外情况，32 个特别区占了排名前列。在市方面，八王子市占了第一位，一直到清濑市 41.8 万日元，由市自治体占据。日之出町 34.5 万日元，紧随清濑市，以下一直到大岛町 20.0 万日元为止，除了桧原村 26.1 万日元，其他由町自治体占据。每月议员报酬比大岛町低的全部是村，最低到青之岛村 10.0 万日元。顺便一提，东京都内没有政令指定都市所以无法比较，周围的政令指定都市中，横滨市的议员报酬是 95.3 万日元，川崎市 83.0 万日元。青之岛村和横滨市的议员报酬差了 9.5 倍，可以理解为人们对地方议员职位的职务期待值差异很大。都市地区的地方议员，比较专业，会专门去听取居民的意见，并反映到政治行政中，这是他们的职务并能反映在报酬数额中，而农村地区的地方议员不定期上班，扮演的是与行政部门沟通的中间人的角色，两者政治机能是不同的。

另一方面，横滨市长（142.8 万日元）和青之岛村町（60.0 万日元）的收入差距为 2.4 倍，作为专职工作的首长，工资的差距没有议员工资差距那么大。同样的，比较自治体职员工资，东京都内的平均职员工资最高的自治体是位于郊外的三鹰市（47.0 万日元，平均年龄 43.2 岁)[比横滨市 43.8 万日元，平均年龄 40.8 岁高]，最低的是青之岛村（21.8 万日元，平均年龄 33.5 岁），其中有 2.2 倍的差距，职员和首长工资的差额倍数几乎是一致的。数据表明，市和町村之间，行政职位的报酬约为 2 倍，政治职位的报酬约为 10 倍，从中可以看出，市和町村，对于行政部门和政治部门的职务期待是不同的。

2.5 町村的税收财政结构

再来看一下全国市町村的财政状况。包括都道府县的地方自治体的全体年收入构成比例，一般一目了然，2015 年度的町村自治体的全年收入，地方税占 32.3%，地方交付税占 17.0%，地方债占 15.3%，都道府县支出金占 6.7%，其他占 25.4%。市町村的地方税主要为市町村民税和固定资产税。市町村民税也包括法人所得的相应部分，但主要是根据个人所得金额的相应比例来交税的，固定资产税是根据土地等固定资产来缴税的，而作为都道府县税的事业税主要根据企业的收益来缴税，和事业税相比，市町村民税受经济景气的影响小，具有稳定的特性。

地方交付税本来应该认为是地方的税收，但从保障财源的角度看，为了调整地方自治体间的财源不均衡，为了能够让所有地方自治体维持在一定的水平，地方税需作为国税由中央政府代为征收，并在一定合理的基准上进行再分配，即具有"国家代替地方征收的地方税"（固有财源）的特性。地方交付税的总额是，所得税、法人税的 33.1%（从 2015 年起），酒税的 50%（从 2015 年起），消费税的 22.3%（从 2014 年起），地方法人税的全部（从 2014 年起）。

各自治体的普通交付税额 =（基准财政需要额 − 基准财政收入额）= 财源不足额

基准财政需要额 = 单位费用（法定）× 测定单位（国民人口等）×

补正系数（寒冷补正等）

基准财政收入额 = 标准税收入预见额 × 基准税率（75%）

如上。当自治体的基准财政收入额超过基准财政需要额时，不用交付地方交付税（不交付团体）。2015 年度，不交付团体包括 60 个地方自治体。都道府县中，只有东京都一个不交付团体，其余都是市町村 [1]。这其中包括，32 个市、20 个町和 7 个村。与人口成比例，大企业的工厂群或机场所在地，设有发电站和相关设施的市町村，或拥有观光景点或别墅区、固定资产税和其他税收数额很高的市町村都是不交付团体。把各自治体的基准财政收入额除以基准财政需要额，算出的就是财政力指数，2016 年度全国的市町村财政力指数平均数是 0.5。

---

1 东京都是旧东京市现在的特别区地区（23 个区），将全体财政都作为都财政一起合算，东京都就是不交付团体，同时都内的 23 个特别区也是不交付团体。

2015 年度全国市町村的经常收支比率为 90%。经常收支比率是充当经常经费的一般财源占经常一般财源总额的比例。计算公式是：

经常收支比率 = 充当经常经费的一般财源数额 / 经常一般财源总额 × 100

经常经费是指，人事费用、辅助费用、公债费用等不容易缩减的经费，是可以用于测定财政结构的弹性的数据。一般来说，我们认为 70% ~ 80% 是一个较为合适的水平，数字越高就可以认为弹性越低。

以下，把人口规模的差异和财政指标关联研究，来解释町村的税财政状况（2015 年度结算），见表 6。首先对政令指定都市、中核市、特例市进行以下说明，中都市是人口10 万以上不到 20 万的都市、小都市是人口 5 万以上不到 10 万的都市。另外，出于方便，将人口 1 万以上的町村记为中町村，人口 1 万以下的町村记为小町村。在此将人口规模细致划分，使町村的税财政特征更容易理解。

根据人口规模差异比较自治体的主要财政指数　　　　　表6

	指定都市	中核市	特例市	中都市	小都市	中町村	小町村
财政力指数	0.86	0.78	0.82	0.79	0.55	0.51	0.27
经常收支比率	95.4	89.5	90.1	89.3	89.0	86.0	81.7
实质收支比率	1.4	2.7	4.7	5.7	6.3	6.8	7.6
地方税构成比例	39.9	39.0	40.9	36.8	25.4	24.3	12.7
地方交付税比率	4.7	10.0	9.7	12.1	24.6	27.1	39.8
国库支出金比率	18.1	17.5	16.0	15.5	13.1	11.6	9.3
都道府县支出金比率	4.4	6.8	6.4	7.6	7.8	7.9	8.8
实质公债费比率	12.9	10.3	9.4	8.8	10.4	9.5	10.2

资料来源：根据 2017 年度总务省地方财政白皮书（2015 年度结算值），笔者作成。

从财政力指数的高低顺序来看，从高到低依次是政令指定都市（0.86）、特例市（0.82）、中都市（0.79）、中核市（0.78）、小都市（0.55）、中町村（0.51）、小町村（0.27），中核市以外的市町村，都是人口规模越大，财政力指数越高。

从经常收支比率的高低顺序来看，从高到低依次是政令指定都市（95.4%）、特例市（90.3%）、中核市（89.5%）、中都市（89.3%）、小都市（89.0%）、中町村（86.0%）、小町村（81.7%）。

另外，从实质收支比率[1]的高低顺序来看，从高到低依次是小町村（7.6%）、中町村（6.8%）、小都市（6.3%）、中都市（5.7%）、特例市（4.7%）、中核市（3.7%）、政令指

1　实质收支额除以标准财政规模得到的比例称为实质收支金，

　　实质收支比率 = 实质收支额 / 标准财政规模 × 100

由以上公式计算得出。黑字越多就说明财政运营良好，虽然不一定，但根据经验我们认为 3% ~ 5% 的水平比较合适。

定都市（1.4%），自治体规模越小实质收支比率就越高。

从地方税构成比例的高低顺序来看，从高到低依次是特例市（40.9%）、政令指定都市（39.9%）、中核市（39.0%）、中都市（36.8%）、小都市（25.4%）、中町村（24.3%）、小町村（12.7%），总体来说自治体的规模越大，地方税在年总收入额的比例就越高。

另一方面，从地方交付税构成比例的高低顺序来看，从高到低依次是小町村（39.8%）、中町村（27.1%）、小都市（24.6%）、中都市（12.1%）、中核市（10.0%）、特例市（9.7%）、政令指定都市（4.7%），特例市以外的市町村都是规模越小，地方交付税占年总收入的比例越高。

再从国库支出金[1]构成比例的高低顺序来看，从高到低依次是政令指定都市（18.1%）、中核市（17.5%）、特例市（16.0%）、中都市（15.5%）、小都市（13.1%）、中町村（11.6%）、小町村（9.3%），自治体规模越大，国库支出金占年总收入的比例就越高。

另一方面，从都道府县支出金[2]构成比例的高地顺序来看，从高到低依次是小町村（8.8%）、中町村（7.9%）、中都市（7.8%）、小都市（7.6%）、中核市（6.8%）、特例市（6.4%）、政令指定都市（4.4%），总体来说，自治体规模越小，都道府县支出金占年总收入的比例就越高。

全国市町村全体的实质公债费比例是10.5%（2015年度）。个别自治体过去三年的平均实质公债费比例超过20%，在这种情况下，国家会对自治体发行公债增加限制。实质公债费比例的高地顺序，从高到低依次是政令指定都市（12.9%）、小都市（10.4%）、中核市（10.3%）、小町村（10.2%）、中町村（9.5%）、特例市（9.4%）、中都市（8.8%）。20万人口左右的中等规模自治体的实质公债费比例较低，这可以理解为是一个衡量自治体规模是否适当的重要指标。

财政规模，理所当然和自治体的规模是成比例的，人口多的都市自治体比町村自治体拥有更大的财政规模。但是，观察个别的财政状况，虽然财政规模越大，财政运营就越健全，但这也并非一定如此。町村经常收支比例低，实质收支比例高，且实质公债费比例低，财政运营方面呈现出了比都市自治体更为健全的情况，另一方面，地方交付税和从外界得到的支出金（国库支出金和都道府县的支出金）占税财政的比例高，从中可以分析出町村处于一个自主财政运营困难的情况。自治体的人口规模扩大伴随着财政规模的扩大，财政自主性的提高，同时也表示运营健全性的降低。

1　包括国有提供设施等所的市町村助成交付金，但除去交通安全对策特别交付金。

2　都道府县支出金是，都道府县为统一实施地区内的措施时，奖励性地援助一些特定事业得金额，分为仅用都道府县费来交付的，以及经由都道府县，从国库支出金交付给市町村两类，后一类中，都道府县可能也需要承担指定的一定比例的义务。

◆ 3　町村行政今后的课题

3.1　小规模自治体的数量减少和面积规模扩大

最近几年，町村自治体的数量迅速减少。在"平成大合并"[1]正式实施之前，2002年4月市町村的数量，有675个市，1,981个町，562个村，共计3218个，2016年10月，有791个市，744个町，183个村，共计1718个，自治体数量减半，尤其是町村的数量减少到了三分之一。也就是说，基础自治体地理上正在进行广域化，财政上正在进行大规模化。此外，全日本人口的88.8%居住在市的行政区域，町村居民仅占11.2%。

中央政府根据合并特例债和地方交付税计算的特例，引导了小规模自治体的合并，但仍有一成的居民继续住在927个町村。在地方交付税制度中，交付特别会计的借款已经到达了极限，已经在实质上接近将要破产，今后地方交付税的交付可能不会像以前这样稳定，可能难以保证小规模自治体财像以前一样的健全性。部分小规模自治体地方交付税占年总收入的三成至四成，对于拥有这样财政结构的小规模自治体来说，仅削减几个百分点的地方交付税，小规模自治体的财政结构就会迅速恶化。

不仅是财税政策，行政执行能力也被视为一个课题。町村作为小规模自治体，多数位于农村、山村和渔村地区，根据过疏地区自立促进特别措施法和山村振兴法等几个法律制度，町村的一部分工作是由都道府县代为执行的。在接受了该法律制度地区指定的町村中，有39.1%，227个町村可以适用这个制度。"过疏道路"中接受过疏地区指定的町村数量最多，有37.3%，166个町村，"过疏下水道"的有18.0%，80个町村，"山村道路"的有14.3%，59个町村，"半岛道路"的有18.3%，19个町村，"暴雪道路"的有9.9%，15个町村。

这个代理执行制度是由都道府县根据政令的决定，代替各个地区管理者的町村来行使权限，负责过疏地区的基干道路或公共下水道干线管渠等的维护工作，工作的相关经费都由该都道府县负责筹备。这就是仅限于过疏地区，并且在维护困难的情况下，由都道府县补充町村的制度。小规模自治体依靠周边自治体协助，共同处理工作的手法也已经制度化，在单独的町村无法处理工作的情况下，都有后备的解决手段和制度。

1　从199年的合并特立法开始，2005年～2006年迎来了町村合并运动的高峰。国家创设了居民提议制度，放宽了提升为市或政令指定都市的人口条件等，促进了市町村的自主合并。根据2004年的新合并特立法，通过设置合并特例债的期限，来加速合并。此时，知事拥有合并劝告权，但行使了这项权力的仅有13个都县。这是第三次由中央政府所主导的大合并。第一次是在1988年，确立地方制度时进行的"明治大合并"，约7万个町村减少到五分之一，第二次是1955年，战后政治系统的确立时期进行的"昭和大合并"，约1万的市町村减少到三分之一，最后是地方分权法改革时期的"平成大合并"。实施了改正市町村合并特例相关的部分法律的法律。（2004年5月26日第58号法律）。

此外，在町村，保健师、社会福利师、社会教育主任、营养师、土木建筑师、美术研究员等专门职业的职员不够时，会由周边的大规模自治体或是都道府县外派（调任）职员进行协调并工作，由此来补完町村行政的组成。

3.2 人口减少时代的新价值观

日本不仅国民人口数量进入了减少期，而且从前农村地区就开始社会衰退，町村正在经历老龄化和人口减少的双重打击。当居民无法发现继续居住在该地区的价值时，这个地区就会开始衰退。地区能否变得充满活力，取决于该地区的人们能否感觉到当地的魅力，能否打造当地的魅力。所以，活力的丧失并不是因为人口减少，在人口减少之前，地区的魅力已经丧失了。同时，人口增加的地区，并不仅仅因为人口增加就让人认为这是一个有魅力的地区，如果新搬入的居民对该地区没有迷恋，那么活力也会丧失。

2015 年末，人口减少的时代正在到来，为了创造有活力的地区，为了"创造城·人·就业"，全国自治体都新增加了人口预估算和综合战略制定的工作。当下预测到总人口不能自然增长，各地区为了达到人口的社会增长，开始在人口增加策略方面互相竞争，抢夺人才，从全局来看是一个消耗战。拘泥于过去的"商业模型"，以人口增长和经济成果为前提的行政服务结构想实现成长战略的话，最终就只能成为"普罗克拉斯提斯（prokrustes）的睡床"[1]。现在的行政、地区被推上了"抓捕者"的价值观歧路。

3.3 小规模自治体的存在意义

在高度成长期，全国的人口增长使得都市和都市人口呈现扩大的基调，市中心的年轻人口减少，正在老龄化，铁道公司不仅承担了运输功能，同时还成为了住宅开发商，这是日本特有的情况，地区开发正在向都市郊外也就是近郊发起快速的攻势，居民生活的扭曲会首先在地区中有所体现。为了解决这一深刻的课题，出现了居民直接参与行政的政策过程这一先进的自治尝试，最有代表性的是大都市周围的自治体。在自治意识较高的地区，也就是新兴地区存在着矛盾。需要解决的众多课题提高了当地自治意识，更扩充了自治。

经济成长接近尾声，蛋糕缩小了，在这种情况下，如何使居民的富裕水平和福利水平最大化，方法和解答并非只有一个。转换以前的价值观，并通过坚实的努力成功增加居民福利的自治体，实际上都是比以前过疏化进程更严重、一路辛苦奋斗的地区。北海道东川町、茨城县大子町、和歌山县有田川町、岛根县海士町、德岛县神山町等小规模

---

1 希腊神话中出现的强盗的名字，会硬让旅客睡在自己的睡床上，按睡床的长度，把旅客的身体切掉，或是拉长，用于比喻"随意解释事物和墨守成规"。

自治体，都通过独特的自治努力获取了全国的瞩目，这不是仅靠地区振兴中常说的"外人"（能从外部客观角度看待事物的人）、"年轻人"（能毫无顾忌进行挑战的人）、"愚者"（能抱有信念全神贯注行动的人）就能取得的成功。虽然有这"三者"作为支持，当地居民仍然具有危机意识，这是居民在过程中起到主要努力所获得的成果。这几个町的共同点，就是他们都位于和大都市无关的地区，且人口也很少。这可能是因为和大城市比起来，当地生活方式的选择没有那么多，很珍惜每个个体互相之间的关系。

为了建立更加适宜居住的地区，自治意识是很重要的，人们甚至用外语来宣传自治意识，比如弹性（resilience）、社会资本（social capital）、公民自豪（civic pride）等。地区自主活动组织和志愿活动参加者人数、选举的投票率，表现了地区的高信任度网络的充实程度，是测试坚韧性（灵活性）、弹性（不脆弱性）和社会资本（社会关系资本）的指标。像这样人与人之间的联系和对地区的迷恋，不仅仅是人们对乡土留下的爱，更能说明人们认识到了"正是自己成就了这个地区"，认识到了自己是地区创造的主体而拥有公民自豪。

这一点还可以如实地看出从地区的安全、安心的角度看出。警察认定为刑法罪行的案件从2002年285万件的最高峰不断减少，到2015年110万件，创下了战后最少刑法案件的记录。另一方面，警察的拘留率也很低，从1953年的70.4%，到2015年的32.5%，10年间连续减少了三成多。另外，从找出罪犯到逮捕拘留的平均天数，从2006年的37天到2015年的55天，增加了1.5倍，从官方角度看，似乎治安也并非在飞跃式的提高。另一方面，参与防盗志愿者的人数，从2003年的17.8万人，到10年后2013年的274.7万人，增加了15倍，居民的防范意识提高阻止了犯罪现象的发生，这就是所谓的居民守护地区的日常活动为地区带来了安全、安心。

所谓自治权，主要是指拥有包括土地利用强制执行的警察权和缴税自主权，和此前讨论的相同，日本的地方自治体同时受到了两者的制约，所以以自我决定权和具体上说的自治立法的范围、地方议会的有用性、居民参加的程度、地区内自治组织的公共性为标准的情况很多，但任意一个指标如果没有居民作为主体的参与就没有效果。行政改革、行政评价、自治基本条例，还有综合战略，这些对于自治的智慧时不时流行然后废止，自治体职员对随波逐流已经呈现出了手足无措的"改革疲劳"。町村行政需要克服不关心或弃而不管的问题，促进和居民间的谈话，需要培养积极性和认同感，形成大多居民的当事人意识，这点才真正是自治的"既古老又崭新"的课题。

本文作者：[日]锻冶智也，明治学院大学法学部教授。

乡村规划建设的政策演进及启示

日本是一个狭长的岛国，国土总面积 37.8 万 km^2，现有人口约 1.27 亿，人口密度每平方公里约 336 人[1]，是典型的人多地少国家。第二次世界大战后，日本陆续实行了各种经济计划，其中包括与乡村有关的各类计划与措施，比如"乡村计划"等，包括乡村经济、乡村土地利用、乡村聚落、道路交通、公共设施、景观规划、防灾减灾等内容。时至今日，日本的乡村建设已经取得明显成效，基本实现了城乡一体化。由于中国和日本同在亚洲，同样人多地少，传统经济都建立在农耕文明基础之上，相似之处很多，因此日本乡村的现代化经验更易于为我们理解和对照[1]。

诸多中国学者曾对日本乡村建设做过较为深入的研究，如焦必方等对日本现代乡村建设的研究[2]、王雷关于日本乡村规划方法和法律制度的研究[3]、冯旭等从日本国土规划角度对日本乡村规划制度的系统梳理等[4]；还有很多学者对乡村发展相关的经济、文化、环境等的政策、法律等方面进行研究。但是这些研究更多侧重乡村建设和发展的某一个方面，较少涉及日本乡村规划建设政策出台的经济社会背景及不同阶段的特点。为此，本文试图从日本经济社会发展的视角出发，梳理不同阶段乡村出现的问题及政策应对。

学界通常将战后日本的经济发展划分为三个阶段：1945 ～ 1955 年经济恢复时期，1955 ～ 1973 年经济高速增长时期，1973 年至今经济低速增长期。每个阶段的经济社会

1　根据日本总务省统计局的资料整理，http://www.stat.go.jp。

背景、发展需求和面临的问题都不同。日本政府在应对不同阶段的问题时，与时俱进地制定了不同的乡村建设政策，颁布和修订了相应的法令法规。日本的乡村建设正是在发现问题、解决问题，再发现、再解决问题的过程中逐步实现了乡村的现代化，造就了日本美丽和谐的乡村景象。

◆ 1 第一阶段：1945 ～ 1955 年

1.1 阶段特点：粮食生产与经济恢复

日本战败后，690 万军人及平民从海外被遣返回国，一时间大部分都成为了失业者；由于此时对外贸易中断，这些新增加的消费人口加剧了早已存在的粮食危机，日本政府不得不实施粮食配给制，此时日本社会存在已久的矛盾开始激化并快速凸显出来，社会秩序极为混乱。大量无法在城市生存的人口涌入乡村，导致乡村人口暴增，出现了乡村人口严重过剩的现象。政府的征购政策和土地政策在农村遭到了抵制；粮食危机又激化了地主和佃农之间的矛盾，佃农们则强烈要求拥有土地。

为了解决粮食危机，加之来自美国（要求日本经济社会民主化）的改革压力，日本实施了以实现粮食自给和农村民主化为目标的三大改革，即农地改革（1945 年）、新农协组建（1947 年）和农业推广普及制度的改革[5]。首先是土地改革，将地主制度改革为自耕农制度。其次推动新农协的组建与发展，将分散经营的农民家庭组织起来，使他们有能力参与市场竞争，为日本农业的现代化奠定了重要基础。第三是农业推广普及制度的改革。1949 年日本政府制定了农产品价格保护和补贴制度，保证农民收入不低于城市居民；并从农民的利益出发，以贷款方式帮助农民改善居住和生活条件，以捐款集资方式修建公共设施，以立法的方式保障农民的基本生活水平。

1.2 乡村建设的特点：以促进农业生产为主要目的

在战后经济恢复期，日本乡村发展的主要目标是围绕实现粮食自给，以农业发展为核心；土地制度则以保护耕作者权利为主要目的，以激发农民耕种的积极性。这一阶段的乡村建设主要集中在土地整理和农地拓展、加强农业基础设施建设等方面。虽然农业发展是主要目标，但日本政府仍然在资金匮乏的情况下开展了乡村建设，通过农业推广普及事业推动农民生活条件的改善和农民文化水平的提高，通过帮助农民改善厨房、厕所等小事，点滴之中促进了"农村生活的合理化"和"培育会思考的农民"，这为后来日本经济的高速发展打下了良好的人力资源基础（图 1）。这一时期还没有专门的乡村规划。

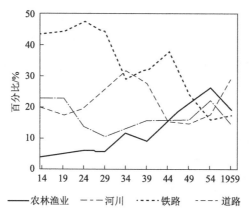

图 1　二战前后日本国土开发与公共投资建设类型 [13]

◆ 2　第二阶段：1955 ～ 1973 年

2.1　阶段特点：经济的高速增长冲击乡村生境

　　1955 ～ 1973 年这段时期是日本经济高速增长时期，期间经济增长了 8 倍，基本完成了工业化；城市化率由 1955 年的 37% 达到 1970 年的 72%，增长了 35 个百分点 [1]，形成了东京、大阪、名古屋三大都市圈。日本的产业结构由农业为主的第一产业转向了重化学工业、电子工业等为主的第二产业。这一时期，乡村人口开始向城市转移，乡村人口过剩现象迅速逆转，1955 ～ 1970 年的 15 年间，农业就业人口从 1611 万人减少到了 1009 万人，共减少了 602 万人。就比例而言，乡村就业人口下降了 26.3%，二产、三产就业人口则分别上升到 34.4% 和 51.7%，基本实现了就业人口的现代化转换。此外，自明治时期以小学服务圈为核心的町村大迁并以来，又进行了以中学服务圈为核心的昭和市町村大迁并 [6]，市町村数量从 1953 年的 9868 个减少为 1961 年的 3472 个。农协逐步发展壮大，成长为具有农业生产组织功能与农业金融功能的综合机构，对日本农业现代化（尤其是组织个体农民家庭参与市场化竞争）起到了重要作用 [7]。

　　这一时期，随着乡村和城市间的发展差异加大，乡村出现了新问题，集中表现在农业经济增长乏力、农民兼业化导致农村空心化、乡村生态环境破坏严重等。1955 ～ 1975 年，农户兼业率从 65% 提高到了 88%（图 2）[8]。

2.2　针对问题的对策：立法和政策引导

　　针对上述问题，日本政府制定了一系列乡村政策并根据新出现的问题不断予以调整。

1　根据日本总务省统计局的国势调查资料整理，http://www.stat.go.jp。

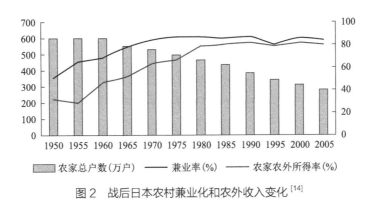

图2　战后日本农村兼业化和农外收入变化 [14]

　　针对农业劳动力减少的问题，农业机械化措施开始提上日程。为了应对农业衰退，日本于1961年颁布了《农业基本法》，并开始实施"工业反哺农业"政策。为了解决农民就业问题，1971年开始鼓励城市工业向乡村转移，为农民提供就近就业机会，并出台了《乡村地区引入工业促进法》; 1972年还通过了"工业重新布局促进"的法案。

　　随着乡村问题不断涌现，日本政府意识到乡村地区不仅是农业发展的载体和城市劳动力的蓄水池，乡村发展和建设有其自身的特定规律。于是紧随《城市规划法》(1968年)之后，1969年制定了《农业振兴地区整治建设法》(以下简称《农振法》)，以图综合解决乡村问题。《农振法》对乡村土地利用、产业发展和产业基础设施建设到农民生活条件改善等一系列乡村综合发展建设提出了相关要求，并确定了农振规划制度。随后日本政府提出了乡村整备计划，组织各地进行建设试点。日本学术界也开始展开市町村规划的相关研究和探讨。20世纪70年代的日本市町村规划主要关注土地利用和村落整治，涉及到土地利用调整的各种具体问题，诸如土地利用规划与土地分级、村落整治、耕地的整治建设、市町村规划方法论的确立、乡村整治建设及空心化等问题。

2.3　乡村规划建设的特点: 初建乡村规划建设体系

　　在这一阶段，日本政府可谓不断调整乡村政策以应对层出不穷的乡村问题。日本的乡村建设处于不断探索之中，主旨是振兴乡村经济，但也逐渐增加了乡村生活设施规划等内容。在日本的乡村规划体系逐步建立的初期，曾试图通过国土规划、农地调整和施以各种农业补贴来振兴农业经济，同时解决乡村人口过疏化的问题。为此开展了两次全国综合开发规划 1 (1962年和1969年)，并多次修订《农地法》，但仍然无法解决农业兼业化问题。随后日本提出工业进入乡村的政策，利用乡村工业的发展来延缓乡村地区的

　　1　为了促进全国重点地区的开发，平衡地区差异，1962年日本进行了第一次全国综合开发规划，但乡村地区尚未被列入重点建设对象。

衰退。之后，日本制订了《农振法》，以图通过土地规划振兴乡村经济，通过改善乡村生活环境和村落更新来缩小城乡差距。

这一阶段后期，乡村规划研究与实践开始兴起，20 世纪 60 年代末和 70 年代初，在日本建筑学会和农业土木学会分别成立了乡村规划的二级分会，开始探索不同于城市规划的乡村规划理论与方法；也有了一些规划建设实践，如大泻村村落规划、山形县小国町村落再生计划等（表 1、表 2）。

大泻村历届村落规划方案与方案比选[13]　　　表 1

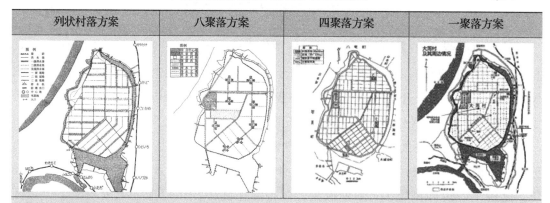

列状村落方案	八聚落方案	四聚落方案	一聚落方案

规划方案基本情况——以列状村落方案为例
（1）以水稻单作个别经营为前提，1 户经营 2.5 公顷耕地，耕地的区划是 100m×80m，共有农户 4700 个，由四户进行分割，劳作距离为 1000m，徒步可达；
（2）每户还配置 25m×100m 大小的宅地（包括旱地）；
（3）全村分为 5 个区域，均以学校为中心，其中 1 个为小·中·高的综合中心地，设置役场、警察局、综合医院等公共设施，为全村服务，4 个为中小学校中心地，服务对象为 1000 户居民，服务半径为 4km；
（4）中心地为非农户居住地，农户居住于耕地旁，以此形成列状布局

小国町村落再生计划规划方案比较表[13]　　　表 2

方案	村落方案名称	编制单位	村落位置和数量	入迁户数及其农业经营规模	农业经营形态	农村建设规划						
						农业设施	住区规划	居住与生产分离	人车分离	绿地配置规划（含防灾林）	工业用地	综合中心地的中心
方案 A	沿道路列状分布的村落	农林省	综合中心地+5 中心地+5 副中心地+列状村落	4800 户 2.5hm²	个别经营；步行去劳作；水稻移植栽培	分散	×	×	×	×	×	×
方案 B1960	8 村落	农村建设研究会	综合中心地+2 中心地+6 村落	2400~4800 户 2.5~5hm²	合作经营；车行去劳作；水稻直播栽培	分散	○	×	×	○	×	×

方案	村落方案名称	编制单位	村落位置和数量	入迁户数及其农业经营规模	农业经营形态	农村建设规划						
						农业设施	住区规划	居住与生产分离	人车分离	绿地配置规划（含防灾林）	工业用地	综合中心地的中心
方案C1961	8村落	日本城市规划学会	综合中心地+2中心地+6村落	2400户 5hm²	合作经营；车行去劳作；水稻直播栽培；畜牧业导入	分散	○	○	○	○	○	汽车站
方案D1962	8村落	日本城市规划学会	综合中心地+2中心地+6村落	2400户 5hm²	合作经营；车行去劳作；水稻直播栽培	分散	○	○	○	○	○	汽车站
方案E1962	综合中心地集中布局	日本城市规划学会	综合中心地	800~1200户 10hm²	合作经营；车行去劳作；水稻直播栽培	分散	○	○	○	○	○	中心地带
方案F1965	4村落	农林省	综合中心地+3村落	1300户 7.5hm²	合作经营；车行去劳作；水稻直播栽培	分散	○	○	○	○	○	中心地带
方案G1968	综合中心地、1村落	农林省	综合中心地	持续研究中	持续研究中	分散	○	○	○	○	×	中心地带
方案H1973	1村落	农林省	综合中心地	580户 15hm²	大型机械农田复合经营；车行去劳作	分散	○	○	○	○	×	中心地带

◆ 3 第三阶段：1973年至今

3.1 阶段特点：农业经济低迷，农民进一步兼业化

1973年和1979年两次世界石油危机引发了全球经济的衰退，日本经济进入低速增长时期，城市化速度减缓，1970年至1990年间仅增长了5个百分点（1970年72.1%，1990年77.4%）[1]。这一时期，日本基本完成了农村剩余劳动力的转移，且呈现出二产就业向三产就业的转移。同期，还出现了中老年工人回归农村的所谓"U字回流"，导致农村净流出人数减少。与此同时，第二产业的产值在GDP中的比重逐年下降，第三产业成为国民经济支柱，日本进入后工业时代。这一时期，推动日本经济社会发展的动力已不再主要是工业化和城市化，而是区域协调发展。

---

1 根据日本总务省统计局的国势调查资料整理，http://www.stat.go.jp。

随着农村劳动力的快速流出和乡村工业化的推进，20 世纪 70 年代后日本农民收入的增速超过了城市居民。1970 年日本农民的非农收入超过了 60%，1985 年达到 80% 以上，这根本性地改变了日本的乡村经济结构。同期，日本农协也进一步发展成为连接农户的分散生产和进入大市场竞争的重要纽带，几乎渗透到了农村的所有经济活动之中，几乎所有的农户都加入了农协 [9]。

3.2 针对问题的对策：重新认识农村和农业

20 世纪 90 年代的日本经济泡沫破裂以后，经济高速增长的负面影响开始集中显现。在进口农产品的冲击下，日本农业持续衰退，导致农民整体性地走向了兼业化；同时日本农村日益老龄化，农业失去了产业竞争力，传统农业文化也逐渐凋零；农业滥施农药化肥和乡村工业化污染造成的环境恶果频繁出现，甚至威胁到了食品安全。

在此背景下，日本开始重新思考农业发展定位。有学者认为农业是一种国防产业，它为社会提供粮食安全；农业也是一种文化产业，它为社会保持传统文化；农业是一种环境产业，它为社会提供绿色生态环境。1999 年日本国会通过《食物、农业、乡村基本法》，取代旧的《农业基本法》。新法内容包括食品安全、农业可持续发展和振兴乡村；新法把农业看作是一种社会产业，即它为全社会提供价值，也需要全社会来扶持。

这一时期，为改善乡村人居环境，提高乡村居民生活水平，实现城乡均等化，日本出台了大量村庄整治的法律、法规和政策。为规范乡村村落及其周边地域土地利用秩序，促进乡村村落的建设，1987 年出台了《村落地域建设法》；为重点支持偏远山村的综合建设，日本又先后颁布了《半岛振兴法》（1985）、《综合保养地区建设法》（1987）、《市民农园整治建设促进法》（1990）、《关于为搞活特定乡村、山村的农林业、促进相关基础设施建设的法律》（1993）、《关于在特定农山村地区为实现农林业的活性化推进基础设施整治法》（1993）、《关于为在乡村、山村、渔村开展度假活动、促进健全相关基础设施的法律》（1994）、《关于促进建设优良田园住宅的法律》（1998）、《过疏地域振兴特别措施法》（2000）等。

这一时期，日本政府开始更为重视文化遗产和生态环境保护。为了保护乡村文化，1975 年日本对《文化财保护法》[1] 进行了系统修订，对民俗文化财进行了重新定义，并增加了"传统建筑群保护地区"，对乡村手工艺和传统村落风貌保护起到了很好的保护作用。2004 年颁布了《景观法》，规定以都、道、府、县和市、町、村为主体，针对农、山、渔村地区编制景观规划。为了保护环境，1970 年一年就颁布了《公害对策基本法》《自然环境保全法》等 14 部与环境保护相关的法律。

1　资料来源于日本文化厅官网：http://www.bunka.go.jp。日本将文化遗产称作"文化财"。

3.3 乡村规划建设的特点：明晰城乡定位，重塑乡村魅力

在这一阶段，日本重新定位城市和乡村的角色，强调城乡共融。乡村建设强调可持续发展，重点是乡村魅力重塑，具体内容包括乡村基础设施建设、乡村生活品质改善和文化与生态环境保护。1977年日本开展了第三次全国综合开发规划，综合性整治人居环境，重点是乡村。1987年的第四次全国综合开发规划，突出强调了大都市与乡村的广域交流，为乡村休闲旅游的发展奠定了基础。

为配合乡村人居环境整治和公共设施建设，并拉动内需以刺激萎靡不振的日本经济，日本政府财政向乡村地区的投入达到空前规模。经过一段时间的建设后，许多乡村地区的魅力得以重塑，整个日本乡村的人居环境面貌焕然一新。除了政府主导的乡村建设外，民间也逐渐兴起了"乡村"运动，其中大分县的"一村一品"影响最大，促进了乡村旅游和服务业的发展。

20世纪80至90年代，日本对乡村景观的系统研究相继展开，涉及乡村景观资源的特性、分析、分类、评价和规划等各个方面。1992年起日本政府连续举办了"美丽的日本乡村景观竞赛"[11]，同期还开展了评比"舒适乡村"活动。这些活动促进了日本各界对乡村、山川、渔村、自然景观和人文景观的理解和思考。

大量的实践探索也使得日本学者意识到乡村规划与城市规划有着很大不同。1982年专门研究乡村规划的日本农村规划（一级）学会成立，并确定了多专业合作的架构。实际上，日本的乡村规划研究在19世纪80年代就已开始渐成体系，研究内容包括了村民参与及有农业特色的村落规划、乡村区域研究、居住空间与农业用地共生、乡村人口流失与村落整治建设及乡村景观评价与保护等方面。20世纪90年代的研究较为侧重于城乡一体化交流和乡村景观规划，此外也包括偏远山区发展、乡村资源管理、土地利用、规划方法论等研究。正如日本农村规划学会的山路永司先生所认为的，乡村规划要"研究农村地区将来应该怎样发展，以及为了实现这些发展而应实施的各项政策"[12]。

◆ 4 若干启示

二战以后，受经济社会发展环境的影响，日本的乡村规划和建设需要面对不断涌现的新挑战；在多年的发展中，形成了分阶段、整合式的政策演进路径。从开始的提高粮食生产到消灭城乡差距，从推进农业生产环境整治到提升农村生活水平，从注重生态环境整治到营造美丽乡村景观，"乡村问题和诉求—政策和立法导向—规划建设实践"之间形成了一个渐进的、长期的互动演化过程。从中可以得出若干启示。

4.1 乡村政策要有时间和地域的差异性

日本乡村建设政策呈现出明显的阶段性。以粮食自给为目标的乡村建设初始阶段，基本是推进制度改革、土地整理及基础设施建设等；在经济高速增长时期，虽然仍以乡村经济为主导，但乡村政策已开始关注乡村人居环境的改善和农民生活水平的提高，现代乡村规划的探索和实践开始萌芽；在经济低速发展期，日本的乡村政策导向调整为振兴乡村，以及追求综合性的可持续发展。乡村规划则要逐渐发展成为独立的学科，而现代乡村规划体系也要逐步建立起来。

中国与日本同属东亚国家，有相似的农耕文化和人多地少的现实国情。中国与日本的差别在于中国有着多年的城乡二元体制，而且地域差异巨大。中国当前乡村发展的特点是不同地域尚处在不同的发展阶段，如西部贫困地区的乡村还处在脱贫及安居工程建设阶段，而东部发达地区的乡村已经处在实现现代化的发展阶段。借鉴日本的经验，中国应针对不同地区的发展差异，在政策上予以针对性地应对。同时，国家层面的法律法规体系也应根据乡村问题的变化而适时做出反应。日本乡村建设的主要法律《农地法》和《农振法》基本上 5～6 年修订一次，同时还不断出台相关的法律法规作为补充。反观中国：一是乡村建设立法滞后，例如《乡村规划编制办法》一直未能出台；二是已有的相关法律法规，其修订也跟不上发展的需求。比如《城乡规划法》颁布已经近 10 年，暴露出诸多问题，但修订尚未切实开展；而《村庄和集镇规划建设管理条例》更是已经 20 年未曾修订。为了建设社会主义法治国家，这一状况亟待改变。

4.2 产业发展是乡村政策的核心内容

日本乡村在不同经济发展阶段采取了不同的政策，但产业发展始终是乡村建设的核心议题；从单纯追求粮食产量到引导工业进入乡村，再到乡村经济的多元化，日本政府一直认为产业是乡村发展的原动力，没有产业发展，再好的生活环境也留不住人。日本非常注重提高农村居民的教育水平和生活水平，即使在经济极为困难的战后经济恢复期，仍然在农林水产省下设立生活改善局；除了资金补助外，还通过培训和指导手段提高农民的素质和改变农民的生活习惯。国家进入经济低速发展期后，对乡村自然环境的保护亦促进了乡村旅游的发展。

中国目前的乡村规划建设，大多是以物质空间改善为主，地方政府更注重农民住房等硬件条件的改善，相对忽视产业发展的支撑，甚至在一些地区出现了农民上楼返贫的情形。日本的经验告诉我们，围绕乡村产业发展而建构综合政策体系十分重要。

4.3　乡村规划建设要注重综合施策，并发挥民众的参与积极性

处于经济低速发展期的日本乡村建设更为注重综合性，政策目标主要包括：保障土地的科学合理利用，改善村民的生活条件，保存并维护乡村传统风貌的独特性和发展性，维护田园风光、村庄自然景观与生态环境，注重乡村文化传承。为了克服不同部门的条块分割，促进城乡建设的政策统筹协调，2001年日本政府将运输省、建设省、北海道开发厅和国土厅等合并成了国土交通省。与日本早期类似，中国乡村建设也是由不同的部门分别主导，比如产业发展通常是农业部门主导，人居环境改善由住建部门主导，环境保护由环保部门主导等，这导致乡村建设的统筹协调性较差。为了落实乡村振兴战略，首先要解决好体制机制问题。

此外，日本的乡村规划建设很注重自下而上的公众参与。19世纪60年代对于保护日本传统乡村起到决定性作用的造町运动就是源于民众的自发组织。19世纪70年代，日本大分县倡导的"一村一品"运动对乡村风貌和地方特色的营造起到了极大的促进作用，也是典型的自下而上的活动。借鉴日本等国的经验，中国乡村规划建设不仅需要有宏观的政策方针和健全的法律法规保障，也需要调动村民的积极性，引导村民参与乡村规划建设，从而更好地实现乡村生产与生活的结合、传统与现代的结合，实现生活、生产、生态（自然生态、人文生态）的可持续发展。

参考文献：

[1] 安德鲁·戈登.日本的起起落落——从德川幕府到现代[M].李朝津，译.桂林：广西师范大学出版社，2008.

[2] 焦必方，孙彬彬.日本现代乡村建设研究[M].上海：复旦大学出版社，2009.

[3] 王雷.日本农村规划的法律制度及启示[J].城市规划，2009(5):42-49.

[4] 冯旭，王凯，毛其智.基于国土利用视角的二战后日本农村地区建设法规与规划制度演变研究[J].国际城市规划，2016(1):71-80.

[5] 王国华.战后日本的农村建设与生活改善普及运动[J].黑龙江史志，2011(22):59-62.

[6] 刘景章.农业现代化的"日本模式"与中国的农业发展[J].经济纵横，2002(9):40-44.

[7] 焦必方，孙彬彬.日本的市町村合并及其对现代化农村建设的影响[J].现代日本经济，2008(5):40-45.

[8] 甘巧林，陈忠暖.高速经济增长时期日本的乡村与农业问题[J].开发研究，2000(4):55-56.

[9] 杨红亮.浅析农协对日本乡村经济发展的影响[D].北京：中共中央党校国际战略研究所，2015.

[10] 晖峻众三.日本农业150年(1850—2000年)[M].胡浩，等，译.北京：中国农业大学出版社，2011.

[11] 郝延群.日本"美丽的乡村景观竞赛"及"舒适农村建设活动"介绍与思考 [J]. 小城镇建设 ,1996(8):40-42.

[12] 山路永司.发展中的日本乡村规划 [J]. 科学朝日 ,1982(6):10-13.

[13] 农村开发企划委员会.国土和农村计划的历史 [J]. 农村工学研究 ,1993(3).

[14] 周维宏.新农村建设的内涵和日本的经验 [J]. 日本学刊 ,2007(1):127-135.

本文刊发于《小城镇建设》2018 年第 4 期 14–19 页，作者：丁奇，刘玲，张立。

农村无形的国民财富、农业农村整治及地方创生 1

引言

亚当·斯密（AdamSmith,1723～1790）于1776年出版的《An Inquiry into the Nature and Causes of the Wealth of Nations》是世界闻名的经济学著作[1]。从大正时期（1912～1926年）以来，日本一直将该书的书名翻译为"国富论"，这里使用的"国富"这一概念与地方创生有着很大的关系。

除了斯密之外，重商主义经济学家和当时的社会学家都认为，财富是从外贸等获得的货币或金银财宝。即使在今天，提到财富时大多数人也自然会联想到金钱或金银财宝。然而，斯密通过他的慧眼发现，财富的本质是物质优势，即利用价值，其实是物质优势丰富了我们的日常生活。如果我们直接引用他的原话，那么国家财富就是"国民年复一年消费的所有生活必需品和奢侈品"。诚然，金银财宝以豪华家具和装饰品等形式来为日常生活增添色彩，而货币的本身并不令人快乐，但货币可以将价值转化为实物，以供人使用；这是众所周知的事实，理解这一点很重要。无论如何，毋庸置疑，货币和金银财宝只是国民财富的一部分。斯密没有轻易接受当时的主流见解，而是独自思考财富的

---

1 地方创生指在各个地域建成独具特色的自律型可持续社区。（译者注）

本质，这正是经济学之父亚当·斯密的伟大之处[1]。

◆ 1 产生"无形财富"的农村

日本属于亚洲季风气候，农业主要是种植水稻，形成了一种以水为纽带的水社会。另外，日本还有一个特点是"大多农村农业生产空间和生活空间融为一体"。

从日本的农村规划来看，不应忽视的一个观点是"农业和农村的多复合元功能（Multifunctionality）"，即由农业行为产生的保全国土、涵养水资源、保护生物多样性、形成良好景观、传承文化、为环境教育提供场所等多元功能，或者说是除了提供食品之外的多方面的功能。

这种多元复合功能的利用价值在于其能通过各种形式，丰富我们日常生活中（也就是斯密所说）的国民财富。这也是难以让国民有感知的"无形国民财富"的一部分[2]。在日本，农业不仅仅只是在各地能够持续发展，其还能提供安全可靠的国内农产品，甚至能维持世界都羡慕的日本的健康饮食文化；也可以为儿童提供教育场所，形成日本的本土风景，保护丰富的生态系统和防洪等。实际上，农业能够发挥各种各样的功能，如果不持续发展农业的话，国民就无法享受到上述功能所带来的"财富"，况且这种"财富"也不能靠进口。日本的农村就是在持续地生产这种无形的国家财富。

◆ 2 构成农村的三大资本和农村合作力

斯密还思考了如何增加国民财富。他给出的解决方法是"资本积累"和"分工"[2]，这也是现代经济发展的基本方法。斯密提到虽然财富源泉是劳动，但需要提升劳动增加财富的能力，也就是提升劳动生产率，这需要借助于机械和设施等资本物的作用。例如，近年来非洲等发展中国家已经提出了各种各样的发展战略，但其核心问题仍然是"如何积累资本并提升其使用效率"。

通常认为，农村大致有三大类资本。其一是"地域资本[3]"，即与农业农村事业相关的田野和灌溉设施；其二是自然资本，即进行农业生产的场所环境，但这并不是我们常说的未受到人类影响的自然，而是人们必须对其进行维护和管理的自然，所以现代观点将其视为"自然资本"，这个观点在斯密的时代是没有的；其三是人力资本，即在那里工

---

1 这里国家财富的概念与国民经济计算中的国家财富概念不同。国民经济计算中的国家财富是指一个国家所拥有的资产，也就是指土地、建筑物、设施、机械等物质资产和金融资产。

2 大头针生产是大众比较熟悉的分工案例。

3 原文直译过来应为"社会资本"，但是该词在社会学意义上是一个专有名词，其专有涵义与本文作者在此处的表达意图不一致。另一方面，本文的第四个资本的本质内涵是"社会资本"。为不混淆和误导读者，本文将其翻译为"地域资本"。（译者注）

作的人。这些资本各自发挥作用并逐步累积，形成最佳组合而创造总体的财富。

但实际上，农村除了上述三类资本以外，还有另一个重要资本，这就是"社会资本"，也被称为"农村合作力"。在农村，地域资本、自然资本、人力资本等不同类型的资本通过农村合作力紧密的联系在一起，发挥地域整体的潜力。称之为农村合作力的社会资本是考察农村时非常重要的理论视角之一。

◆ 3　农村地域资本存量的减少及退化

日本农村的现状令人担忧。农村长期形成的地域资本正在慢慢变得腐朽、老旧，如果不进行适当的维护和更新，其价值和功能就会下降。自 2000 年以来，仅仅是农业相关的地域资本就下降了 8%。随着存量的下降，迄今为止累计的资本贡献必然会减弱，其创造财富的能力也会随之下降。

这恐怕不仅会对农民造成负面影响，而且会对日本的全体国民产生负面影响。这里简要介绍"水稻影响粮食稳定供应"的事例。假设没有农业农村事业，农林水产省估算日本的大米生产能力将会下降六成，在这个假设下，农地也将会失去防洪功能。如果因为地域资本的发展不够充分，或者说不能维持并且增加存量而发生了上述情况，就会给整个社会造成很大的负担。从长远来看，其结果也将引起全体国民极大的担忧。这个事例最重要的一点是向我们展示了在国民财富努力培育下的农村的作用，其表现形式是"形成了无形的国民财富"，但这其中最大的问题是"国民难以察觉这一点"。

◆ 4　地方创生的关键是"农村合作力"

目前人们正在热议第二届安倍内阁提出的实现"1 亿总活跃社会[1]"和地方创生设想，但是实现这个愿景需要有一个平台。可以认为，为了在日本各地建设这个平台，其最大可能的方法就是"发掘和培育农村合作力"。其实，如同很多人意识到的一样，农村做了充分的准备，并且实施了农业农村发展事业后，其地区自身也发生了变化。整个地区都发生了变化后，人们开始做一些新鲜的事情或有趣的事情，并迎来年轻人和新人，然后就会渐渐发展出各种新的机会。从这个意义上说，以农业农村发展为契机，不仅是农村，甚至整个日本都将有机会重新恢复活力。日本的农业农村发展事业是根据各地域提交的议案来进行的，其建设的设施由地域共同管理，这其中包括了"讨论地域整体农业前景"的环节和"促成众多受益者形成统一意见"的环节。农业农村发展事业还包括提

1　安倍所提出的目标，指的是阻止少子化老龄化继续发生，50 年后人口维持在 1 亿的水平，每个人都可以在家庭、职场、地域中活跃，日本要建成这样的社会。（译者注）

升（Empower）农村合作力权力的相关工作。我们期待通过这项事业积聚农村合作力，为创造将来的地域搭建坚实的基础。

接下来介绍一下山梨县笛吹川沿岸地区的案例。虽然这个地区养蚕业曾经非常繁盛，但由于日本生丝产业的衰退，这个地区也越来越不景气。面对这样的发展环境，当地以农业农村发展事业为契机，把养蚕产业转型为果树园艺产业。此后，当地的葡萄酒制造和旅游业开始快速发展，也催生了各种相关产业，创造了很多新的就业岗位。以农业农村发展事业为契机，当地经济借机形成了良性循环。事实上，这就为"一亿总活跃"提供了场所，或许也可以说，这才是通往真正地方创生的途径。

可用图示来展现农业农村开发事业与其他公共事业的不同之处（图 1）。普通的公共事业仅通过投资社区资本来发展公共利益较大的社会基础设施。给人的感觉是，准备了一个舞台，接下来就请每个人各自发挥。然而农业农村开发事业的机制，就像台球中的球杆一样，通过社会资本直接推动事业，刺激自然资本、人力资本和地域资本这三个资本，并促进其融合，进而将农村合作力提升到新的高度，藉以开拓地方的新潜力，从而实现地方创生。因此，农业农村发展事业不仅要提供地域资本存量，还要为农村合作力进行投资。笔者认为这可能是地方创生的主要途径。

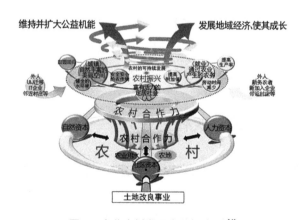

图 1　农业农村发展事业概念图 [4]

◆ 5　结论与讨论

培育国民财富必须要考虑"如何将农村交给下一代人"。因此以农业农村发展事业等为契机，实现地域农业的第六次产业化的概率就会很大。这其中主要包括两个原因。

（1）可以催生地域活力

农产品和相关加工产品的销售在经济学中称为交换，国家与国家之间的交换称为贸易，贸易可以使国家富裕。长期以来，贸易一直是经济学的研究对象，但如果要思考为什么会发生贸易，这就很难找到答案。回顾我们自身，当出国旅行时，虽然可能称不上是爆买[1]，但我们亦会在行李箱中装满当地的土特产带回家，这虽然量少但也算是贸易。有时我们出于平日关系的考虑会帮人代购土特产，有时会觉得这很麻烦，但寻找土特产也是旅行的乐趣之一，请回忆一下当时的心情。

经济学家大卫·李嘉图（David Ricard，1772～1823）因为解开了这个贸易之谜而被载入史册[3]。李嘉图认为英国向葡萄牙出口纺织品并进口葡萄酒，是因为两国该产业生产效率存在"差异"，由此建立了比较优势理论。其中存在"差异"是很重要的。交换的基础是存在"差异"，说出来其实一想就能明白。正因为这个东西海外不常见，是我们身边没有的不同的东西（或者即使是相同的事物但价格上存在差异），所以我们才会选择购买土特产。

那么，虽然"差异"是很重要的，但并非所有的"差异"都会导致交换。幸运的是，农村拥有各种"差异"，虽然大多数农村本地人注意不到，但外人却可以发现其中的优点。最近，回归田园的趋势有力地证明了这一点。随着"差异"的分享和实现，最终将成为地域品牌，难以被轻易模仿或抢夺。

（2）现在人们对所有权的认识正慢慢改变

经济成为一种服务已经很久，但我们获得财富的方式却在发生变化。一直以来经济在快速增长，相应占据强势的观点是"通过所拥有的物质多寡来决定我们的富裕程度"。但最近新的动态是，所有权似乎正在变得不重要。例如，在零售行业，曾经每个国民都拥有的或是想要拥有热门产品的现象，现在却很难看到。这在年轻人中尤为明显，他们似乎对租用没有什么意见。那么如果要问现在富裕程度是不是降低了，答案是并没有降低。相反，虽然所有权的重要性在不断降低，但人们的思想认识却转向了从体验中获得的满足感，也就是"精神"。这是从"物质"到"精神"的意识转变。

从这个角度来看，不管是拥有当地品牌并可以轻易增加产品附加值的优势地区，还是没有这些优势的地区，都不应该直接销售农作物，而是应该在当地提供加工和烹饪等服务，为人们提供在当地进行购买和消费的体验机会。这不仅能促进自产自销，同时还能为受益者提供便利，比如有农业活动的美丽景观。人们通常认为农业和农村的多元复合功能难以获利，但通过上述方式，可能就会形成相应的内化机制，通过加工、烹饪和提供服务等方式多阶段回收附加值。在这种情况下，当地农业活动产生的美景和富庶将会成为附加价值的源泉。

最后，没有必要将农村第六次产业化的人群限于国内人群，今后应当广泛考虑入境的外国游客，与当地的各种主体合作，提升产业发展质量，更加注重商品开发，注重多

1　一次性购买大量的东西，起源于节假日中国游客到日本进行大量采购的行为。（译者注）

提供"精神"体验的机会，并进一步提炼地域的"差异"。

注释：

关于UIJ迁移的说明：U迁移，从地方搬到都市居住后又搬回地方。

参考文献：

[1] 浅野耕太. 无形的国民财富和农村合作力 [J]. 农村规划学会志,2018,36(4).

[2] 亚当·斯密. 国富论 (一)[M]. 大内兵卫, 松川七郎, 译. 东京：岩波书店,1959.

[3] 大卫·李嘉图. 政治经济学及赋税原理 (上卷)[M]. 羽鸟卓也,吉泽芳树,译. 东京：岩波书店,1987.

[4] 农业与农村开发事业作为公共事业的理想状态研究会, 农林水产省农村振兴局. 农业与农村开发事业作为公共事业的理想状态：建议 [Z],2015.

本文刊发于《小城镇建设》2018年第4期25-28页，作者：【日】浅野耕太，【译】宋贝君。

生态规划与乡村规划：日本的经验

◆ 1 日本自然观的变迁

当前地球规模的环境危机不断呈现，创建可持续发展的社会成为重要的时代标志，与消费社会象征的城市相对的乡村作为生态安定和可持续发展的循环社会开始备受关注。本文以日本乡村地区的生态系统和生物多样性为视角，继而从大地生态空间格局的视野来讨论乡村规划。

日本的国土面积中大约 3/4 是乡村地区，这些地区主要被用于农业，而不是原生态的自然区域。由于乡村占据了大部分的国土面积，对于国土环境保护是极其重要的。乡村地区作为自然生态系统服务功能区的一部分，在防洪涝、水涵养、水体净化、防止水土流失和净化大气等方面发挥着重要的功能，在维护自然生态系统中具有巨大的作用。另外，全球各地大量的事例表明，当人类活动规模超出了当地环境容量时，就会造成生态环境的崩溃和土地荒废等，这就是建设人与自然和谐共处社会的重要依据。

在这里首先简要地介绍一下日本所标榜的人与自然共生社会的自然观及其演变。最初的自然观表现在 1934 年开始的国家公园命名活动，有国家标志性的自然风景区首先被划定为国家公园，其中包括荒芜的雾岛和火山地区，以及具有优良海景和无数岛屿组成的内海（濑户内）等，总的来说就是那些人类很少直接涉足，且规模宏大的

"自然风景区"。二战后，随着经济快速成长和日本各地国土开发的推进，到20世纪70年代末，大规模的开发对保护"原生态"的影响成为全社会关注的重要课题，而当时乡村的自然环境和景观价值完全被无视了。到19世纪80年代初，城市周边"自然风景"和"原生态"环境受到了严重的破坏，出现了对"贴近自然"和乡村的自然价值观的重视。当时大量人口涌向东京和大阪等都市圈，那里还没有完全消失的农田、河道和堤坝的乡村环境受到人们的青睐，为补救快速城市化带来的环境问题提供了机遇。与城市相比，乡村是次生的自然生态系统，是更接近于大自然的空间环境，城里人普遍认为乡村可以成为日常生活中人性回归的场所，在乡村可以更加"贴近自然"。尤其是乡村能够提供城市中所没有的诸如疗养、休闲、生态旅游和农业体验等赋予活力的各种活动，成为让城市居民生活得更美好的一种权利，进而进入了城市居民参与农业和自然保护运动的时代。紧接着到20世纪90年代，在普遍接受了联合国可持续发展大会（1992年）的"生物多样性公约"概念后，距离城市比较远的山村和梯田也受到了公众的关注，普遍认识到乡村作为全民的"原风景"，是人类应有生活方式回归的象征，是人类和自然共同创造的、可持续的半自然生态系统等，至此，形成了日本的自然观。

◆ 2　日本乡村生物多样性的特征

日本的自然环境有以下特点：（1）大部分为陡峭的山区；（2）处于太平洋中纬度的温带；（3）年均降雨降雪量大，处在台风的通道。每年伴随着暴雨，山体滑坡和洪水频发；（4）由于水资源丰富，雨水从山区夹杂大量泥沙通过河道进入平原，并沿海岸线地区形成各种各样的湿地；（5）在这些水域和陆域接壤的地区形成不同的"住区"；（6）太平洋板块和欧亚板块交接处，随地壳运动，时有火山喷发和大规模地震频发的区域。

由于日本处在温带湿润地区生态系统顶端，是拥有自然生产力较高的大面积森林的国家。而另一方面，这种复杂生态系统也是一个容易被扰动的系统。具体扰动主要有地震、海啸、火山喷发和雷电伴随着不时发生的山火等。每年还有梅雨季节、台风、积雪、洪水和山体滑坡，甚至每天都多少会发生小规模山体滑坡现象。对自然的扰动是有利于生态环境演进的，尤其是对植被迁徙的频繁扰动会使生态环境始终处于一种强烈的动态变化之中，这种扰动也可以看作是日本潜在的战略资源。乡村作为次生的自然环境，受到生物多样性和自然扰动的影响十分强烈。

生物多样性等级高并不等于"自然度"高。比如在北极和南极，以及一些高原积雪地区都有其独特的物种，但生物多样性并不高。而与之对应，具有强烈人为影响的乡村地区，长期的耕作使该地区保有较高的生物多样性，这一点已被全球各地的相关研究证明。作为生态演进的动力机制，在迁徙的过程中，一些生物多样性顶端的物种在中观层面对环境进行着扰动。也就是说，这时一些优势物种占用了资源，对自然扰动产生一定的负面影响。正是由于这种对"公共资源"的占用激活了生态系统的动态变化。

乡村环境是人为定期的对环境扰动，将来不定期的自然扰动很有可能被定期人为扰动所替代。如：夏季的水田，先通过春耕和平整土地对自然进行扰动，而后将水体分段利用，这会对自然湿地造成极大的扰动，这种扰动每年都会发生，也就是开垦的水田取代了湿地，旱地耕作地也同理，这些都说明农业通过物种对原先的优势物种的迁徙进行了人为的抑制。

另一个重要的因素是地形的起伏造成了碎片化的景观。为适应在一定的环境容量内持续生产农作物，历史上随地形变化形成了次生林、水田、旱地和草地等各种干湿程度不同的土地利用方式，各种不同目的的土地利用方式的混合造成的这种碎片化的景观构成了日本乡村的特色。这种碎片化的景观不仅仅表现出乡村的风貌，也是结合日本的风土创造出来的农业生态系统，这个农业生态系统就是由水系、湿地、水田、雨水调节池、经济作物林、次生林、林盘、护坡、草地、灌木丛等景观要素所构成的，这些要素也是乡村野生动植物生息和繁育空间，具有生境（Biotope）的功能。各类景观要素具有特定的秩序，是由当地所固有的空间所形成的，并非是随意和无所作为的。因此，碎片化的景观构成了不同区域农业生态系统的特征。

从生态学的角度来观察，日本乡村空间里定期的农耕就是人为地干扰了湿地（水田），草原（人工草场）和森林（人工林），而碎片化的景观就是靠生物多样性支撑的生存和食物生产的空间。然而，现在乡村围绕农业生产环境的农业生态系统发生了很大的转变。现代产出优先的土地利用和农业生产方式正伴随着作为生境的小地块景观要素的逐渐消失，乡村地区的村落、道路、河流和灌溉设施等将各景观要素片段化，人口迁出的地区大面积弃耕，人为的扰动逐渐减小和消失，对乡村生物产生一定程度的负面影响，因为日本的濒危和灭绝的物种有 50% 分布在乡村的次生自然环境中。

◆ 3 生态规划的方法

乡村生态规划是基于生态系统和人类活动在土地上积累而产生的大地"景观"，没有景观生态学这类科学的俯视是不行的。本文所论述的是日本通常使用的景观生态学的生态规划，即生境图化和生态廊道规划。

生境图化（Biotope Mapping）是在区域自然保护规划编制时基于生物信息所划定

的，尤其是基于植被图的解读，提取野生动物的生息空间，并使之可视化而制作出来的。联邦德国在 20 世纪 70 年代开始研究如何防止过度的乡村整治，也就是如何保留小尺度而生态价值高的生境（如沿河的树林、防风林、生土护岸、小溪流、小水面等），为此，通过现场踏勘，将其位置和特征详细地标注在图纸上。现在通过 GIS 将植被现状图、地形分类图、土地利用图等重叠在一起制作成环境类型图的情况比较多，其意图就是将护坡、断崖、河道、海地等野生动物的繁殖、休息、越冬的空间，以及那些小生境提取出来并图视化，以利于在各类开发和整治中积极地保护起来。另一方面，联邦德国的这些小生境是分散在农田里的"非农"用地，而在东亚，也包括日本的碎片化景观中，水田、次生林和草地等生产空间的小生境作为半自然生态系统的景观要素则是非常重要的，在乡村整治中，这些可视的"生态价值极高的小尺度生境"有必要被纳入到生态系统的版图，对于依据这些环境类型的生物繁育和生息地的图化，专家们是有共识的，因为这些小生境不仅仅是景观要素，也是多种生物组合而共同发挥着生态价值，也就是说这些生境的组合（如丛林两栖动物与水田的复合生态环境）对维系乡村的生态系统十分重要。

生态廊道规划（Eco-Network Planning）也是以生态修复和生物群落保护为目的，为防止动植物构成的繁育和生息环境被分割的规划。通常认为生物群落的脆弱是由于生息地被片断化所造成的，生息地变小，相互连接性差等会使物种解散。因此，仅有孤立的生息地是不够的，生物群落必须良好地连接起来才能发挥生态功能，生态廊道正是起到了这种互相连接作用的网络。荷兰是欧洲高强度使用土地的国家，20 世纪 70 年代以来，哺乳类、两栖类和爬虫类等很多物种的生存环境受到分隔的影响，各种群落不断消失，直到 20 世纪 90 年代政府正式出台了"国土生态系统廊道"（National Eco-Network）政策，欧洲各国也纷纷效仿。具体的实施内容就是尽可能扩大生息地的面积，并且使其与相邻区域建立自然生态系统用地的链接，或在自然保护区之间建立连接的通道等，进而还规定了生态廊道的间距。

在规划生态网络时，反映生态环境信息的基本生境图化是基础，廊道和生境两者之间有着紧密的联动关系。各地块具体的划分方法为：（1）首先要弄清楚规划区内生态系统结构和生境的特征，以及其生物等。（2）寻找乡村能够起到链接作用的既存绿地，如：水系、行道树、防风林和有林坡坎等，都有可能成为生态廊道。这些地区内固有的景观碎片也是可以强化生态廊道功能的。（3）道路、铁路、沟渠等人工构造物对动物的活动有阻隔，有必要通过动物通道、鱼道和植草护坡等生态设计方法进行消解（图 1）。

图 1   植入棚田文化景观的多元生物栖息地

注：①守镇树林、②涌泉、③村落（建筑物等构成的多孔环境）、④针叶树、林、⑤水域－树林符合环境、⑥树林草地交界环境、⑦杂树林、⑧石墙、⑨蓄水池、⑩草坡、修剪过的草地、承水路（起到缓冲和防止倒流作用的水道，译者注）、堤坝草地、田畦、水田（浅的静水）、砍伐用地的草地、渗出水（接触了废弃物、污泥等的污水，译者注）、河流、用水道（为了灌溉、用水等目的挖出的水道）、田畦斜面草地。

◆ 4   给乡村注入活力的标志性物种

当前以增产为目标的农业破坏了区域的生物多样性，伴随农药和化肥的大量施用，增加了环境负荷，食品安全问题堪忧，为保障食品安全，农药减量化和有机农业等环保农业必须从生物配置的方法来建设农田和村落。日本现在各地也都在探索如何活化乡村地区，寻求具有本土生态魅力的"标志性物种"。大致的做法有：（1）改善农民的生存环境，创造地区的个性；（2）提高农作物的附加值，使农民安心务农；（3）通过以上两方面整合，创造出与环境共生的区域品牌。

首先，在改善农民的生活环境中，萤火虫和蜻蜓等往往作为乡村生物的标志。然而，在农业现代化和村落整治中这些标志性物种逐渐减少，而这些标志性物种可以为当地居民提供与自然共生的、有质量的生活环境，因此对这些生物生息地的修复和复原可以为当地进一步发展创造价值。譬如，用多孔吸水的石块砌路，可替代混凝土路面，休耕地和滨水生境相结合等。还有，将黑橡树和对马山猫等珍稀物种、照叶林、橡木林等具有特色的森林生态系统作为一个整体来规划，使之作为本土的特征等。农作物获得高附加值需要一些很好的环保品牌效应。如鹳米、朱鹮米等非常出名，价格可以卖得很高。有鱼类、两栖类和昆虫类等标志性物种的生息地的乡村生产的农作物具有很高的安全性，标志性物种在其中起到了关键的作用。因此，要创造和修复这些地区就需要生态型的农田整治，从而可以到达农业发展和保护生物多样性的双赢目的。生态型的环境修复、有机资源的循环利用和可再生能源技术的应用可以提高生活水平和农产品的附加值，为此，导入环保企业，利用标志性物种打造与环境共生区域等，都可以提高本土特产的附加值，促进当地旅游产业的发展，这种基于与自然环境共生思想的生态规划可以为区域的产业和经济发展带来更大的效益（图 2）。

图 2 以鹳鸟为象征的自然共生地区建设 [1]

◆ 5 区域生态规划

日本各地乡村的自然地理、社会经济发展条件等非常不同，呈现出不同的个性。因此，从宏观的区域层面来观察和规划乡村才能真正发挥乡村的职能。日本通常用以城市为中心的同心圈中所处的位置来对乡村进行分类（城市地区—近郊乡村地区—平原乡村地区—靠山乡村地区—山村地区—自然），进而将乡村划分为不同的模式，以便分类研究其生态功能和具体的课题。

1　作为日本最后的野生鹳鸟栖息地，越前市（福井县）开展了地区建设活动来活用丰富的农村及周边。该地山林景观和生物多样性，农作物得以品牌化。2016年，在实施了有机农法的水田周围，人工饲养、放生的鹳鸟在登记后开始在野外筑巢。在为鹳鸟提供饲料的水田周围设有常年满水的沟渠（退避沟），为了让河里的鱼能够游上来，还设置了鱼道。

（1）城市地区内保留的农田和乡村的空间是生物繁育和生息地斑点，特别是在市民日常生活圈内贴近自然的地方，通常可以作为生态环境教育的场所，并积极地加以保护和利用。

（2）近郊乡村地区是农民和市民混合居住的地区，需要创建具有生物多样性良好的绿色生活环境，以缓解由于大量人口聚集造成的高密度城市问题，并通过生态廊道规划使城市与周边自然环境沟通。

（3）平原乡村地区通常是大面积集约化耕作的农场、村落、林盘和水池等"生态孤岛"，可以通过水系、行道树形成的生态廊道与周边形成绿地网络，并以此来实现作物高产和生物多样性保护两全的局面。

（4）靠山乡村地区的地形复杂，是典型的碎片化景观地区，也是乡村生物多样性最丰富的地区，具有物种"贮藏库"的功能，是生物供给源，可以通过生态廊道向平原乡村和近郊乡村地区输送生物，也是最具活力的生态旅游地区和引导城市居民的迁居地。

（5）山村地区是自然与人工区域的缓冲区，是日本人口最少的地区。出于原生态的生物群落保护和水源保护的目的，在国土保护中具有最重要的功能。山村地区的梯田等文化景观的保护一般都有直接的投资和市民资助，并且生物多样性保护是与当地特色景观文化遗产保护同等看待的。

虽然各区域条件不同，但相互关联，都具有自身的职能，那么生态规划就应从宏观到微观两个层面展开才是有效的。特别是要从包含降雨比较集中，并经常发生水土流失的上游地区，到时常发生洪灾的乡村和城市的中下游地区的全流域通盘考虑，整个流域沿河防灾设施（河堤、蓄洪池、雨水收集池、放浪墙等）必须整治。这些防灾措施不仅在灾害时发挥作用，还应作为生态基础设施的重要组成部分来建设。在日本，从自然到乡村，再到城市，自上而下的河道流域是生态规划的重点，整个流域生态系统的物质循环和生境空间的配置非常重要，同时与之相关的规划和建设费用是最有效的投资。

乡村不仅是包围城市的食品生产和供给地，同时还承担着向城市提供生物资源和防灾减灾服务的职能，也是净化大气和水体，丰富绿色环境的地区，是以多种生态服务系统服务构成的生物多样性的生态基础设施，是为全体国民享有的人居环境的重要组成部分。因此，从宏观到微观各个层面开展的生态规划应将自然、乡村和城市有机地联系起来，成为创造可持续发展的共生社会的重要一环。

◆ 6　结语

乡村是一个次生的自然生态系统，乡村地区承担着向城市提供生态服务的功能，乡村生态环境的质量直接影响城乡人居环境的质量。因此，系统地了解和认识乡村生态系统的功能及内在的运行原理十分必要，其中农业是依据自然生态系统运行规律来生产的，维护生物多样性和对自然生态系统的修复是乡村规划工作的一项重要内容，通过人为的规划和定期地对乡村环境进行干预，可以有效抑制个别物种占有过多的资源，减低生态风险，保障食品安全，从而实现在自然生态系统驱动下可持续开展的农业生产活动。同时，要在乡村生态系统中维持生物的多样性，宏观和微观尺度的空间同等重要，并且在系统中发挥着彼此不可替代的作用，空间是生物的容器和活动的场所，只有在系统的视角下才能有效规划和引导。因此，生态规划和乡村规划彼此密切关联，需要协同。随着城乡居民自然价值观的转变和对生活质量的追求，可以认为，就目前开展的以满足生产生活需求、以社会经济发展为目标的乡村规划而言，如何从提升生物多样性和降低生态风险的角度来思考和编制规划将会提到日程上来。

参考文献：

[1] Osawa·S,Katsuno·T.A Study of Civic Activity inConnection with Open Urban Spaces in Yokohama City, During the 1980s[J].Journal of the Japanese Institute of Landscape Architecture,International Edition 2,2003:160-165.

[2] 大泽启志.棚田和生物多样性 [M]// 棚田学会.棚田学入门.劲草书房,2014:71-86.

[3] 大泽启志,胜野武彦.自然空间的规划 [M]// 千贺裕太郎.农村规划学.朝仓书店,2012:64-69.

[4] 大泽启志,山下英也,森五月,等.市域范围内的生境地图制作以镰仓市为案例 [J].地标研究,2004,67(5):581-586.

[5] 大泽启志,大久保悟,楠本良延,等.今后农村规划中新的"保护生物多样性"方法 [J].农村规划学会志,2008,27(1):14-19.

[6] 大泽启志.农村地标视点的两栖类特征和农村规划 [J].农村规划学会志,2017,35(4):473-476.

本文刊发于《小城镇建设》2018 年第 4 期 20-24 页，作者：【日】大泽启志，【译】李京生。

乡村社区的灾后恢复能力与乡村规划

乡村规划领域关于灾害方面的研究已经有丰硕的成果。仅从乡村规划学会杂志上刊登的文章来看，就可见到许多关于东日本大地震及灾后重建规划方面的内容。其中土地利用规划、聚落再生、生产组织、生活圈、村民组织、村民参与及社区和区域社会的恢复能力等方面的诸多研究，均是基于乡村规划的视角。

本文一是就乡村规划视角对上述各类观点进行综述；二是因笔者对雪灾和海啸方面研究已经有很多积累，对乡村社区的灾后恢复能力（Resilience）和评价方法有浓厚的兴趣，因此本文后半部分将从乡村社区的灾害恢复能力角度来论述灾害与乡村规划的关系。虽然笔者曾经对灾害和乡村地区都进行过研究，但对两者关系的研究还有待加深，文中亦难免会有错误和遗漏。如有一定参考价值，笔者将深感荣幸。

◆ 1　乡村的地域特征和灾害

1.1　城市灾害理论及其在乡村地区的应用

关于乡村地域特征与灾害之间的联系在目前的乡村灾害理论体系中尚未形成系统的研究成果。相比之下，"城市灾害"的概念提出较早，其研究观点也已被广泛引用。因此，在方法论上可以借鉴城市灾害理论，并将之作为与乡村灾害理论相并列的概念来讨论。

宫本教授曾经将灾害分为"人为灾害"和"自然灾害"[1]。后来通过对伊势湾台风、新潟地震和 1963 年雪灾的研究发现，"与乡村灾害相比，城市灾害的危害更为广泛"，并进一步指出，资本和人口向特定区域集中的城市化现象、对国土保护力度不够及城市规划滞后等因素均不同程度地影响了灾害的形成和发展，进而将自然灾害定位为城市问题引发的区域性问题。

通常人们认为的灾害是自然性的，但东日本大地震引发的核泄漏灾害颠覆了这一认知。尽管预料之外的核泄漏很大程度上是由海啸这一自然现象引发的，但由于核电站是人为建设，因此可以认为核泄漏属于"人为灾害"的范畴。因此，有必要从不同视角对核泄漏灾害进行进一步研究。

宫本从区域视角将城市问题引入灾害研究体系，认为城市灾害是在土地开发不均衡的情况下产生的，而乡村地区的研究则被排除在外。尽管提到了乡村灾害的概念，也仅限于对乡村地区发生的灾害进行简要介绍。因而乡村地区灾害问题研究的重要性和紧迫性均受到严重忽视。

岛恭彦教授在宫本之前就关注了地区发展不均影响范围和程度[5]。与之相对，还涉及发展滞后的乡村地区与灾害的关系，并提出落后地区无论是受灾程度还是灾后重建费用都高于发达地区等相关论点[2]。

除了宫本所持的城市化引致灾害问题之外，城市化也可以看作是"城市生活方式的普及和渗透"。基于这一视角，可将城市灾害理解为："受城市化的影响，灾害出现了新变化。"从这一点看，城市灾害理论或许具有普遍意义，或许可以适用于乡村地区。

1.2　灾害对乡村特有要素的影响

在对自然环境依存度高的地区，灾害会对乡村特有的生产要素产生影响。例如由气候原因所导致的冻害、干旱等灾害，很大程度上对乡村农作物造成毁灭性的影响。

近藤在亲历了 20 世纪 30 年代由于农业欠收所引起的乡村凋敝并撰写了《农业灾害论》。他认为通过在经营和技术层面增加对农业的投资以促进农业生产力的发展是克服此类灾害的有效手段[3]。此后，日本乡村的生产力得到了惊人的发展，特别是在通过技术增强对灾害的抵抗力方面取得了巨大的进步。然而东日本大地震所造成的后果表明，在恢复农林渔业经营和生产时仍然有大量亟待解决的问题。

乡村地区所具备的诸多独特的文化、环境、资源等要素在灾害的侵蚀下逐渐消失或变质，近年来该现象逐渐显化并成为一个重大命题。一方面，乡村除了粮食的生产外，还被赋予了更多更复杂的职责，例如环境、生物资源及乡村景观的保护，乡村地域文化的传承，以及乡村旅游、资本下乡等新的趋势表明乡村开始逐渐承担起为城市居民提供多样化的生活空间的重任。因此，乡村地区的存在意义被重新认识并重视。另一方面，随着环境伦理学、环境社会学、资源理论等领域所研究的灾害理论体系越来越丰富，对乡村灾害的实践性越来越强 [4]。受此类关联学科的影响，乡村规划领域中对灾害的研究也逐渐受到重视，并且形成了诸多不同的观点。与此同时，人们对乡村灾害及其影响作用关注度的提升也表明对乡村灾害的研究正逐渐成为热门命题。

1.3　乡村特有要素对灾害的作用

实践表明，乡村特有的要素会改变灾害的方式。换句话说，受到乡村要素的影响，灾害在乡村地区以不同的方式呈现：在一些情况下灾害可能不会显现出来，但在另一些情况下，乡村特有要素也可能成为灾害扩大的主要因素。例如岛恭彦认为，历史上遗留的乡村土地地主所有制会扩大灾害的影响范围和程度。与之相对，在灾害社会学的创始者 Barton 所提倡的"灾害文化"中，把在长期遭受某一类灾害影响的地区所形成的治理共同体及抗灾防灾经验或技巧的积累过程看作是一种文化，这种文化要素有利于减少灾害的影响 [6]。比如在经常遭受海啸袭击的三陆地区就可以找到相关实证。当地规定禁止在海拔较低处建造住宅，从而降低海啸危害程度。

乡村特殊的村落共同体使得与城市地区相比其存在更强大而有效的地方性治理网络，这种网络关系对防止灾害扩大和减灾具有十分重要的作用，并且在乡村社区今后的发展中显得愈发重要。

乡村社会在正常情况下能维持自身的运营，但灾害的发生会改变这种状况。从乡村的衰落与可持续发展的角度来看，近年来灾后恢复的问题重新受到关注。下文基于笔者的调查研究，通过实际案例来讨论乡村地区的灾后恢复能力，同时探讨乡村规划在其中发挥的作用。

◆ 2　雪灾和乡村

2.1　雪灾的特性和变迁过程

雪灾是由降雪和积雪引起的一种自然灾害，与其他自然灾害相比具备不同的特征。笔者认为雪灾的独特性是由降雪的以下三个特性决定的：地域广泛，集中于一定的季节，每年必定发生。雪灾地区的社会特性可以归结为综合性、应对的过程性、联动性和共识性 [7]。在雪灾的这些社会特性中，本研究认为"应对的过程性"最值得关注，因为雪灾多数发生在人们应对降雪的过程中。除了雪崩这种突发情形外，对于一般性降雪，个人和组织都能够采取相关的应对措施，同时这些应对措施，如寒冷地区的居民需要清除屋顶积雪，支起防雪栅栏，政府需要实施大规模的除雪活动等，也是为了防止雪灾所必须的，而多数雪灾就发生在这类应对过程中。例如在2011年由于雪灾死亡的128人中，78%的人口在进行除雪活动中遭遇事故而死亡（基于2011年3月7日总务省消防厅的数据）。

人们的日常生活和雪灾的防治息息相关，因而导致了雪灾的表现形式随着时代的发展而不断变化。宫本教授认为1963年的雪灾发生在经济高速发展时期，处于城市急速扩张和功能聚集的阶段，技术和体制层面均未能及时防范降雪引起的"雪祸城市"带来的巨大影响[1]。随着汽车进一步普及，宫本提出的"城市雪灾"问题不断加剧，而其应对策略逐渐成为雪灾问题的研究焦点并取得了一定的成效。例如，1981年和1996年北海道暴雪发生的时候，城市功能瘫痪，导致了严重的社会问题。2006年暴雪发生时，情况开始发生了变化，位于多雪地区的大中城市的雪灾对策开始生效。然而，在人口不断减少和老龄化现象日趋严重的小城市和乡村地区，雪灾问题逐渐成为新的焦点[8]。如果说从前人们为了逃避雪灾迁入城市居住被称为乡村雪灾时代。那么，毫不夸张地说，如今城市雪灾时代已经开始向乡村雪灾时代转变，乡村雪灾时代将再次来临。

2.2　雪灾应对机制和体制建设

2006年的暴雪事件引发了对雪灾对策的再次思考。这次雪灾的死亡人数达到了152人，为二战后因雪灾死亡人数最多的一次。分类来看，在除雪工作中死亡的占74%，65岁以上的老年人占65%，乡村地区死亡人数约占2/3，这三项数据和1981年暴雪造成的死亡人数相比均有了大幅度的提高，而"乡村老年人在除雪工作时因故死亡"的情况受到了特别的关注。

政府对这次雪灾的反应前所未有的迅速。2006年1月，尽管暴雪仍在持续，政府还是紧急召开了"关于暴雪地带安全放心区域营造座谈会"。事发至当年5月，类似的座谈会一共召开了五次，并总结了相关建议[9]（图1）。同年9月国土审议会举行了五年来第一个暴雪地带对策专题会，11月，基于座谈会和专题会的相关建议，完成了首次针对全国暴雪地带的总体规划的修编。

如何维持并提高多雪地区由于人口分散和老龄化而被大幅度削弱的雪灾应对能力，以及如何保障安全的除雪工作环境成为应对雪灾新的重点工作，其中涉及除雪主力的体制建设则是当前的关键问题。如图1所示，"座谈会建议要点"提出通过和相关机构的合作来强化协调体制，建立超越自救式的居民互助机制与社区合作机制，以及引入外部志愿者等措施来强化乡村地区的抗灾能力[10]。调整后的暴雪地带总体规划还更加具体地提出了"通过强化社区功能，增强包括老年人住宅的抗雪能力在内的设施防灾能力，同时成立收容组织和培养协调人等方式，以保障来自外部的除雪主力能够被顺利地导入"

等措施 [11]。

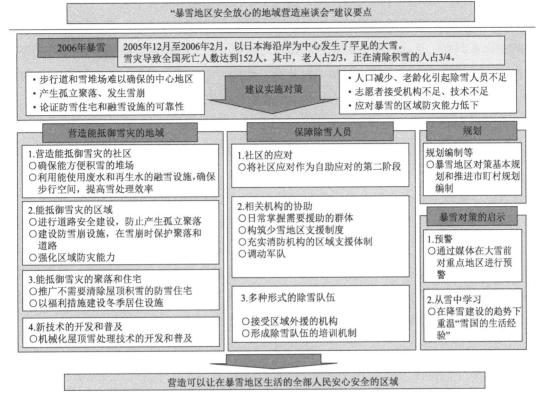

图 1 "暴雪地区安全放心的地域营造座谈会"建议要点

2.3 抗灾体制强化下的除雪主力演变

以往在雪灾多发地区，主要通过血缘及地缘关系所构成的多重安全网络来保护雪灾应对能力较弱的群体，但是随着人口密度降低、家族分化及社区功能弱化，这种网络的密度及其抗灾能力逐步削弱。因此，重新构筑能替代原有安全网络的系统迫在眉睫。其实过去就有社区从地区合作层面自发开展互助除雪活动。根据前国土厅对全国暴雪地带市町村与除雪有关的市民团体活动调查，其中有 234 个市町村（占有效回复的 31%）的民间团体曾经组织"帮助老年人除雪和清除屋顶积雪"等相关活动。小规模自治体及积雪较多地区开展此类互助除雪活动的比例则更高 [12]。岩手县的旧泽内村（现西和贺町）的"SnowBusters"是其中的代表，它起源于 20 世纪 80 年代末由当地青年会发起的为独居老人除雪的活动，后来被村社会福利协会接手并发展成为有组织和持续性的事件。该活动通过吸纳当地的中学生及村外的志愿者来应对由于青壮年减少而导致的除雪主力缺乏的问题。活动的开展还增进了与其他地区的交流及青少年对当地的认识和理解，并从最初的互助除雪逐渐发展成为以地区可持续居住为目标的更加综合性的互助活动 [13]。

2010 年暴雪之后，国土交通省提出"自然灾害'零死亡'"的目标，与中央政府一起开展互助社会实践并进行实验总结，制定了面向自治体及地方主管的工作手册，并形成了安全除雪技巧资料汇编等。近年来，国土交通省通过"以确保除雪主体培训为目的的防灾体系调查"活动，向全国应召除雪活动组织，在创造相互交流机会的同时，开展有组织的培训活动。2015 年，社协、自治会、NPO、学生团体等各种组织活跃在互助除雪、通学路除雪，以及开办志愿者中心、普及安全除雪知识等丰富多彩的活动中。

此外，除雪主力也从当地居民扩大到其他地区的居民。例如 NPO 开展的以"铲雪道场"为主题的活动，就是通过增加一些娱乐要素吸引来自少雪地带的年轻人加入除雪队伍 [13]。该"道场"在帮助当地老年人除雪的同时，还负责传授和示范除雪技巧。通过这种方式，促进了城市年轻人与当地居民的交流，为地区注入了活力。志愿者在暴雪季节成立除雪中心，通过该中心将已经掌握一定除雪技能的年轻人作为志愿者安排到相应地区。例如在新泻县和山形县，政府对有意参加除雪活动的人进行统一登记，并向他们提供各地除雪志愿者活动的信息，使除雪中心发挥志愿者中介机构的作用。尽管如此，要解决多雪地区除雪力量薄弱导致雪灾扩大的难题，在借助外部力量的同时，还需要充分发掘和重组当地社区的力量，更多具体有效的办法还在不断探索当中。

2.4 "濒危村落"的抗灾调查——以关东甲信地区为例

2014 年 2 月 14 日至 16 日，关东甲信地区遭遇了前所未有的大雪，使得许多村落与外界断绝联系。从事后对这些村落发生的情况进行的调查来看，"濒危村落"的雪灾应对能力有些出乎意料 [14]。

位于甲府市山区的 T 村共有 10 户，且都是独居老人，可称之为名副其实的"濒危村落"。雪灾当天到 2 月 22 日，该村仍然处于与外界断绝联系的状态，市政府向自治会会长提出派直升机直接营救，除了当时不在家的老人之外，7 户中的 7 人全部被送到避难所。通过对自治会会长的访谈得知，当时根本不需要营救。雪灾发生时，每户都有足够的蔬菜、酱菜、木炭和储备粮，以及备用发电机。除此之外还有防灾无线通信设备和移动卫星电话，"由于食物、取暖和通信等都没有问题，即使对外交通中断也能维持一个月的正常生活"，唯一担心的是连接各户的道路被积雪堵塞。从 2 月 15 日起，村民合力除雪，打通户间通道，互相报了平安，除雪工作持续到 2 月 19 日，各户之间的道路已达到通车条件。自治会会长在市政府的要求下，说服并安排没有避难需求的村民住进了避难所，避难所的生活反而导致避难者的生理状态下降。案例表明行政机构往往未能从实际情况出发建立应对机制，把不必要的避难强加给当地居民。同时，该"濒危村落"所具备的灵活的应对能力和强大的灾后恢复力值得很多地区借鉴和反思。

实践证明，基层治理机构应加强对属地的了解，增进与居民的交流，准确评估各地区的灾害应对能力。遭遇灾害时及时建立应对机制，并应就避难标准与居民达成一致，为居民提供有效的服务[14]。

2.5 自下而上的村落防灾规划编制

上述甲府市 T 村的案例表明，一方面，在传统的生产生活方式下的乡村社区具有超乎想象的灾后恢复能力。另一方面，政府对于乡村地区防灾体制建设，应该建立在充分了解每个村落实际情况的基础上，在与村民充分交流并达成共识后，以村民为主体编制具体的规划，即所谓的自下而上。

下面以位于福岛县暴雪地区的西会津町为例，介绍自下而上的规划编制过程。编制前期，首先由町办公室主导发起以自治区为单位的座谈会，会议主要内容是与居民一起探讨自治区的雪灾应对办法。随后形成全町综合性的雪灾对策规划。就西会津町的居民群体来说，首先已经认识到形成互助机制对于抗击雪灾的必要性，在此基础上以自助、共助、公助的形式编制出具有操作性的规划（图 2）。尽管西会津町的老龄化率高达 44%，位居全县第 5 位，座谈会交流使得町职员对居民的灾后恢复能力颇具信心。在充分的公众参与及政民互动的前提下编制的规划增强了可操作性，避免上述"强制避难"的现象再次发生。

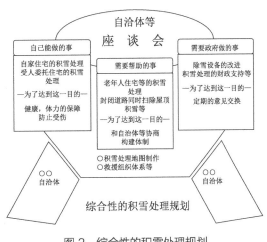

图 2　综合性的积雪处理规划

◆ 3　海啸与乡村重建

3.1　袭击三陆地区的三大海啸与村落迁居

同样作为自然灾害，海啸在灾害规模、持续时间、受灾范围及可预测性等方面与雪灾完全不同。但由于二者均会在一定地区内反复发生，防灾的经验和智慧在该区域深入人心，因而可视为二者的共性。例如，"各自的海啸"和"冬季宅家文化"等[15, 16]，其基本理念非常接近。

理论上，在面临海啸威胁的地区，只要把居住地迁居到海拔较高的地方就可以避免受灾。从历史来看，面对大海啸，有计划地将居民点向高地迁移一直都在进行。以下就以宫城县的渔村为例，简要说明这一过程。

1896 年三陆海啸后，通过鼓励独立居民点整村向高地迁居，至少推动了 5 个地区的村庄合并形成新村。新村主要通过互助形式建设，在建设过程中各村分担相应的任务。此外，仍有部分独立居民点迁居或在原地提升加固的现象存在，该方式是在充分尊重村民意愿后所采取的应对措施[17]。1933 年三陆海啸后，政府开始以政策推进灾后重建。宫城县制定了《海啸受灾地建筑管理规则》，19 个地区被指定为禁建区。以"迁居或提升"为前提，利用"居住用地平整项目"制定了 58 个集建区规划。在本次灾后重建中，民间互助模式逐渐式微，并不断强化了由政府主导的规划和投资制度[17]。然而，当时的集建区规划仍然保留了一定的弹性，以应对不同地区的特殊情况[18]。而在 2011 年东日本大地震后的集体迁居过程中，则是以强制性的"集建促进区"为前提，完全按照防灾集建制度来进行。到 2015 年 9 月末为止，宫城县内 12 市町村 195 个地区的移居规划已经编制完成[19]。

在上述三次大海啸后居民点有计划地向高地迁居的案例中，可以发现迁居方式和规划编制主体发生了改变。从充分尊重居民意愿到强制性搬迁，从居民互助建新村到政府集中规划集建区，随着灾害的广度和深度不断扩大，在强调公平和效率的制度框架下由居民、共同体和自治体编制的重建规划逐渐被削弱。

3.2 自发的高地迁居及其意义

除了通过政策引导迁居之外，依照个人意愿向高地迁居的个体选择行为一直存在，然而由于实地调研的缺乏往往使得研究者对真实情况知之甚少。笔者对宫城县气仙沼市唐桑町小鲭村的调查显示，受 1933 年三陆海啸灾害影响的 23 户中，有 16 户已经先后迁居到了地势较高的地带，迁居过程中基本上没有接受制度援助，且其中 7 户是在受灾 20 多年后的经济高速发展时期实现迁居[20]（表 1）。从这些迁居案例中发现，灾民基本上都是根据家庭情况，例如工作环境的变化、家族世代交替等因素，靠自身力量完成迁居。村落避免了空间和社会网络的断裂，保持了持续性，同时也逐渐地提高了应对海啸灾害的能力。

小鲭村受灾害影响迁居情况统计表　　　　表 1

		东日本大地震时的居住地					
		高海拔居住（大概没被淹）			低海拔居住（被淹）		
		小分类	小计	合计	小分类	小计	合计
昭和三陆海啸时的状况	高海拔居住（没被淹）	一直在高海拔居住	50	55	迁移至低海拔	—	1
		明治海啸后迁移至高海拔	5				
	低海拔居住（被淹）	马上迁移至高海拔	9	16	原址重建	3	7
		1945 年后迁移至高海拔	7		提高地基，原址重建	4	
	独身	1933 年昭和海啸后分家	36	41	1933 年昭和海啸后分家	15	25
		1933 年昭和海啸后迁入	5		1933 年昭和海啸后迁入	10	

小鲭村当时被列为县内少数几个符合"居住用地平整项目"条件的集体迁居规划区 [21]，然而集体迁居工程并没有得到实施。山口先生对此的解释是，"虽然规划了集体迁居区，但耗时过多，居民意见无法统一，导致集体迁居失败，而后改为分步分散式迁居" [22]。尽管个体诉求使得该计划迫于流产，从另一个角度来看，这种集体性的一次性迁居，既达到了避灾的目的，同时又使原有的生产生活方式和社会网络得以延续，理论上确实不失为一种明智的选择。

在目前进行的东日本大地震灾后复兴中，高地迁居项目在海啸受灾地区已经开始实施。由于当前社会经济条件下个体对居住地的选择具有更高的灵活性，这些灾后复兴项目的实施无疑会面临诸多困难。然而如果将其视为受海啸威胁地区"灾前防御"的一条途径或许是更为可行的方式。这就需要在规划设计阶段开展多方案探讨，并从中不断协调使各方诉求达成一致。项目的实施也理应是一个长期的过程，从而保证在有规划地进行空间建设的同时，保持村落生活的可持续性。

3.3　灾前防御迁居探索——以日本南海海沟地震为例

"南海海沟在不久的将来可能会发生巨大的地震"，尽管这只是一个预测，政府仍然以积极的态度应对这个可能降临的大灾难，划定了"海啸避难对策特别强化地区"。根据特别处置法的规定，允许这些地区在灾前实施集体防灾迁居。该地区范围内的市町村从 2014 年开始编制《海啸避难对策紧急项目规划》，其中就包括了集体迁居项目。然而到目前为止基本上只考虑了避难道路的规划实施，住宅迁居的内容尚未涉及，各地自治体也暂未有集体迁居意愿。例如，根据预测有可能遭受高达 34 m 海啸的高知县黑潮町，从 2013 年开始和町内某区的居民举行关于高地迁居的研讨会，同时作出初步安排：在当地居民意愿的基础上制定长期规划，分阶段实施低地住宅向高地或淹没区外的乡村地区迁居，并进一步探索新区建设 [23]（图 3）。2012 年 4 月，高知县通过"应对南海地震高地迁居研究工作组"探讨了"集体防灾"的适应性，并向日本政府提出了相当于同等受灾地区资金补助的议案，希望放宽资助条件，扩大资助对象 [24]。

日本政府认为无法将灾前迁居与灾后迁居同等对待，因而没有采用资助条件放宽的提议。在笔者进行访谈调查的高知县的市町村，灾前迁居政策被搁置的主要原因是没有将其作为特例，此外"集体防灾"在财政上也没有足够的预算。另一方面，在灾害尚未发生时，居民对风险的认识存在很大的分歧，不少自治体，尤其是城市自治体的居民就是否同意集体迁居无法达成一致意见。更何况集体迁居在灾前就规定了迁居地，某种程度上限制了个体的自主择居选择，这种强制性的做法显然无法付诸实践。

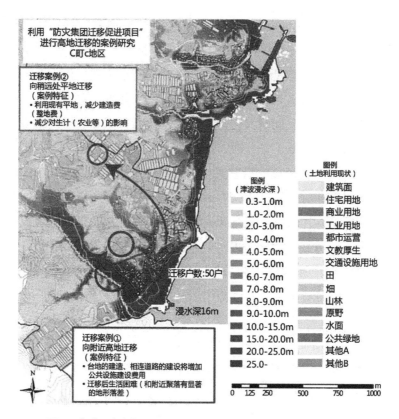

图3 "利用防灾集团迁移促进项目"进行高地迁移的案例研究

3.4 对灾前高地迁居可能性的进一步探讨

实践表明，灾前通过"集体防灾"项目向高地迁居面临重重困难，迫切需要探讨灾前高地迁居更具实施性的方案。一个具有启发性的案例是黑潮町提出的"推进以户为单位向乡村地区迁居项目"[25]，这是一个长期性的迁居规划，该项目被纳入综合性的乡村规划，该规划是以谋求地区中长期可持续发展为目标的综合性规划，被认为是可"兼顾防灾与活化乡村地区的制度"。此外，上述黑潮町案例，以及德岛县美波町由岐地区的灾前社区复兴均是较具操作性的灾前迁居项目，这两个案例均是在充分尊重居民意愿的基础上来讨论社区发展，因而居民的建议也被作为综合规划的一部分体现在成果中。上述案例表明，高地迁居项目作为防灾对策不再是一个独立的自我实现的规划目标，而是涉及到社会网络维持、村落文化延续、地区可持续发展等议题的综合考量。在这个过程中，居民把地区发展与个体诉求相结合，以寻求折中的方案。此外，以上过程如果从一开始就在超越社区规模的地区层面讨论，情况会变得更加复杂。根据上文中提到的案例，以社区为规划单元，首先从村落层面提出规划方案，然后自下而上推进后续的规划编制，不失为一种更具效率的方式。

◆ 4 结语

本文通过雪灾和海啸提供了日本乡村地区应对灾害的初步认知。面对此类高频发生的灾害，在受灾地区形成的灾害文化依稀存在，抑或以一种新的形式不断延续。实践证明，居民在面对雪灾时的自给自足和互助意识发挥了重大作用。而面对诸如海啸这类突发性的灾害时，居民往往通过在生活实践中寻求合适的机遇，以实现向高地迁移。为了能够有效利用乡村地区潜在的防灾资源，乡村规划的首要任务就是要关注并进一步挖掘当地社区抵御灾害的能力和灾后恢复能力。在具体深入了解各个村落或社区的实际情况的基础上，加强公众参与环节，与当地居民共同讨论所面临的课题并以最大程度保障个体利益为导向，建立一套切实有效的灾害应对机制。

此外，灾害对策不应作为一个孤立的对象来考虑，而应被视为地区综合性规划的一部分。在制定抗灾防灾规划的过程中，不应首先从地区层面着手编制大范围的规划，而应该在"面对面"（Face-to-Face）的社区层面上，从能听到居民意见的地方开始制定更具操作性的方案，然后通过这些基础性成果的积累和反馈，形成自下而上的地区规划方案。本研究所涉及案例——福岛县西会津町野泽地区、高知县黑潮町某村落和德岛县美波町由岐地区等，都在向着自下而上的方向努力。

此外还有两个关键点，一是不要为了等待制度变更而过度花费时间；二是要避免工作断档，灾害应对和乡村规划均要有持续性和连续性。在乡村地区，居民与基层治理机构之间的沟通较为顺畅，做到这两点相对较为容易。

参考文献：

[1] 宫本宪一. 日本的都市问题 [M]. 东京：筑摩书房,1969.

[2] 岛恭彦. 现代地方财政论 [M]. 东京：有斐阁,1951.

[3] 近藤康男. 农业灾害论 [M]// 中山伊知郎, 东畑诚一. 新经济学全集第二卷. 东京：日本评论社,1941.

[4] 石井素介. 以大地震为契机重新审视"灾害论"：围绕灾害论的"环境论""资本论"文献涉猎 [J]. 空间·社会·地理思想,2012(15):3-14.

[5] 岛恭彦. 战后民主主义的验证 [M]. 东京：筑摩书房,1970.

[6] 艾伦·H·巴顿. 灾害的行动科学 [M]. 安倍北夫, 译. 东京：学阳书房,1974.

[7] 沼野夏生. 雪灾都市和地域的雪对策 [M]. 东京：森北出版株式会社,1987.

[8] Numano,N.Snow Damagein Contemporary Japan:Progressand Measures[J].Journal of Disaster Research,2007(3):153-162.

[9] 国土交通省.大雪地区有关安全安心地域建设的恳谈会:建议·有关大雪地区有关安全安心地域建设 [C],2006.

[10] "大雪地区有关安全安心地域建设的恳谈会"建议要点 [EB/OL].[2016-01-15].http://www.mlit.go.jp/crd/chisei/yuki/PDF30.pdf.

[11] 国土交通省,总务省,农林水产省.大学地带对策基本规划 [EB/OL].(2012-12)[2016-01-15].http://www.bousai.go.jp/setsugai/pdf/gosetsukeikaku.pdf.

[12] 沼野夏生.雪乡的中山间地域是否可继续居住:通过季节居住和积雪处理志愿活动的对策来解决 [J].季刊东北学,2006(7):62-78.

[13] 上村靖司,木村浩和,诸桥和行.2014 年度日本雪工学会技术奖获奖越后雪铲道场 [J].日本雪工学会志,2014(3):156-159.

[14] 沼野夏生.由于大雪被孤立的村落的实际情况及相应课题:以山梨县为中心 [R]//2014 年 2 月 14—16 日以关东甲信地区为中心的广域冰雪灾害相关调查研究,2013—2014 年度科学研究费资助事业(科学研究费补助金)(特别研究促进费)研究成果报告书,2014:51-61.

[15] 山下文男.海啸对应近代日本海啸史 [M].东京:新日本出版社,2008.

[16] 沼野夏生.雪乡学或用于地域建设的雪乡智慧 [M].东京:现代图书,2006.

[17] 沼野夏生.宫城县北部曾经的海啸受灾及村庄移动 [R]// 日本建筑学会.东日本大地震合同调查报告(建筑编 9 建筑社会系统和地震 / 村组规划),2016.

[18] 冈村健太郎.昭和三陆海啸后的岩手县大槌町吉里吉里村庄的复兴相关研究农山渔村经济复兴运动及复兴规划相关 [C].日本建筑学会.日本建筑学会规划系论文集,2014.

[19] 宫城县官方网站 [EB/OL].(2016-01-01)[2016-01-15].http://www.pref.miyagi.jp/soshiki/fukumachi.

[20] 沼野夏生.建筑和村庄的生活水平及减灾的智慧 [C]// 日本建筑学会农村规划委员会.2015 年度日本建筑学会大会(关东)农村规划部门研究协议会资料,2015:21-26.

[21] 内务大臣办公厅都市规划科.三陆海啸受灾町村的复兴规划报告书 [R],1934.

[22] 山口弥一郎.海啸和村庄 [M].石井正己,川岛秀一.东京:三弥井书店,2011.

[23] 高知县黑潮町.第 2 次黑潮町南海地震·海啸防灾规划的基本想法 [R/OL].(2014-11-10)[2016-01-15].http://www.town.kuroshio.lg.jp/img/files/pv/bousai/2014/11/13/jisintunamibousaikeikaku_kangaekata3.pdf.

[24] 高知县.第 4 次南海地震对策高台转移检讨 WG 资料 [R/OL].(2012-06-29)[2016-01-15].http://www.pref.kochi.lg.jp/soshiki/010201/files/2012080100189/2012080100189_www_pref_kochi_lg_jp_uploaded_life_79238_263900_misc.pdf.

[25] 高知县.第 2 次南海地震对策高台转移检讨 WG: 资料 3[R/OL].(2012-05-31)[2016-01-15].http://www.pref.kochi.lg.jp/soshiki/010201/files/2012080100189/2012080100189_www_pref_kochi_lg_jp_uploaded_life_79238_263902_misc.pdf.

[26] 井若和久穗 . 持续令人担忧地域居民主体事前复兴建设规划的立案初期课题和对策 [C]. 地域安全学会论文集 ,2014.

本文刊发于《小城镇建设》2018 年第 4 期 29–36 页，作者：【日】沼野夏生，【译】田乃鲁，李京生。

非常住居民促进"边缘村落"的活化

引 言

当今日本已经进入到农村人口减少的发展阶段。二十多年前就有学者提出过"边缘村落"的概念。与日本人尽皆知的总务省报告[1]（报告指出日本国内无人居住房屋已达800万间以上）同样举足轻重的是"增田报告"[2-3]，该报告点名指出了将来有可能消失的自治体（地方行政区域）名单，引起了日本社会的广泛关注，村落消失的危机也变得现实起来。

然而，对于单纯从居住者的年龄结构来判断村落是否会消失、是否属于"边缘村落"，近年来渐渐出现了很多不同的意见[4]。不少研究指出所谓"极限村落"也并非像大众想象的那样会简单消失[5]。实际上，提出"边缘村落"这一概念的大野晃先生本人也认为，不应单纯设定老年人群比例这样的"量"性规定，更应设置"质"性规定，以把握总体特征来进行定义[6]。大野先生同时也指出，山区的荒废会招致城市生活的荒废，如何使山区重生应该遵从日本全民的意愿。因此，虽然有主张说只要积极投入财政就能达成改善目标[7]，但只靠"边缘村落"这一个概念，并不能确保村落研究专家的想法与社会大众的必然共识。

即使被初步界定为"边缘村落"，并有很多无人居住房屋，村落的可持续发展还是取决于由谁负责村落里的活动。通过U、I型人口回流①实现移居，确实是村落持续存留

110

的最有效解决办法，但本文的研究对象是"未必进行移居的非常住居民"，本文的核心问题是：村落是否必须由长期居住于此地的常住居民进行维持？从这一观点出发，探讨是否可能找到这样的新负责群体，其不依赖于常住居民却能维持管理住房及生活环境？其有哪些可能的不足？

本研究选择位于濑户内海的广岛县三原市小佐木岛和广岛县尾道市百岛作为案例探讨以上提出的问题（图1）。

图1　小佐木岛与百岛的位置

◆ 1　案例离岛概况

1.1　小佐木岛概况

从三原市中心乘高速船13min左右可到达的小佐木岛，位于以多岛景观为标志象征的濑户内海（图2）。从明治到大正时期，该岛因造船而繁荣，盛时有多达数百名岛民居住，但随着木材造船业的结束，人口不断减少。至昭和40年代（1966～1975年），造船业已基本消失。之后岛民大多前往日本本岛工作，同时也在小岛上种植农作物，其子孙后代也基本上将生活地点移至日本本岛。

图2　小佐木岛与濑户内海的岛景

岛的北部有一块占地约 10 公顷的采石场厂址，它的存在极大地改变了该岛的轮廓。最近数十年间几易其主，曾多次有将厂址作为度假区或产业废弃物处理厂等二次开发的规划，但都中途夭折。采石场的开发是左右全岛经济的重要议题，因此岛民的期待与关注度较高，但随着采石场的不断易主，开发规划都不了了之。2008 年 1 月，为阻止该厂址沦为产业废弃物处理厂，总公司设于广岛县福山市的一家企业，买下了岛上包括采石场厂址在内的 10 公顷土地。自此，采石场厂址不断易主的命运终于画上了休止符，但该企业并没有提出开发这片土地的后续新计划。

2008 年，小佐木岛上的岛民仅有 8 户共 12 人，平均年龄超过 80 岁，岛内唯一村落中也随处可见无人居住的房屋。2015 年年底减少到 6 户 7 人。按照日本相关标准，该村落早已超过了村落存续的极限，几近消亡。即便如此，每年岛上举行清扫及除草等集体活动时，居住在附近的岛民及其孩子们都会赶来帮忙，村落环境的维护依然有序，很难断定该村落已面临存续危机。

每年日本盂兰盆节期间，都会有近百名相关人员来到岛上短期居住。此时能够接纳超过常住岛民 10 倍人数并实现短期居住可能的，正是平时无人居住的房屋。全岛共有 22 处房屋，供长期居住的仅有 6 处，此外有 4 处的居民处于"两地域居住"状态。剩余 12 处的居住程度为每年一次或每月两次不等，因此并不能将这些房屋单纯称为"空置房屋"。

1.2 百岛概况

百岛，从尾道站前的栈桥乘高速船或轮渡约 30 ～ 45min 即可到达。全岛分为三个村落，居民超过 500 人，比小佐木岛的规模要大很多（图 3）。

岛上的造船业和盐田晒盐曾盛极一时，随着产业的衰落，人口也不断减少。目前当地的产业主要是出生于百岛的人口 U 型回流带动兴业的草莓种植业。虽然积极提供岛上住房吸引日本本岛的从业人员，但仍无法阻挡人口减少的趋势。此外，百岛出身的企业家充分利用过去盐田建造的太阳能发电厂，打造了一道新的风景。岛上出生的成功人士不在少数，这些企业家努力反哺故乡的姿态，给小岛的未来带来了光明。

根据"国势调查"（日本全国人口普查）数据显示，2010 年共有 293 户 545 人居住于岛上。截至 2014 年 6 月，岛上的无人居住房屋达到 203 处，其中 31 处为全毁状态，可进行住房开发利用的有 172 处。其中约三分之一住房（56 处）由房主或家人按一定频率使用，成为回家省亲或子女回老家时短期居住的场所，以及管理农田时的住处。这些按一定频率定期前往空屋的房主自行支付半额的村庄自治会费，除了在资金方面参与实质性的村落环境维持管理，在村落举行集体活动时也大都返岛参与活动，实质上为"两地域居住"的家庭不在少数。

尽管有 116 处房屋可供开发利用，但不用修复即可入住的房屋资源十分有限，马上可以入住的大都是有定期来访人员的住房。因此，如果要实现其他空屋的开发利用，有必要做好翻修整备工作。除住房之外，旧百岛中学和电影院等公共设施依然处于关闭状态，成为岛上环境提升的一大障碍（图4）。

图3　百岛的泊村落

图4　成为废墟的电影院

◆ 2 "边缘村落"的活化实践——艺术项目活动

这两座离岛与一位艺术家的相遇，为我们展示了一条意外的村庄发展之路。活跃于世界舞台的现代美术家柳幸典，从当年的艺术活动大本营纽约到访濑户内海，他认为此地十分适合自己的创作生活，遂移居至此。最初开花结果于犬岛，之后逐渐扩展到濑户内海诸岛，取道海路推动了内海的复兴。小佐木岛与百岛便是其中两处幸运的小岛。

2.1 小佐木岛 BIO-Isle 计划

小佐木岛的广大土地虽被买下，但小岛的具体开发计划迟迟未定。与柳幸典的相遇决定了小佐木岛的发展方向。2009 年 1 月，柳先生提出了把全岛作为整体进行二次开发的构想，同年 9 月将此开发项目正式命名为"小鹭岛 BIO-Isle 计划"。

根据柳先生的构想，集结了环境、农业经营及建筑等领域的研究人员，不局限于采石场厂址问题，就如何解决全岛的发展进行了各项调研和实践工作。自 2009 年项目启动开始，除了岛民及来访亲人每年例行的赏樱和植树活动外，还联合岛民及相关人员共同参与了岛上的除草和清扫活动（图 5）。民间企业的社会贡献便成了村落环境维持管理中的重要一环。

图 5 岛内的产业垃圾的处理活动

十分可惜的是，由于采石场多次易主陷小岛未来于不确定的过往经历，如今岛上居民的子女们对民间企业的社会贡献和责任感依然持有怀疑态度。

对"小鹭岛 BIO-Isle 计划"的支持，还表现在为了消除"这个计划只是民间企业的营利活动""民间企业的将来会左右小鹭岛 BIO-Isle 计划的将来"等错误认识，"设立公益财团法人并使其成为小鹭岛 BIO-Isle 计划的实施主体"这一工作被提上日程。2011 年12 月，设立一般财团法人——"Puequ 里海财团"，计划性开展植树活动、废弃空置房等住房的二次开发利用活动、废弃耕地和果园的再生等主要项目，切实推动了内海风景和文化再生，并推进了"小鹭岛 BIO-Isle 计划"（图 6、图 7）。从一个地方企业社会贡献活动起步的"小鹭岛 BIO-Isle 计划"，名副其实地成为了一项公益活动，对保全村落环境的可持续发展发挥了重要作用。

图6 以风景再生为目的的植树活动

图7 将空置房再利用的咖啡馆

2.2 百岛村艺术基地

百岛上已经废弃的"旧百岛中学"长期处于关闭状态，柳先生初步探讨了废校的二次开发可能性之后，亲自主持改建并成立了名为"ARTBASE MOMOSHIMA"（百岛村艺术基地）的艺术中心。该艺术中心在推动岛上空置房的开发项目中，逐渐承担起维持岛上环境活动的重要作用。与小佐木岛一样，以柳先生为中心的艺术家、建筑师、设计师及研究人员在参与岛上清扫和祭典等活动的同时，通过艺术形式着手进行废弃房与空置房的再生活用。作为一个运营组织，其现阶段目标是成为 NPO 法人。

ARTBASE MOMOSHIMA 的活动不但受到尾道市政府的支持，与小佐木岛一样也收到了来自民间企业和个人的支援。与小佐木岛不同的是，这里有出生于百岛或尾道市的成功人士经营的企业或成功人士本人作为赞助商提供的活动资金。不同于小佐木岛成为民间企业援助的对象，在百岛主要依靠的是同乡成功人士的支援。

2.3 关于"艺术与地域"的讨论

下文笔者简单谈一下近年来盛行于日本各地的地域活化与艺术结合的现象。2000年始创的"越后妻有（地名）艺术节"，开办之初曾被投以诸多怀疑的眼光，但现如今社会上已逐渐承认其对"地域活化"做出的贡献，并进而催生了日本各地主办的多种艺术节。但是，如果不意识到艺术作为增添活力工具的局限性，生搬硬套，将会给地域和艺术都带来不幸。

针对作为"地域活化"载体的各种艺术形式，本研究选取的这两个项目与其他艺术案例截然不同的决定性因素是，这两项都是以"岛上优美环境的再生即艺术"为主题，并非人为地将招揽人群的艺术作品设计到环境中去，而是将再生的环境本身视艺术创作的对象。

在这一点上，柳先生的这一系列项目在20世纪90年代后期被冠以"新型公共艺术"的称谓，并归到"作品群"的族谱之中。但这些作品也频频招来疑问："这是艺术吗？"尽管如此，至少在地域环境与村庄活化方面，比起那些纯属"活性化工具"的生搬硬套，已经带来了丰硕的成果，这是毋庸置疑的。

◆ 3 村落的未来：两地域居住是否能维持离岛的活力

谁能担起村落的未来？为了维持地域居住环境，哪怕增加一位常住居民都是十分重要的，但住房的利用开发主体不必仅限于常住居民。在小佐木岛和百岛案例中，可以清楚地看到：顺利找出并确定地域生活环境的维持管理与空置房的二次开发这两大议题的负责主体，将极大地提高村落发展的可能性。

其一，"两地域居住"现象开始普遍。

两地域居住是指不以长期居住为目的的居民群体。不论是小佐木岛还是百岛，都可以见到"两地域居住"在都市近郊的离岛已是十分普遍的生活方式。这里的"两地域居住者"在岛上举办集体活动时，通过在资金、劳动力等各个方面以不同形式参与其中。虽不能将其定义为"两地域居住"，但居住在小岛附近为了维护房屋或田地而频频造访的居民也不在少数。如果无视这些人群的存在，把平时无人居住的空屋简单划分为"空置房"，就有可遗漏该地域发展的巨大可能性，并导致关乎将来的决定性错误。

如果未来的某一天，岛上没有常住居民该怎么办？怎样保证岛上常住居民的数量？

这些迫在眉睫的问题尚没有明确答案，如果连最后一位常住居民都消失，未来究竟会怎样？这依然是个未知数。

其二，民间企业、财团法人、NPO 法人等参与离岛生活环境维持的作用。

支援小佐木岛及百岛的企业，虽然在当地及业界有一定名气，但至今都还没有代表日本实力的全球化企业。换而言之，以这些企业为先导的社会贡献活动已成为当地发展的重要一环，但这不是极少数大企业才能做到的，是大多数中小企业都可以参与的。从"国土保全"这一观点来看，地域生活环境的维持存续是非常重要的，如果这些活动能够得到私有企业的积极支持，围绕着"边缘村落"的讨论也有可能向前迈进一步。

小佐木岛和百岛的研究事例表明，如果能够引进企业支持，未必要靠国家的公共资金投入才能组建地域存续体制。民间企业对有积极性的人群和地域进行支持，这样的体制如果能够推广，不论是行政、市民，还是身为参与方的企业，所有利益相关者可以携手共建一个幸福体制。

此外也有研究指出，这些活动的开展不单是地域贡献，正因为是"艺术项目"，本身也是对艺术及其作家的艺术支持。经济上取得成功之后成为艺术支持者的事例不在少数，此次所举的两个实例可以说是通过地域再生的艺术项目，既实现了对艺术的支持，其结果也带来了对地域复兴的支援，具有参考价值。

◆ 4　结语

本研究就两个离岛维持村落活动的新负责群体——两地域居住者、民间企业、财团及 NPO 等外部主体参与离岛建设的事例，明确了未必要拘泥于长期居住这一条件而实现村落可持续发展的可能性。

本研究对象是离岛，其常见的"两地域居住"是目前常见于日本离岛和"农山村"的现象，与富裕阶层别墅避暑生活的"两地域居住"存在根本不同，这是普通家庭就可以实现的生活形态，增加这样的"两地域居住者"，未必会促进移居定居，但对维持村落的存续有重要作用。

此外，近年来民间企业的社会性责任广受关注，此次例举的两个实例可以说是企业致力于"边缘地域"存续活动的新型社会贡献形式。虽然不能说现今的大多数中小企业都已打好开展社会贡献的基础，但亦可期待本文举出的案例能够成为更多企业的范本。

回望本研究案例的离岛衰退现象，在中国快速的城镇化进程中亦比较多见，比如一些偏远山区的村落等。对于这些村落活力的维续，或许日本的这两个离岛案例可以给我们很多启示。

注释：

① 关于 UIJ 迁移的说明：U 迁移，从地方搬到都市居住后又搬回地方；I 迁移，从地方搬到都市居住或从城市搬到地方居住；J 迁移，从地方搬到大规模的都市居住，随后搬到中等规模的都市居住。

参考文献：

[1] 总务省统计局 . 平成 25 年根据住宅土地统计调查的住宅相关主要指标 (确报值)[DB],2014.

[2] 日本创成会议之人口减少问题探讨分科会 . 为了谏言 21 世纪 "停止少字化的地方复兴战略" [C]. 日本创成会议 ,2004.

[3] 增田宽也，日本创成会议之人口减少问题探讨分科会 . 提议停止人口骤减社会：可能小时的城市全体名单 [C]. 中央公论 ,2014.

[4] 畑本裕介 . 极限村落论的批判性探讨：从地域振兴到社会福祉——以山口市德地地域的老年人生活调查为中心 [J]. 山梨县立大学人间福祉学部纪要 ,2010(5):1-5.

[5] 山下祐介 . 极限村落论的真实——边缘村庄会消失吗 [M]. 东京：筑摩书房 ,2012.

[6] 小田切德美 . 农山村不会消失 [M]. 东京：岩波书店 ,2014.

[7] 大野晃 . 极限村落与地域再生 [M]. 高知：高知新闻社 ,2008.

[8] 小鹭岛 BIO-Isle 计划的网页 [EB/OL].http://www.kosagi.jp/. [9]Lacy Suzanne(ed.).Mapping the Terrain: New Genre Public Art[M].Bay Press,1994.

本文刊发于《小城镇建设》2018 年第 4 期 37–41 页，
作者：【日】八木健太郎，【中】李云，【译】牛苗。

山区村落居民定居意向研究^①

◆1 背景与目的

在经济快速成长时期的山区村庄，因为人口的持续减少导致发展停滞，这一问题需要研究。当下，在日本人口减少与高龄化同时发生的双重背景下，村落功能持续减弱，官方预期大部分村落将可能会因为无人居住而消失[1]。但实际上，有些村落的家庭数量虽然过去曾经下降到10户左右，并且老龄化率近50%，但是十年后人口大致不变的情况也是存在的。所以，村落延续与传承的可能性是不能仅仅根据人口和老龄化率来判断的。详细掌握每个村落的实际情况，据此预测未来趋势及讨论对策是非常有必要的。不仅只是考虑居民持续居住意向，而且有必要结合升学与就职等方面来综合考虑外出子女的 U 型返乡（从乡村向城市的外出人群再返乡现象）和 J 型返乡（从乡村向城市外出的人群在家乡附近的中小城市定居的现象）意向。

学界关于定居与返乡的研究很多。就近年的文献来说，有关于村落的社会特性与定居意向关系的研究[2]，有返乡者增加与返乡原因变化的研究[3]，还有关于定居与返乡意识两面性的研究[4]。并且，在关于外出子女返乡意向的研究中，有离乡者对于故乡的关心与参与度的研究[5]，以及对于地域规划的参与意向和返乡意向相关的研究和外出者与其出身地变迁关系的研究[6-7]。

但是，同时从居民的定居意向和外出子女返乡意向两方面出发，明确有关村落是否能持续存在的研究较少。每个村落的个人价值观和个人与地域的关系是多种多样的。所以，重新以小规模村落为对象进行探讨是必要的。本研究的目的是为了明确村落居民的定居意向与外出子女的返乡及其将来返乡意向的特征。我们以电话问卷调查和实地问卷调查同时进行的方式来把握村落现状，并且将调查结果整理归纳。

◆ 2 调查方法

2.1 调查对象地区的概况

本研究以熊本县山鹿市的旧鹿北町岩野地区为调查对象。山鹿市位于熊本县北部，与福冈县相邻（图 1）。岩野地区由 19 个村落构成，旧鹿北町与旧岩野村地区重叠。地区的南端是包含旧鹿北町公务所的中心村落，距市中心 30min 车程，与市区联系的便利性较低。根据日本市町村合并前的过疏法，被判定为"过稀疏地域"。作为调查对象的小规模村落，在岩野地区的 19 个村落中，规模最小的男岳村及男岳村周边承诺协助调查研究的村落共 5 个，分布在国道 3 号线分支的县道沿线的山谷里。

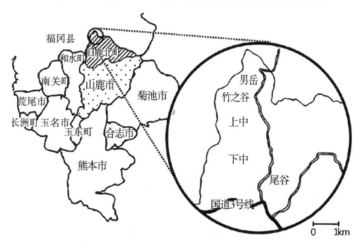

图 1 调查对象的区位图

注：资料来源于地方政府网站。

2.2 调查方法

课题组访问了 5 个村落的区长（日本地方的一个官职），以把握村落的概要特征，访问调查的项目包括：村落的家族成员构成、集会场所、共同工作、村落活动的实施情况和村落面临的问题等。

问卷调查以 5 个村落的居民及其外出子女中的长子为对象（被调查者年龄均在 20 岁以上）。问卷是上门派发和邮寄回收的，外出子女是由相关居民委托邮寄调查问卷及回收的。此次调查于 2013 年 11 月实施，共发放 165 份（居民 140 人，子女 25 份），回收 90 份（村民 77 人，子女 13 人），问卷回收率为 54.5%。问卷内容包括：居民的定居意向及其理由、外出经验、外出者返乡的情况、返乡意向及其理由等。

2.3　调查对象村落的人口特征

根据记录居民基本情况的账簿，岩野地区 592 户，1676 人，老龄化率 39.1%，是山鹿市老龄化率最高的地域。作为调查对象的村落，全都是 30 户左右的小规模村落，老龄化率全部超过 30%，从 2005 年开始的人口减少率来看，除上中村小幅增加以外，其余村落的人口全部在减少，减少率最高的竹之谷和男岳，高达 32%，尾谷和下中的减少率分别在 11.5% 和 18.5%。整个岩野地区和旧鹿北町地区的减少幅度在 16%，山鹿市在7.5%（表 1）。

各村落的人口　　　　　　　　　　　　　表1

村落	2005 年 1 月			2013 年 4 月			
	人口（人）	家族（个）	老龄化率（%）	人口（人）	家族（个）	老龄化率（%）	人口增减率（%）
尾谷	113	32	22.1	100	31	32	-11.5
下中	124	33	33.1	101	33	41.6	-18.5
上中	77	24	36.4	80	25	41.3	3.9
竹之谷	50	16	36	34	17	55.9	-32
男岳	22	10	54.5	15	8	80	-31.8
岩野地区	2,003	603	32.6	1,676	592	39.1	-16.3
旧鹿北町	5,335	1,572	31.6	4,493	1,547	36.3	-15.8
山鹿市	60,065	20,694	27.8	55,565	21,292	31.6	-7.5

注：资料来源于地方政府网站。

◆ 3　根据区长访问调查把握村落概要

3.1　村落的家族世代构成

区长的访谈让我们掌握了家族的世代构成，并根据年龄与世代构成情况，将调查对象分成了高龄家庭（家中有 65 岁以上的夫妻或独居老人）、高龄二代（父母与孩子都在 65 岁以上）、独居一代（不满 65 岁的独居一代）、中年二代（父母在 65 岁以上但孩子在 65 岁以下）、青年二代（父母与孩子均不满 65 岁）、三代（3 代人同居一处）、四代（4代人同居一处）（图 2）。

男岳、竹之谷和下中三个村落的高龄家庭比例非常高，最高的男岳村达到 75%，其次是竹之谷村，也高达 69.2%。三个村落中高龄二代与高龄家庭的比例之和均占 60% 以上。相对应地，上中村和尾谷村的人口结构稍显年轻化，但其高龄二代与高龄家庭的比例之和也超过 35%。平均而言，五个村落的高龄二代与高龄家庭的比例之和达到 54.6%。

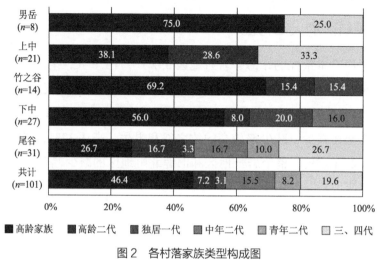

图 2　各村落家族类型构成图

注：n 为样本数，下同。

3.2　集会场所、共同劳作和村落活动

根据各村落的集会场所、共同劳动与村落活动的实际情况，笔者进行了相关资料的整理（表 2）。在这个地域，集会场所称为"例会"，共同劳作称为"造路"。例会在男岳与上中每个月举办一次，但尾谷则几乎没有。造路主要是除草与整理山间的藤蔓为主，在男岳每月一次，但在上中则每六个月才一次。对于不参加的村民，由三个村落分别向这些人征收费用。

村落活动有爆竹节、鼹鼠节、山之神、许愿祈祷、求成就等[②]，这些村落仪式曾经在每个村落单独举行，但由于居民数量的减少导致有的村落无法进行仪式活动，进而演变为合并组织。有部分外出人口返乡参加仪式，参加的仪式类型与时间根据村落的不同也有差异。但在男岳与竹之谷这两个地区没有外出归来参加村落仪式的人。上中的爆竹节曾在 1970 年前后被废除过，但有提议说，有必要将传统仪式向后代传承。于是在 10 年前左右恢复，现在爆竹节也成为了外出归来人员参加的村落仪式。

各村落的集会场所、共同作业、村落活动的实施情况　表 2

村落		男岳	上中	竹之谷	下中	尾谷
例会 （集会）	频率	每月一次	每月一次左右	仅限紧急时刻	每年五次左右	每个月不到一次
	参加者	全员	家族里一半的户主	户主	户主	户主

村落		男岳	上中	竹之谷	下中	尾谷
造路 （共同作业）	频率	每月一次	一年两次	一年四次	一年四次	一年三次
	参加者	全员	户主	1户2人以上	户主	户主
	爆竹节（1月）	到1988年	●	到1993年	○	●
	鼹鼠节（1月）	—	到1970年前后	—	—	—
	山之神（1月）	到2008年	○	○	○	○
	正月（1月）	—	●			
	赏花（3月、4月）	—	—	○	●	
	河祭祀节（4月）	—	—	到1993年		●
	发誓祈祷（6月）	到2008年	○	○	○	○
	地藏祭祀节（7月、12月）	—	—	—	○	到1988年
	夏天祭祀节（8月）	—	○	到1993年	●	
	实现大愿（9月）	到2008年	○	○	○	○
	自然薯祭祀节（11月）	○	○	○	○	—
	产业祭祀节、收获感谢祭（11月、12月）	○	—	—	●	●
	岩野神社祈愿	—	—	—	—	到2003年

注：○表示只有村落居民举行的仪式，●表示外出儿童也可以参加的仪式。

◆ 4 居民的定居意向

4.1 定居意向及其理由

居民现在的定居意向统计显示，84.2%的被访对象表示"希望继续居住"，即使是定居意愿最低的上中村，也有75%的村民表示希望继续居住。从性别差异来看，男性比女性的定居意愿更强。从年龄差异来看，年龄越高，定居意愿越强（除了40～49岁年龄段的突变以外，主要由于样本数量偏少引起，图3）。

针对回答"希望住下去"的被访者来说，其中"离农地和山林很近"最高，达76.6%，其次是"伴我成长养育我的故乡"达到68.8%，"我喜欢这片地方"的回答达到了64.1%（图4）。

针对"不希望持续居住"的人询问其理由，回答"生活不便"与"交通不便"的人比例高达66.7%，其次是"上班、上学不便"比例达50.0%。"村落里居住人少"的理由比例为41.7%（图5）。

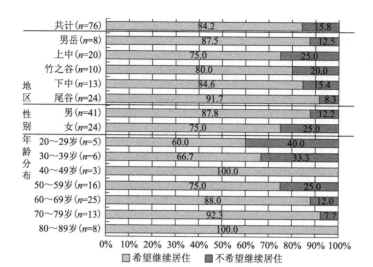

图 3 不同类型居民定居意向分析图

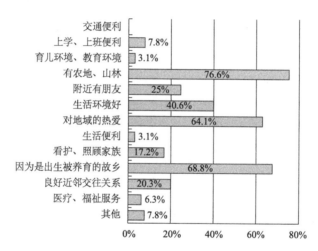

图 4 居民希望继续居住的理由分析图

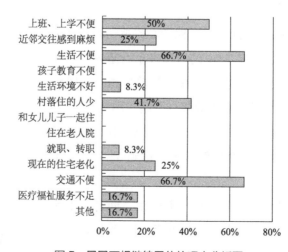

图 5 居民不想继续居住的理由分析图

总体而言，定居的主要影响因素在于农村资产、对农村的感情和基础设施的便利程度。

4.2 村落外居住经验

对是否有在村落外居住经验的询问结果表示，除"男岳"地区以外，村落外居住经验者的比例在 50% 上下。从五个村落的合计结果来看，在村落外没有居住经验的"当地居住群"占 56.8%，也就是说有超过 50% 的人从出生就一直在此居住（图 6）。

对于有村落外居住经验者来说，就其为何依然在村落里居住这一问题，回答"就职"的人最多，占 32.3%，其次是回答"结婚"的人达 29.0%（图 7）。在村落外有居住经验的 43.2% 住民中，12.5% 是因为结婚迁入进来的"婚入群"，除此之外的 30.7% 是因为某种原因而返回村落的"返乡人群"。

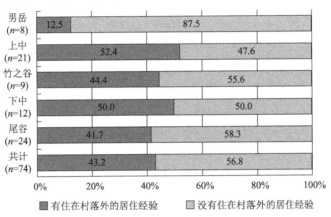

图 6　是否有在村落外居住经验的居民构成图

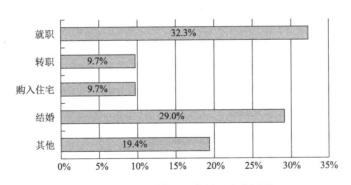

图 7　依然在村落里居住的理由分析图

4.3 根据村落外居住经验的有无进行的居住环境评价

比较对现在居住地域的满足度和是否有在村落外居住经验的相关性的统计，有村落外居住经验者对"丰富的自然资源"和"防范治安"的满足度相对较高；而对于"公共交通的便利性""购物的便利性""医疗福祉护理服务""行政服务"的满意程度相对较低。对于有在村落外居住经验者来说，有着对大都市优点与农村缺点两方面的比较认识（图 8）。

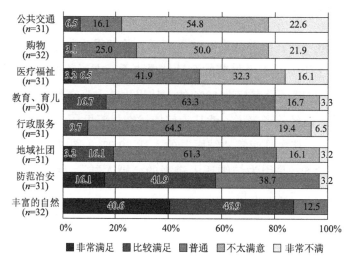

图 8　有无在村落外居住经验者对居住环境的评价图

◆ 5　外出子女返乡的实际情况与返乡意向

5.1　离开家乡的时期及其理由

对外出子女离开家乡的时期及其理由的询问结果显示，离开的年龄段在"10 ～ 19 岁"有 8 人，为各个年龄层之最；其次是"20 ～ 29 岁"，有 3 人；没有 40 岁以后的年龄层。迁居的理由是"就职"的占 5 人，其次是"大学、专门学校升学"与"结婚"各有 3 人。对于现在的居住地而言，在离老家很近的山鹿市市内的有 3 人，在山鹿市市外的有 10 人。总体而言，乡村人口迁出主要是为了就业、教育及婚姻，且主要去向在山鹿市以外（图 9）。

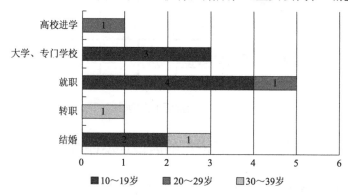

图 9　外出子女离开家乡的时期及理由分析图

5.2 返乡的移动时间与频率

对返乡的移动时间与频率的询问结果显示，返乡的频率是"每个月一回以上"有 8 人。并且，返乡的移动时间"1 小时以内"有 6 人，大部分在"2 小时以内"。并且，其中有返乡的移动时间在"1 小时以内"，一年返乡几次的情况；也有返乡的移动时间在"2 小时以内"但"每个月返乡 1 次"的情况，所以对小山村的案例而言，时间距离与频率没有表现出明确的关系（图 10）。

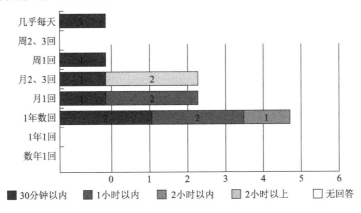

图 10 外出子女返乡移动时间和频率分析图

5.3 日常返乡的理由

对日常返乡（注意，这里不是指定居）理由的询问结果显示，见"父母的面"和"看望与照顾父母"的最多，共有 13 人；其次是"长期休假"，有 7 人。总体而言，家庭联系和休闲度假占了日常返乡理由的 50% 多（图 11）。

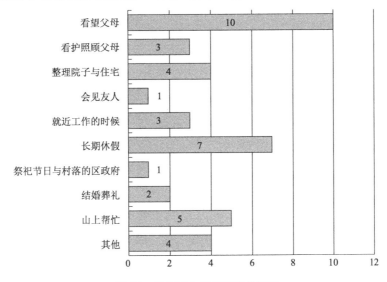

图 11 外出子女返乡理由分析图

5.4 将来返乡生活的意向及其理由

对将来返乡意向的询问结果显示，"希望返乡"有4人，仅占1/3，"不清楚"的有5人，比例最高。总体而言，返乡与不返乡大体各占一半（图12）。

回答"返乡"决策的理由（不仅仅是选择返乡的人回答，其他人也可以回答），"拥有土地与房产"有4人，比例最高，其次是"看护与照看父母"与"在家乡居住的家族不在了"各有3人。总体而言，家庭联系和乡村不动产是影响外出者返乡定居的主要决定性因素（图13）。

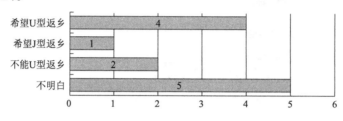

图 12 外出子女将来返乡意向分析图

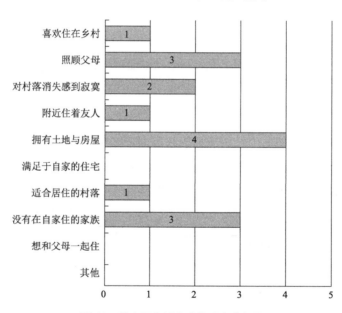

图 13 外出子女返乡决策理由分析图

5.5 未来家乡土地的活用

在家乡居住的家人不在的情况下，对住宅与土地的活用方法的调查结果显示，"自己居住"有4人，"作为自己的第二房产利用"和"供家族里的其他人居住"各有5人，比例最高。在乡村，不动产"贩卖"与"土地出租"的情况较少，其大多数是供家庭继承或家族内部使用（图14）。

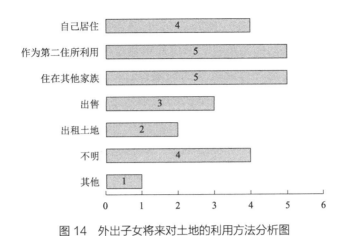

图14 外出子女将来对土地的利用方法分析图

◆ 6 结论

6.1 居民的定居意向与村落的可持续

在所有的五个调查村落中，居民继续居住的意向都很高，所以中短期内这些山区小村落会继续存在。但是根据家族类型可看出，如果没有外来人口导入的话，将来村落的户数会越来越少，长期来看，村落仍然会趋于萎缩，甚至消失。

从居民的居住经历来看，有村落外居住经验的返乡人口比较少。根据村落内外居住经验的有无，对居住环境的评价出现了差别，有外出经验的居住者对乡村居住环境的要求会偏高。今后，在探讨村落的可持续存在时，也要积极听取有着在村落外居住经验的返乡人群的意见。

6.2 外出子女的意向与村落的持续存在

对于那些因为升学或就职的原因而离开村落的外出者来说，有很多人对将来是否返乡的回答是不确定的。家庭联系和乡村不动产是影响外出者返乡定居的主要决定性因素。家庭联系和休闲度假占了日常返乡理由的50%多。总体而言，无论长期返乡定居，还是日常返乡，外出人口与家乡的家庭联系是紧密的，这种联系使得村落维持的可能性大增。

6.3 村落持续存在的可能性

综合考虑各村落的家族类型构成，虽然村落仪式活动非常盛行且有活力，但是户数少和老龄化严重仍然会导致部分村落（比如男岳与竹之谷）难以持续存在。另一方面，年轻的二、三、四代居住较多的村落（上中与尾谷），同住的人在村落是否能够持续居住，对村落的持续存在也有较大的影响。此外，在外出者参加的村落仪式活动较多的村落（比如下中），应把这些仪式活动作为契机，形成外出者与村落的紧密关联。

必须承认，因为本次调查对象数量的局限性，对于外出者的返乡意向和其阻碍因素尚难以进行充分的探讨。但是，从本次山区小村落的调查研究结果来看，仍然给了我们很多启示。这些看似衰败的山区小山村在中短期内仍然将继续存在，虽然按照现在的状况，长远来看这些小山村可能走向衰亡，但既然现在已经对其予以关注，未来的活化路径一定还是可以找到的。这对于中国当下的山区村落而言，无疑也是一个很好的研究案例。

注释：

① 本研究是根据日本建筑学会研究报告九州支部第 53 号发表的论文修正的论文。

② "爆竹节"是小正月的仪式，主要特点是用竹子和正月装饰物堆积在一个地方燃烧。传说如果吃了用爆竹节剩下的火烤的年糕，一年身体都会健康。在当地，把日本酒倒入青竹筒，用剩下的火烫的"Kappo 酒"来款待宾客；"鼹鼠节"是在小正月的时候，孩子们围坐在家里，边吆喝边把竹子卷起的稻草等在家前或田地地面上叩击的九州地方传统仪式；"山之神"是各村落祭拜山中祖先的仪式，山之神日是 1 月 16 日祈求山里工作平安的仪式；"发誓祈祷"是祈祷丰收的仪式，一般在种田前后举行，"实现大愿"是实际的庆祝仪式，一般在收割稻子前后进行。

参考文献：

[1] 总务省地域创造组过疏对策室 . 基于过疏地区村落状况有关的现状把握调查报告书 [R],2011.

[2] 山口创他 . 农村村落的社会特性与定居相关实证分析：兵库县篠山市为例 [J]. 农村规划学会杂志 ,2007(26):287-292.

[3] 冈崎京子 , 等 . 基于 U 型返乡者增加的过程转入原因的变化：宫崎县西米良村为例 [C]// 日本城市规划学会 . 城市规划论文集 ,2004,39(3):25-30.

[4] 山本努 . 围绕过疏农山村研究课题与过疏地域定居与返乡的研究：基于中国山地农山村调查的报告 [J]. 县立广岛大学经营情报学部论集 ,2011(3):69-82.

[5] 菅原麻衣子 , 等 . 离村者的出身地地域社会相关的关注与参与规划：基于高龄化的农山村地区地域社会新的运营方法 [J]. 农村规划学会杂志 ,2006(25):461-466.

[6] 中塚雅也 . 根据属性与经验地对人与地域关系同异的证实分析：以篠山市 K 地区为例 [J]. 农林业

问题研究,2008,44(1):135-139.

[7] 大久保实香,等.通过节日祭来看外出儿童与出身地关系的变化:山梨县早川町茂仓村落的情况[J].村落社会研究,2011,17(2):6-17.

本文刊发于《小城镇建设》2018 年第 4 期 42–47 页,

作者:【日】柴田祐,片山晃会,【中】张立,【译】陈晨,郭贺铭。

生态旅游与生态博物馆：日本的经验

◆1 日本生态旅游的背景

1.1 过去 100 年的人口增加与今后 100 年的人口减少

日本的人口从 19 世纪后半叶开始急剧增加，2008 年到达顶峰（1.28 亿），而在今后的 100 年中将急剧减少（预计到 2100 年减少至 0.5 亿）。2015 年与 2008 年相比已经减少了 100 万。少子高龄是人口减少的主要因素，这点在乡村地区尤为显著。

另一方面，目前虽然日本 50% 左右的人口聚集在三大都市圈，但名古屋都市圈和关西都市圈的人口有减少的趋势，只有东京都市圈（含东京都、神奈川县、埼玉县、千叶县）的人口是增长的。这也说明人口向首都东京一极聚集的现象还在持续，目前东京都市圈的人口占全国总人口的比例已达到历史上最高值，为 27.7%。

日本 1945 年的乡村地区人口约占全国总人口的 70%。而之后为了促进经济发展和工业化，政府通过政策引导人口流向东京地区，这个人口流动趋势一直持续到今天。

由此导致的结果是，在仅占国土面积 3.4% 的人口密集聚集地区（人口密度大于 4000 人 /km²）聚集了全国 67.3% 的人口，而在国土面积中占有很大比例的乡村地区则出现了过疏化现象。

1.2　从聚集到分散的时代

在 1996 年 7 月实施的第 4 次"全国人口迁徙调查"（每 5 年实施一次）中，有一项是关于过去 5 年间居民迁徙情况和今后 5 年间迁徙意向的调查。该项调查数据显示，过去 5 年间从乡村地区（非大都市圈）向大都市圈迁徙的人口约为 210 万，从大都市圈向乡村地区迁徙的约为 140 万，从而大都市圈人口在增加；而今后 5 年希望从乡村地区向大都市圈迁徙的约有 110 万人，希望从大都市圈向乡村地区迁徙的约有 240 万人，从而显示出有更多的人希望今后能在乡村地区生活。此外，在之后的几次调查中，有向乡村地区迁徙意愿的人数进一步增加。但这个迁徙"意愿"没有真正实现也是实情。

人口向大城市聚集可以依靠国家政策来推进，而要实现"向乡村地区迁徙（分散居住）"，地方自治体的政策支持是关键。为此，以地方分权为基础的地方自治的灵活施政很重要。

针对城市过密化和乡村地区过疏化的问题，各种社会活动的概念已经被提出和实施，从最开始的"城市与乡村的交流"到"地方振兴""地方活化""地方再生"，再到如今的"地方创生"，在这一系列的演进中，生态旅游（Green Tourism）作为一个乡村地区的重要项目（Project）不断地在被推动着。

◆ 2　日本的生态旅游及其多样化

2.1　日本生态旅游的由来与发展

从 20 世纪 70 年代开始，生态旅游首先出现在德国、法国和英国，在接下来的 20 世纪 80 至 90 年代，逐步扩展到全部欧洲地区，大多数是在准确了解城市居民需求后推出的各种形式的生态旅游。例如德国的"农家休闲工程"，法国的农家民宿，以及在英国开展的与乡村建设结合的旅游等。

在日本，随着《旅游景区法（综合保养地域整备法）》的实施（1987 年 6 月），全国各地纷纷在自然条件较好的乡村地区开发旅游景区，进行了大量的相关设施建设。而其中称得上成功的屈指可数，大部分项目或是停留在方案，或是在建成后因运营困难而关闭，给乡村地区留下了很大的伤痕。

与此同时，一些乡村妇女却以个体的方式探索新的旅游模式。她们学习欧洲的农家民宿、农家餐厅等，迈出了日本生态旅游的第一步。这些农家民宿和农家餐厅项目促进了家庭农业的发展，同时也使人们认识到了女性在家庭农业经营中的重要性。特别是 2000 年以来，随着政府大规模放宽对农家民宿的管制，仅 2008 年新开业的农家（渔家）民宿就有 1740 家，当年接待人数约 100 万人。

日本的农林水产省对生态旅游持支持态度可见诸于1992年的"生态旅游研究会"的报告，在报告中，生态旅游被定义为"在农山渔村的驻留休闲活动中，享受与自然、文化和人的交流"，进而提出一些鼓励措施：推进美丽乡村建设、完善游客接待体制、构筑城乡信息互通系统、完善互助体制。

在欧洲的旅游通常是指"带住宿的停留"，其生态旅游包括在农家住宿（带早餐），在周边的农家餐厅用餐或自助式料理等，这些都有赖于本土食品的供应及相关农户的经营，进而促进区域协作和旅游特色，这也被称为"区域经营型"的生态旅游。而与之相对应的"日式生态游"则是为了促进城乡交流，以民宿为中心，借此体验本土的农业和林业的生产活动的过程。近年来，日本开始普及从农家餐厅扩展到整个村落旅游的项目，说明日本的生态旅游也开始谋求"区域经营型"的模式，这同时也是为了应对乡村地区的衰退。

2.2 生态旅游与民宿

政府放宽对"农家民宿"的管制是"日式生态游"得以发展的主要原因。在旅游业相关的法律中，农家民宿被称作"简易旅居营业场所"，这在一定程度上降低了开设农家民宿的门槛。虽然农家民宿在游客接待（农业体验，住宿）规模上有限制，但对于农家来说取得民宿营业许可更容易了。笔者认为，农家民宿毕竟只是农家经营的一部分，接待游客并非农家的主要业务，所以有必要针对农家民宿制定新的制度。

在大分县的生态旅游项目开展过程中，一位指导农家民宿的高档宾馆经理认为，"农家民宿具有正规宾馆所没有的魅力；但如果农家民宿照搬宾馆的模式，那就失败了"。这给农家民宿的经营方式敲响了警钟。笔者将宾馆与民宿进行比较，认为农家经营民宿不能遵循统一的模式，而应该发挥各自农业资源的优势，从而形成具有个性的适合自家的模式（表1）。

宾馆、民宿比较表　　　　　　　　　　　　表1

	旅馆、宾馆、酒店等	农家民宿
收入	住宿费为主	不应超过农业收入（理想状态）
收益	以盈利为目的	客观上产生利益（赚钱）
设施（建筑物）	新建、改建	利用储藏室或仓库（修复、保全）
空间	非日常性	日常生活的原真性及延伸
设备	现代化	传统防火窗、围炉、浴室等（卫生间应是现代化的）
料理	职业厨师（菜单决定食材）	非职业厨师（食材决定菜单）
食材	外购（成本高）	自制（新鲜）

	旅馆、宾馆、酒店等	农家民宿
接待	服务业（收取服务费）	便装，自然的神态与体态
来客	不确定	特定（回头客，家庭定制）

注：资料由作者整理归纳。

2.3 生态旅游与区域发展的"蜜罐理论"

笔者在英国考察生态旅游项目时，当地的生态旅游项目促进组织的领导（Program Officer）曾说："餐桌上的罐子里有我们每天早晨吃的蜂蜜，蜂蜜的质量越好，就自然会引来更多的虫子。而生态旅游就好比是这个'蜜罐'。"我们知道普通观光旅游项目的主要手段是召集更多的游客，而生态旅游却不是这样的。生态旅游的原则是不主动招揽游客，而是要做好蜂蜜。上乘的蜂蜜不仅仅是指舒适的农家民宿，还包括民宿所在村落整体环境的质量。

在某渔村，经营渔家民宿的人普遍认为在住客到来的时候一定要升起当地标志性的黄旗，见到不认识的人就立刻热情地打招呼，傍晚大家一定要在海边举办烤鱼欢迎活动。还有，住在附近的人会去山里采集当季新鲜的蔬菜和蘑菇等食材准备晚餐，本土村民都自发地与游客交流，进而出现了根植本土，具有独特魅力的农家民宿。

法国的亨利·格鲁（Henry Grolleau）提出了五点非常关键的生态旅游理念：本土居民要保持积极主动性；本土居民要有自律性；要挖掘和提高本土文化的价值；运营方式要扎根于本土；旅游业的利润直接或间接地留在本土。总之，就是要把生态旅游看成是涉及整个区域的经营活动，这个观点非常重要。

◆ 3 如何与生态博物馆融合

3.1 能发挥区域资源优势的生态博物馆

生态博物馆（Ecomuseum）这个概念产生于 20 世纪 60 年代的法国，作为一种谋求地方再生的区域发展策略，是在促进地方分权的过程中提出的。由 eco 和 museum 复合而成的 ecomuseum，在法语中被写成 écomusée。从带有 eco 这个词缀的语源中引申出"从环境和经济两个方面来考虑区域资源的有效利用"，从 museum 中引申出"探索区域资源的历史文化价值，通过了解在生活生产过程中形成的各种资源的价值，引起居民对区域的热爱和自豪，以向来访者展示该区域的魅力，使他们能够愉快地了解和学习该区域的相关知识"。区域的吸引点资源被称为触媒（Antenna），介绍这些资源的设施被称为"核"

（Core），而连接触媒的路径被称为"探索之路"（Discover Trail）。 生态博物馆兼顾环境保护和经济效益，借助区域资源创造出众多能让访客愉快体验的触媒。

作为触媒的案例，"巴塞那生态博物馆"的"蜜蜂之家"是将原有的苹果库改造成养蜂屋，开展蜂蜜采集体验和蜜蜂生态知识的学习活动，使这些小触媒既实现了环境与经济的融合，又达到了传播生态知识的目的（图1～图5）。

开始于法国的生态博物被介绍到欧美和日本，各级行政机构制定相关的政策，然后在区域村落落地实施。日本农林水产省推动的"田园空间博物馆"就是以生态博物馆理论为基础建设运营的一个案例。

图1　巴塞那生态博物馆示意图

注：这个地区人口约5.5万人，由54个社区组成，总面积与东京23个区的面积差不多，与巴塞那地方国立公园交界，来访的游客较多，旅游与生态博物馆互助运营。有巡回于各个触媒点的带篷马车。"核"（Core）是公园管理处，能提供关于17个触媒点的信息。有自然发现中心（环境教育专门机构）、"蜜蜂之家""面包烤房""石风车"等触媒点。各个触媒区都有自制商品销售店（博物馆商店），游客可常住农家民宿，孩子由老师带领组团进行参观学习。

图2　巴塞那生态博物馆管理处入口

图 3　巴塞那生态博物馆风车之家

图 4　巴塞那生态博物馆烤面包的小屋

图 5　巴塞那生态博物馆蜜蜂之家

3.2 区域资源的挖掘与利用

永田惠十郎曾指出了区域资源有区别于其他一般资源的三大要素。（1）"不可移动性"：土地气候等区域资源不能被人为的转移；（2）"有机联系性"：森林、水和耕地等之间存在着有机的联系，这种联系一旦被破坏，区域资源就会失去价值；（3）"无市场属性"：以上两个要素决定了区域资源无法像商品一样大量供应，不适用于市场机制。由此，正因为区域资源只存在于特定的区域，才能称之为"区域资源"。

山崎提出了乡村地区的资源只有与农林业相结合才能产生有效的利用方式（图6）。在过去，乡村地区只能从事农林业，而现在通过有效利用区域资源可以为当地提供多样化的就业岗位。在大城市，虽然存在各种各样的职业，但目前绝大部分的人只能称为"工薪阶层"。最近，在乡村通过结合本土自然环境资源开发而衍生出了多种职业可能性，这对一些年轻人具有较大的吸引力。

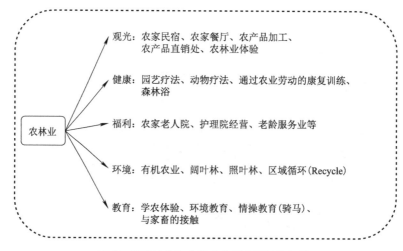

图6　以农林业为主的产业复合理论框架图

3.3 生态博物馆——促进区域发展的博物馆

在日本，博物馆被定义为：具有资料"收集、保管""展示、教育"和"调查、研究"三大功能的机构。国际博物馆学会对博物馆的定义是："对社会及其发展有贡献的，资料收集、保管和研究的非营利性机构"。而生态博物馆则是在本地保存、培育、展示自然、文化和遗产，并以对区域发展做出贡献为目标的博物馆。生态博物馆也是由本土政府和民间共建、设计和运营的机构，具有与区域及区域社会紧密联系的特点。因此，在日本，生态博物馆也被称作"没有屋顶的博物馆""区域博物馆"等。生态博物馆不仅与本土环境相协调，还与区域的经济相适应，因此具有与传统实体博物馆不同的特点，也是区域环境和经济良性循环的新体系。

3.4 生态博物馆的多样发展

新井重三最早向日本介绍了生态博物馆的概念，并认为生态博物馆已经历了四个发展阶段。如果依据日本的课题对照来看，可以做出以下小结（括号内为笔者观点）。

第一阶段："具有丰富区域资源的乡村"（劳动力逐渐减少的乡村地区的再生）；

第二阶段："曾经给区域带来繁荣的工业遗产的复兴"（煤矿、矿山和灾害区域的再生）；

第三阶段："地方文化复兴的生态博物馆"（乡村地区的城镇中心历史文化街区的再生）；

第四阶段："以流域或轨道交通为轴的区域交流与协作"（河道上下游交流，古盐运道路等历史交流区域的再生）。

最近在日本还出现了以灾后重建为目的的生态博物馆。

提出生态博物馆概念和为之命名的法国人之一（Hugues de Varine）认为，从全球范围来看，生态博物馆发展必将更加多元化。如：19世纪50年代和60年代纷纷独立的殖民地，生态博物馆将促使这些国家从政治独立走向文化独立。在非洲的尼日尔的民族博物馆还担负着继承和发展国家多元文化的重任。在北美，生态博物馆作为公民民权运动的黑人博物馆。在欧洲，其被用来满足地方自治的需求等。

3.5 生态博物馆与生态旅游的融合

生态博物馆也被称为"照身镜"。以爱尔兰旅游为例，19世纪40年代因饥荒而前往美国的第一代爱尔兰移民的后裔，为表达对先祖的敬意，刻意到爱尔兰的农家住宿，体验当地的生活，把自己投射到祖先的奋斗史，以此确认自己的身份。

从生态博物馆的角度来评价区域资源，也使得本土居民对自己"生活生产"充满自信和骄傲，并与游客分享，这无论对乡村还是城市居民都非常必要。生态博物馆提炼了区域资源，使人产生了对区域的自豪感，并通过有效利用区域资源带动了区域内生态发展。对于人口不断减少的乡村地区来说，生态博物馆与生态旅游的有机结合，实现本地人和游客一起守护和培育区域资源是非常必要的。

在日本的乡村，有被日本人遗忘的"原生态"，也有区域的特色农作物，更重要的是那些基于"生活生产"的技能与文化仍然被继承下来的地方，如何一起守护和培育这些区域资源可以作为一个全民课题，这也是生态博物馆与生态旅游融合发展的目的所在。

◆ 4 结语

欧洲有句格言是"乡村是神造的，城市是人造的（God made the country, man made the town）"①。在日本，曾在 100 年前处理尾矿中毒事件的田中正造认为，"山林荒芜，河流污染，村庄破败，相互争执，不是真正的文明"，为当时的"过度文明"敲响了警钟。因此，后来在首都功能转型时，开始尝试探索新型城乡关系，提出了"城市让乡村再生，乡村让城市复生"的理念。

目前，日本国土利用的基本状况是，首都东京过度开发，生活和工作环境恶化。在地方，虽然区域广阔，而过疏化正在加剧。因此，乡村不能只有规划，不能过度开发，不能简单照搬城市规划的技术和方法，而应该采用与自然共生的、源于乡村固有的"生产生活"的规划方式来构筑乡村。

在农家民宿方面，父母从事农业的子女，城市退休子女都可以开展新型民宿的个性化探索。同时，被认为单靠农业无法生存的乡村，年轻人应向长辈学习农业技术，接手荒废的农地，以专业农户的身份从事在城市无法实现的"生活和生产"；乡村要完成从"振兴"走向"活化"，到"再生"，再到"创生"的过程。从某种角度来看，乡村地区一直在被时代的潮流所折腾，而生态旅游是必须以促进城乡交流和走向乡村自立为目的的"地方创生"。

生态博物馆可以使区域资源大放异彩，并增加区域居民的自豪感。城市居民需要生态旅游项目，以享受由乡村地区丰富的资源所带来的平静和治愈意境。因此，笔者把生态旅游描述为"向着更美好明天的旅行"。

注释：

① 出自英国 18 世纪后半叶诗人威廉·柯珀（William Cowper）。

参考文献：

[1] 山崎光博,小山善彦,大岛顺子.绿色旅游 [Z].家之光学会,1993.

[2] 井原满明.农村山村融合开展的"生态博物馆"和"绿色旅游"[C]// 日本建筑学会研究座谈会.以都市和农村共生为目标——中山间地区的自立和援助.日本建筑学会,1999.

[3] 新井重三.时间生态博物馆入门:21 世纪的城市发展 [M].牧野出版,1995.

[4]（财）东北研究中心. 东北新型绿色旅游事业的开展 [Z],1996.

[5] 井原满明. 让地区更有活力的观光 / 灵活利用地区资源的地区建设——环境和经济的整合 [J]. 自治劳月刊 ,2008(2).

本文刊发于《小城镇建设》2018 年第 4 期 48-52 页，作者：【日】井原满明，【译】田乃鲁，李京生。

老龄化背景下的"冬期集住"实践

引 言

日本北海道有着广阔的原野和美丽的风景，每年都会吸引大批观光客。然而北国的冬天远比人们想象中的严峻，"数十年不遇的大雪""被暴风雪所困"这样的标题时常见诸报端。本研究针对呈广域分散型居住形态的北海道农村，在人口老龄化的背景下，以常住高龄人口的冬季生活支援为主题，对"冬期集住"计划的具体实践进行审视，并对由此引发的村落内的"季节性居住"的可持续性进行探讨。

对冬季期间的积雪地区来说，外出及除雪等均对人的体力有一定要求。在人口减少及老龄化不断加剧的地区，在缺乏完善的生活支援的情况下，高龄人口的居家生活会面临很多困难。例如，为了使高龄者免受积雪困扰，曾尝试让高龄者在冬季期间移居到地区内的"集住"设施中去生活，这种做法在全国的积雪地区都能见到 [1]。作为对本地区长期居住的高龄者的生活支援对策，"冬期集住"被认为是行之有效的方法之一。

本文以北海道西神乐地区实施的"冬期集住"计划为例，介绍由民间主导的地区居住支援运作，并进而探讨与空置房资源利用相结合的可能性及其相关的课题。

◆ 1 北海道西神乐地区概况

西神乐地区位于北海道旭川市南部的稻作地带，距离市中心区的车程约为 20min，距机场约 15min，属于都市近郊农村。地区面积为 114.14km²，人口 3435 人，1637 户。西神乐内部分为瑞穗、中央、圣和、千代冈四个地区，各地区均设有"町内会"，组织管理和地区活动都以"町内会"为单位进行。

西神乐地区 65 岁以上人口占总人口的 43.5%，是旭川市内老龄人口比例最高的地区（2014 年 6 月统计）；住户中有约 130 户为高龄单身者。从人口数量变化看，1980 年起的 20 年间约减少了 1850 人，2005 年起的 10 年间约减少了 598 人。由于迁出的大多数为 65 岁以下人口，老年人口指数（65 岁以上人口与 15～64 岁人口的比例）已接近 75%，对比旭川市的平均指数（约 37%），其老龄化的程度可谓极其严重。随着人口的持续流出和减少，经有关机构（NPO）调查，确认地区内约有 70 栋空置房（图 1）。

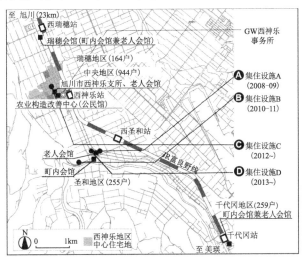

图 1　西神乐地区主要设施分布示意图

◆ 2　"冬期集住"计划的概要与变迁

2.1　实施主体

西神乐地区"冬期集住"计划的运营主体是 NPO 法人 Ground Work 西神乐，共有 126 名会员。其缘起大致为：1993 年地区内农业从业者多次组织研讨会，第二年在此基础上成立了"构筑地区研究会（筹）"，其中的青年群体成立了松散团体"梦民村"，后来成为了实质上的活动主体；1998 年改名为"西神乐地区构筑研究会"，并与学习英国 Ground Work 信托的"学习会"合并，于 2001 年正式成立 NPO 法人 Ground Work 西神乐（以下简称"GW 西神乐"）。GW 西神乐致力于西神乐地区的环境改善和地区建设工作，具体由 6 个专门委员会组织实施，与行政机关、专业人士、社会团体等有协作关系。同时，"梦民村"也作为农业生产法人成立了有限公司，在致力于农业事业的同时，也持续开展地区改善的相关工作（图2）。

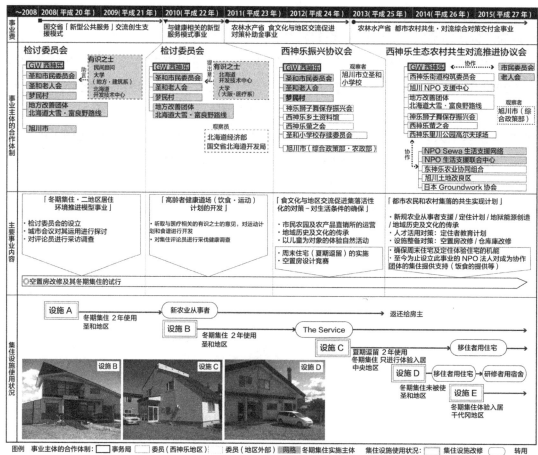

图2 "冬期集住"计划的演进分析图

2.2 计划与演进

GW 西神乐于 2006 年开展了地域课题调查，明确了以下两点：一是老人想要入住高龄者设施，仅依靠年金收入会有困难；二是地区的空置房在不断增加。综合考虑这两点后，提出了对地区内的空置房加以整修，以在夏季作为城市居民短期逗留的体验设施，在冬季则用作为高龄者的"集住"点。

此设想于 2008 年被国土交通省的"新型公共服务——交流创生支援模式"所采用，随即得到了实施和评估，并试行了季节性居住。2010 年作为"北海道与健康相关的新型服务模式事业"，与大学的医疗学科合作，以"冬期集住"对高龄者的身体和精神产生的影响为研究课题，使此计划得以继续试行下去。2011 ~ 2012 年受到农林水产省的"食文化与地区交流促进对策补助金事业"资助，2013 年受到"都市农村共生·对流综合对策交付金事业"资助，使得"集住"项目的资金得到了保证。农林水产省一般以地区整体的农业推进、文化传承、环境教育、定居计划等事业为主体，但随着空置房的改造和"集住"的持续试行和成功，也把夏期逗留、定居体验住宅等项目纳入了主体事业之中。

◆ 3 "集住"计划的实施过程

3.1 "集住"设施的承租和修缮

"冬期集住"计划的内容即为对地区内的空置房进行修缮后，作为"集住"设施使用（图3）。其运作首先是GW西神乐的负责人与房主直接交涉承租事宜，然后签订房屋租赁契约。空置房的状况因房主而异，月租金为20000～40000日元不等；出租后空置房主既可获得免费修缮，每月又有租金收入。废物的处理和清扫、卫生间和厨房等的无障碍改造、地面高低差的消除、断热材料的导入等费用从事业费中支出。

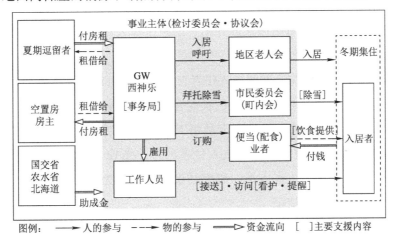

图3　实施主体及事务分析图

3.2　准入标准

"集住"设施的准入对象为55岁以上的本地居民。GW西神乐的负责人会在"老人会"的例会上向大家做介绍，并开展入住意愿调查。每次接收3～4人的男女两组，在入住期间可以进行一定调整。因各地区"老人会"的入会条件为年龄60岁以上者（千代冈地区为夫妻双方至少一人为60岁以上），因此实际的入住者均为60岁以上的高龄者。虽然最初设定的入居对象为独居高龄者，但夫妻同住、与子女同住的高龄者家庭也有此种需求，因此最终决定不论何种家庭构成都可以成为入住对象。

3.3　入住时间

入住"集住"设施的时长一般在1个月到3个月之间，根据入住者的意愿决定。如有多个小组申请，会尽量对各个小组的入住时期进行调整，以避免入住冲突，调整期间长短为 1 ～ 3 周。

3.4　入住期间的支援

入住"集住"实施后可得到各方支援。GW 西神乐的负责人、"集住"计划的工作人员（雇佣的当地居民）、町内会、便当（食品）公司等都会承担一定的支援工作。

饮食提供：入住期间的餐食将以每餐 500 日元标准配送，每日 2 次。项目开展的头两年，是由可以自驾的入住者去店里自取，这部分宅配费用会以工资形式支付给取餐的入住者，作为对独立生活的支援。2010 年起，合作团体"梦民村"运营的餐厅也为入住者提供便当服务。"梦民村"的餐厅距离"集住"设施非常近，所以不收取送餐费。因为能够自驾的入住者有限，因此自 2011 年开始实施送餐服务。入住者只需在入住时支付餐费（一日 1000 日元）即可。

出行接送：入住者可以自由回家或外出，均由工作人员接送。另一方面，有自驾能力的入住者也可接送入住的同伴。

除雪服务：在冬期"集住"期间，入住者自家的除雪由市民委员会负责。而"集住"设施周围的除雪工作，则由 GW 西神乐的长期合作公司免费承担。

看护："集住"计划所聘用的工作人员每天早晨会探访"集住"设施内的老人，记录反映其健康状况的测定数据，并确认入住者的外出意愿。在实施与大学的共同研究（2012 年）时，增加了 3 名工作人员，研究结束后又恢复为 1 人。GW 西神乐的负责人员也会每两天过来一次查看情况。

3.5　"集住"设施的使用状况

本地共有 5 套空置房经过改造修缮后被用作"集住"设施。但这些房屋并不局限于冬期"集住"，实际可根据 GW 西神乐或当年度的事业实施主体的需要而他用。

A 设施被使用两年之后，于 2011 年长期租借给了移居到这里的新农户，即为"梦民村"的新农业从事者作为住宅使用。2014 年秋，因房主的亲戚要使用，该房屋被返还。

B 设施是因 A 设施不能使用，因此利用下一笔事业费承租了另一房屋并进行了修缮；自 2011 年起的两年间，该房被作为"集住"设施使用。2013 年后因需要设立社区照顾中心而改变了用途（从业者住宿）。

C 设施位于市中心地区，因其房主了解此项计划而主动申请出租和改造。但是，曾经参加过冬期"集住"的圣和地区的居民却对中心地区的设施缺乏兴趣，因此最终只有三人尝试了在冬期"集住"。此外，C 设施还曾作为新农业从事者的夏期逗留住宅被使用了两年。2014 年 10 月，该设施租借给了因东日本大震灾而避难的移居者。

D 设施的修缮工作于 2014 年完成，2014 年 5 ～ 9 月被暂时租借给移居者；预定在 2015 年初可作为"集住"设施使用。然而最终被租借给了合作企业，用作社员研修期间的宿舍。

E 设施位于千代冈地区，于 2014 年 11 月完成修缮。与 C 设施相似，因为是在一个新的地区实施，迄今冬期"集住"计划只进展到体验居住阶段。

通过审视"冬期集住"计划的既有实践，较为明确的是，"冬期集住"不能作为独立项目而成立；即使拥有季节性使用的特色也不能确保其可以作为专用设施来使用。从其相继被转用可以看出，虽然在空置房利用方面有成效，但若回归"冬期集住"计划的最初宗旨，就需要做更为深入的探讨，并需要有一个长期的运营规划。

◆ 4 高龄人口的生活状况与对"冬期集住"的诉求分析

4.1 问卷调查与分析

笔者对本地区高龄人口的生活状况及其对"冬期集住"的看法做问卷调查。问卷回答者 76 人，平均年龄为 80 岁，在地平均居住年数为 52.6 年；其中独居者 25 人（19.7%），与子女同居者 11 人（14.5%）。其中，日间照顾服务利用者为 6 人，仅占全体的 14.2%，换言之，85.8% 的高龄者都没有使用日间照顾服务；愿意继续住在西神乐地区的人数为 63 人，占 82.8%，即 8 成多高龄者都希望在此地区持续居住。

被调查者中有 7 人参加过"冬期集住"计划。参加的理由首先是有趣（6 人）、被友人邀请（6 人），其次是可以拥有健康的生活（1 人）。不参加的理由包括以下几点：现在还没有必要（30 人），在自己家里更轻松快乐（13 人），家里没有人的话很不安（9 人），经济负担因素（4 人）。

根据调查还得知，邻居交往状况及户外活动频率也会对"集住"的态度产生影响。基于家庭事例，可分为如下类型。

（1）广域交流型
案例：A 先生，76 岁，与妻子及儿子夫妻同住。

A 先生曾参加过冬季期间的"集住"，与亲人同住且没有任何困扰。兴趣广泛，每天驾车外出，可与许多朋友交流并一起外出参加各种活动。他认为"加入集住计划后会觉得寂寞，且感受不到集住的必要性"。事实上，在入住者同伴的接送、配送食物、人际关系的构筑方面，像 A 先生那样不将外出和人际交往当作烦恼这一点非常重要，他的入住可能会对其他高龄者有所帮助。

（2）单独型

案例：B 先生，79 岁男性，与妻子同住。

B 先生自从因生病和觉得身体不能动以来，对外出活动已有所控制；害怕因开不了车而导致购物困难，同时也在申请除雪帮助。冬季"集住"期间的"接送""除雪"等服务，一定程度上缓和了 B 先生的不安情绪。尽管不能判断"控制人际交往这种意识"是否对"集住计划的参加意愿"有所影响，但"冬期集住"计划可以作为预防孤立化及提供"看护 / 提醒"等照顾服务援助而存在。

（3）亲人间扶助型

案例：C 女士，78 岁，独居。

独居的 C 女士因行走困难，会让一个月回来两次的女儿接送她到医院或购物。因为"想找人说话所以去老人会"，非常积极地与人交往，会和周围的邻居一起乘坐汽车参加老人会。因为有亲人的照顾，没有参与"集住"计划，但是在"亲人照顾"的持续性和频率存在不足的状况下，"冬期集住"所提供的"接送""饮食提供"等支援，以及"集住者"之间的交流等仍将会非常有吸引力。

（4）近邻交流型

案例：D 女士，77 岁，独居。

D 女士白天会骑车外出去朋友家或老人会，但是冬季因"步行困难"外出会相对减少。因为不想给在附近住的女儿增加负担，买东西或是去医院都是利用免费接送服务，除雪则是拜托认识的人。已经认识到来自周围邻居帮助重要性的 D 女士，对可以享受到"接送""除雪""饮食提供""看护 / 提醒"等服务的"冬期集住"计划将会有一个新的看法。

4.2 提升高龄人口参加"集住"计划的积极性

从高龄人口的生活状况及其对"冬期集住"的态度中我们可以看出，一方面，尽管老人们的诉求各异，但服务支援的有用性是被肯定的。另一方面，调查还发现高龄者不会自发地积极参与其中，这似乎与高龄者对支援的客观需求无关，究其原因，更可能是因离开家而产生的不安，以及因人际关系而产生的一定困扰。

从入住的募集方式看，以在"老人会宣传"及"负责人的邀请"为重点，所以基本为熟人共同申请。这在有限的运营工作人员状况下，对"参加者的人际关系"及"环境转变"方面的问题的解决有很大帮助。

然而另一方面，对因不方便外出而参加不了老人会聚会的高龄者，以及与邻居交往频率较低的高龄者来说，其沟通和申请就会有一定的难度。因为参加"集住"计划可以切实解决高龄人口的一些困难，因此有必要对"集住"计划的推介方法加以反思和改进，进而显化高龄人口对这项援助的实际诉求。

另外，在参加"集住"者的健康状况和平等对待方面，还需要综合考虑公共福祉的提供，并重新审视和确认"冬期集住"计划可以提供的支援内容和可以起到的作用。

◆ 5 结语

在拥有广阔田野的北海道农村，左邻右舍房屋林立的居住形式并不多见。事实上，为了在严峻的自然环境中生活下去，在积雪很深的时候，儿童及高龄者会借住到亲戚家，这种同住过冬的情况在过去是很常见的。随着道路等基础设施的建设及城市化的推进，这种传统习惯在逐渐消失。但近年来的冬期又出现了罕见的大雪，积雪量纪录被持续刷新的报道不绝于耳。积雪给高龄者的冬季生活带来了很大的不便。在北海道冬季漫长的散居地区，上了年纪的人们想要继续住在家里需要克服很多困难。但是，如果仅是不想离开家乡的话，那么并不一定只限于在自家居住。如果在住惯了的地区有另一个住所，应季节变化而交替居住，那么便可以在此地区继续生活下去。这样的"另一个家"并不是个人的住所，而是地区居民可以共享的、必要时可以反复集合和分散的"集住"体系。

然而，因与公共服务之间的界限模糊而产生的责任问题，因离家及入住"集住"设施而产生的不安情绪，因"集住"设施的季节性使用而产生的运营和维持问题，以及因外来的短期逗留者的居住与本地居民在"集住"上所产生的时空矛盾等，也均需要加以正视和解决。北海道旭川市西神乐地区的"冬期集住"计划的实践具有探索性，从因地制宜、积极创新的角度而言，则具有普适的参考价值。

参考文献：

国土交通省·都市整备局, 林野厅森林整备部.关于大降雪地区构筑安心安全地域的调查报告书[R],2007.

本文刊发于《小城镇建设》2018 年第 4 期 53–57 页，作者：【日】野村理惠，【译】裴妙思。

日本的市民农园

◆ 1　日本的市民农园

1.1　市民农园的诞生

1.1.1　市民农园发展的形态

日本在快速城市化时期诞生的市民农园有其一定的理由。城市周边快速城市化导致经营农业的条件恶化、农户经营农业的意愿下降、弃耕现象普遍。随着城市化进程的推进，到郊区居住的市民发现这些现象后，开始向农户租地，以满足个人爱好，或试图从弃耕地经营中谋取利润。因此，出现了靠出租和管理耕地取得收入的农户。

在同一时代，日本的乡村地区受城市化影响，人口流失严重，出现老龄化现象。为激活乡村地区，扩大城乡交流，很多城市开展的市民农业体验活动中出现了农业观光旅游，从而催生了市民农园。市民农园为市民在就近参与农作物播种和收获的过程中取得乐趣提供了机会，为郊区农业注入新的增长点，与此同时农业体验和农产品销售等为农业发展争取了盈利空间（图1）。

随着大米生产政策的调整，日本城郊地区削减了大米生产定额，充分利用了禁止播种大米的水田，促成了市民农园的发展。

图1　东京都武藏野市都市农民设置的蔬菜直销摊点

注：照片由系长浩司提供。

1.1.2　市民农园制度的完善

起初的市民农园与保护自耕农的《农地法》是存在矛盾的，当土地出租权受到严格的保护时，向农户租借土地是不可能的。因此，农林水产省下达了租期为一年的《通知》，只允许租地建设市民农园，同时还必须基于原农户的种植计划来经营农业，只有这样才符合《农地法》。然而，市民农园也是基于土地产出的农业，前人是如何规划的？是否要改变种植作物的种类？用了多少农药？这些农药有多大危害等都不清楚，而每年还需要重新签约很不合理。通过和租地人深度交流才知道还要进行年检，他们不知道第二年是否还能继续租用，对此感到不满。另外，由于租期短，一些基本的休闲设施和农具存贮用房都无法建设。

随着市民农园的发展，城市居民参与的越多，不满也越多，为了改变这种现象，基于《农地法》，制定了《特定农地租用法》。该法规定市民可向市町村和当地农协租用农地，并将租期延长到五年，到期还可以续签，从而为市民农园长远发展和不断提高设施水平提供了保障。此外，为了更好地完善设施和提升服务水平相继出台了《市民农园整治促进法》，为通过《城市规划法》和《农业振兴法》的开发许可创造了条件，使市民农园的建设和运行发生了根本的转变。

1.2　市民农园的类型

日本的市民农园在不断的发展过程中也出现了不同的类型，与德国等欧洲国家存在很多不同。

在城市规划建设区内的土地价格高，区内零星的小块农园里农具存放、冲洗池、建筑等设施规模有限，甚至没有停车场，而市民农园主要提供儿童教育和老年人活动，是日常生活空间的延伸，也是城市功能不足的一种补充，这一点与德国的"小园地"（Kleingarten）和英国的市民农园很相似。

在城市郊区，地价相对比较低，农地比较多，诸如餐饮、休闲洗浴、停车等较大型的服务设施配置比较容易，游客还可以开车进入，可以活动的时间更长，种植的作物以新鲜和安全的绿色食品为主。在山区，从城市驱车需要在高速公路行走 2～3h 的时间，然后再经过 30min 的山路就可到达的一些地方，还建设了民宿形式的"滞留型"市民农园，在那里住宿不仅可以进行农业体验，还可以逃避喧闹的城市。与一般的城市型市民农园相比，可以说是有日本特色的"市民农园"。

1.3 日本市民农园的特点

最近，一些城市建筑的屋顶也能看到市民农园，其大部分是私家花园，并通过适当收费，向市民开放（图 2）。由于在城市规划法和相关法规中还没有对此明确定位，因此属于自发的建设行为。市民农园的选址、规模、开办期限等是与农户直接商定签约的，也有农户利用自家农地开办市民农园的情况。通常市町村提供必要的基础设施、确定功能和内容、对外宣传和维护管理等服务，市民农园一旦停业，将全部复垦返还给农户。城市居民很乐意接触农业，而市民农园可以成为子女教育和老人休闲的场所，市町村等行政机构也借此积极地促进农户和市民的交流。因此，市民农园的设施建设与农户的农地保留都是市民的意愿，进而使市民农园成为城市必要的设施。

德国的"小园地"是作为公共开放空间来对待的，在城市规划中有明确的位置和范围，被作为永久保留的，日本则完全不同。

图 2　东京都武藏野市市区内的市民农园

注：照片由系长浩司提供。

◆ 2　日本城市中农地的保留

2.1　关于城市农地的评价

尽管划定了城市规划建设区（市街化区）和城市规划控制区（市街化调整区），但在快速城市化进程中，仍然出现了农地和居住区混合及城市蔓延问题。在城市规划区内规定的建设区，由于住宅区建设压力大，土地地价被抬高，保留农地总是存在争议。

2.2 城市化进程中保留农地的理由

在城市规划区内存在很多优质农地，愿意从事农业的农户还有很多，也从来没有禁止农业生产的规定。此外，很多成片的农地是农户祖先传下来，拥有这些农地的农户还有很多，祖上留下来农地是一项重要的遗产，没有前辈的许可是不可以自己卖出去的。城市化过程中农地的确是减少的，这些农地大多数是一些农户在二战后的农村土地改革中获取的，其土地所有人大多数没有耕作的意愿，这些"非农户"与传统农户是有很大区别的。

其实城市化过程中保留农地最大的理由就是因为土地价格的飙升。如果有可能用于居住区开发的地区被限制，就必然导致地价上升。与只图眼前利益相比，把农地留下来更有利于农户，这也是保留农地对农户利益最安全的保障。随着城市蔓延，营农环境会进一步恶化，稍许卖出一些农地，然后自己经营一些出租房、停车场等作为不动产来经营也是可以理解的。因此，没有必要把农地全部卖掉。快速城市化是由经济快速成长造成的，不免会导致通货膨胀，把土地卖掉保留现金不如保留农地现物更有利。此外，土地一旦售出去，升值的部分多被开发商蚕食，远不如自己保留待升值后再出售。用出售农地的钱经营其他产业会变得更加复杂，万一失败，连基本的生存都会成为问题。农户要是把农地卖掉，就连基本保障都没有了。

正是由于农民、市民和政府都有意愿要保留农地，《生产绿地法》才得以修正，规定在城市规划区的生产绿地作为与城市公园绿地不同的用地性质，并且具有城市未来建设公共设施的备用地和农业生产的功能，同时还需要减少其固定资产税和遗产税等相应的税赋，从而使农地得以很好保留。现在，日本城市中保留的农地已经得到各个方面的积极评价（图3）。

图3 东京都武藏野市市区内都市农地保护对策、生产绿地制度下的都市农地

注：照片由系长浩司提供。

2.3 保留城市农地的意义

高密度大尺度的城市属于人工环境，与自然的关系被切断，成为非人性空间，如何修复很重要。为防止城市密度过大，以及应对气候变化带来的城市灾害，城市农地作为防灾避难场所，防火和居住周转用地等空间十分必要。也就是说为了应对城市未来一些不确定的问题，城市应有多方面的措施，农地作为空地保留下来非常重要。为建设生态社会，城市与环境共生、地区微气候的调节、生态空间的保护、雨水渗透、农业景观文化的保存等保留的农地也是十分珍贵的。现代化进程中，长期经营的农业用地与现代空间浑然一体是城市特色的表现，保留城市农地也是城市传统文化继承和保护的重要手段，这一点很重要。

因此，当前城市农地的保护十分必要，同时还能提高城市生活的品质。从根本上讲，如果要问我们这个时代城市应有的形态是什么？那就是城市应该还有农业。

◆ 3   市民农园是新潮流

3.1   城市需要良好的农业设施

农业可以缓解过大过密的城市空间的拥挤，创造出更多的与自然接触的人性化空间，比如在城市大型商业中心的屋顶开辟出农园。如果将轨道地埋，地面用作市民农园，就可以为沿线的居民提供有偿使用的休闲公园。城市中心更新后的建筑如果能提供一定的农业空间，也可以采用会员制来维护和管理。市町村也可出租或购买农用空间用来重建和修复农宅、小块稻田和水渠等。但是市民农园不应建设成一般的公园，应具有农业体验和生态教育的功能。大量案例证明，农业体验和农业空间为人们带来了多方面的好处，会使拥有这些农业体验设施的居民更加富裕。

3.2   居民交流与环境共生的设施

城市人口的流动导致人与人的关系淡薄，以往的社区人们相互扶助的功能弱化，特别是在新建的小区和大型居住区里这些问题更加显著。为了应对这些问题，在新开发的大型居住区建设市民农园，可以促进人们有更好更多的交往机会。譬如利用公寓屋顶开辟农园，不但对生活环境有利，而且可以促进居民的交往。建成区的市民农园则是一个自由的交流场所，与邻居的交往和同事的交往完全不同，而这种自由的交往是非常重要的。

最近，为了应对生态环境恶化的生态住宅成为人们择居优先考虑的因素，择居时不仅要考虑房型、面积、价格、建筑风格和建筑高度，是否富有绿色环保因素的组合，以及对生态环境的贡献被看得越来越重要了。

3.3 市民农园是保护城市绿地的一种方式

农户、市民和政府都有保护城市农地的意愿，市民农园是以保护农民的利益、增加市民生活的乐趣为目的的。为了保护城市农地，城市农地的多极利用和灵活使用值得期待，也为城市发展保存了预留地。城市不仅仅是单一的居住用地，而应该是提供丰富而生机勃勃的生活场所，这意味着市民农园是不可缺少的。

◆ 4 中国建设市民农园的必要性

4.1 城市规划应有的方式

城市规划有责任尽可能着眼于国家、城市和市民社会长期的发展战略，而不是只顾当前社会需求的短视行为，也不能只听从于强者忽视弱者。另外，将来城市发展更具不确定性，需要有足够的弹性来应对，不能价值观一边倒，需要竭尽全力的城市规划。

中国经济现在正从高速增长期进入平稳增长期，正向着成熟的国家迈进，社会的变化也是价值取向的变化，同时城市规划的理念也会发生转变。而城市建设是硬环境的改变是不可逆的，给城市一些弹性和韧性，保留一些遗产很重要，而保留下来的城市农地就是为城市增加韧性的重要素材。

4.2 走向有农的城市

当城市留有与一般公园不同的农地被习惯之后也就很自然了，也可以说明这个城市的空间肯定是丰富的。不论收费还是不收费、农民还是市民来经营管理，将集体土地（原文为私有地）也作为公共的开放绿地来使用的话，这种利大于弊的做法又怎么有理由反对呢？依据现代经济的价值观，只顾眼前的利益也不符合现代理性，如果舒适的生活、文化传统和历史遗产一旦失去了，再复原是很难的。笔者认为亚洲的城市规划有亚洲的特点，尤其是这种有农业的城市有可能成为全球生态文明时代最前端的城市。

4.3 市民农园是成熟市民的呼唤

很快中国就会迎来成熟城市的时代，如何成为更加富有的城市和成熟的市民，首先要考虑的就是如何更真实而丰富的生活。为此，城市政策引导向从量到质的转变非常重要，与此相对应的就是对生态环境的关注和对农业体验等的需求。过去中国所说的"晴耕雨读"那样充实的生活方式也是日本人所憧憬的。

随着中国少子高龄化时代的到来，子女教育和人口老龄化会成为越来越重要的课题。人口流动和大规模新建的居住区也需要安全放心的社区，确保安全放心的食品的愿望越来越强烈。市民农园不问年龄、性别、职业、贫富，谁都可以使用。其充足的绿地可以提供老人福祉、儿童教育、自由交往的场所，同时具有城市发展的备用地等多种效能，那么尽可能在每个社区开设市民农园就应该提到议事日程上来了。

参考文献：

[1] 东正则. 前往居住型的市民农园 [M]. 农林统计出版,2009.

[2] 东正则. 用农业唤醒都市 [M]. 农林统计出版,2009.

[3] 东正则. 拥有农业的安全舒适都市——日本 [M]. 农林统计出版,2011.

[4] 东正则. 日本拥有农业的都市模型 [M]. 农林统计出版,2014.

[5] 东正则. 通过居住型市民农园拯救农村 [M]. 农林统计出版,2015.

本文刊发于《小城镇建设》2018 年第 4 期 58-61 页，作者：【日】东正则，【译】李京生。

韩

国

新村运动的成功要因及当下的新课题

引 言

新村运动是韩国人民为了改善生活环境和增加收入，从 20 世纪 70 年代开始的全民地区性社会运动，其本质是以勤勉、自助、协同精神为基础，以民族振兴和国家现代化为目标而展开的民族振兴运动。早期的新村运动旨在改变农村的落后面貌，起步于农村建设事业，是农民自主的农村现代化事业；但新村运动并不限于农村，它是整个国家现代化运动的重要环节，是韩国经济社会崛起的原动力。

新村运动亦可被解读为一场改变国民精神的运动。在推进当时落后的农村发展的同时，改变了农村居民懈怠、依赖他人、利己心及消极的精神状态；在确立积极的生活态度后，激发了"人人力求进步"的生活氛围。就这样，韩国现代史上的新村运动奠定了国家快速、健康发展的基础，成为令人骄傲的民族运动。多年来，韩国学者对新村运动的研究和价值挖掘一直在进行；国际机构也极为关注韩国新村运动的作用，并有意向发展中国家传播。本文阐述了 20 世纪 70 年代韩国新村运动发生的时代背景和之后新村运动的演变过程，着重探究新村运动之所以成功的主要原因；继而探讨新形势下的新村运动新课题，以及在发展中国家农村开发过程中引进新村运动经验的可能性。

◆ 1 新村运动的背景

1970 年 4 月 22 日在为讨论寒害对策而召集的地方长官会议上，朴正熙总统提出了灾民恢复对策和广泛意义的农村再建工作，并将该再建工作命名为以自助、自立精神为基础的，具有村庄建设事业意义的"新村建设运动"[1]。以此为契机，政府开始研究以农民为主体、相关机构和领导人的支持为前提的农村自主图强的振兴方案。同年 5 月，形成了关于国土保护的方针和新村运动的促进方案。以农村环境整治事业作为第一阶段的事业促进标志，新村运动就这样开始了。

当时的社会背景是政治上混乱、人民穷困、社会很不稳定，农村充斥着"贫穷就是命运"的宿命论，人们被沉闷的氛围压抑着。在这样的背景下难以产生独立自强的意志，因此亟需一场精神改造的社会运动来激发全国人民的热情。对此可从政治、经济、社会的角度来理解。

1.1 政治背景

韩国从建立到 20 世纪 60 年代，历经战乱和社会分裂，朴正熙总统上台后大力纠正社会秩序，力求革新制度和推进经济发展。不久，新政权推出了"经济开发五年计划"。通过施行第一个和第二个"五年开发计划"，经济指标明显上升，政权也逐渐得到国民的支持和趋于稳定。

但当时军事背景的政府依然存在严重的政治腐败风气，国民长期缺乏奋斗的热情、社会氛围亦常常处于绝望之中，需要某种改变，重建国民的希望，当时的这种社会需要为新村运动赋予了动机。如果可以消除村民懈怠的精神、收敛分散的民心，使其成为全体国民的社会运动[2]，其汇聚涌出的能量能为乡村或地区社会的发展做出贡献，则可以形成稳固国家政权的基础，产生增强国力的积极成效。新村运动就是基于这样的政治动机和社会精神重建的必要性而适时出现的。

1.2 经济背景

20 世纪 60 年代的韩国人均国民生产总值（GNP）只有 85 美元，是典型的最贫困

1　当天朴正熙总统说，"如果我们发扬'独自用我们的双手建设我们的村庄'的自助、自立精神，流着汗劳动的话，相信所有的村庄不久将成为富裕而舒适的村庄。该运动可以说是新村建设运动。"这是首次提倡了新村运动。

2　当时的农村社会运动包括 4H 运动和地区社会开发运动等。4H 运动是"Head"（智）、"Heart"（德）、"Hand"（劳）、"Health"（体）的简称，即 20 世纪 60 年代为了让美国农村的青少年们充满希望而开展的运动，引进后成为韩国的农村青少年运动，向全域传播并延续至今。

国家之一。因战争后遗症，整个国家没能摆脱饥饿，依靠美国支援的面粉勉强支撑着最基本的生存。因山林荒废以及洪水和旱灾的危害，农业连年歉收。"经济开发五年计划"是为了提高生产力、增强居民的奋斗意志并实现脱贫的国家项目。1962年开始的第一次"经济开发五年计划"以出口和重工业为重点，经过五年的努力，到1967年实施第二次开发计划时，韩国经济已经呈现出了明显的提升。经济发展的初见成效让韩国国民看到了希望，并口口相传"经济增长是有机会的"。新村运动开始的1970年，韩国人均国民生产总值已经达到257美元，增幅显著。这样明显的（经济增长）成效让国民找到了新动力，并坚定了意志，自主建设小康村庄。

虽然"经济开发五年计划"取得了初步成功，但以大城市和重工业为重点的开发政策导致城乡间的经济和社会发展差距进一步扩大。新村运动也是为了缩小日益加剧的城乡差距，克服地方日益严峻的经济困难，提高乡村生活质量，以农村村庄为对象开展的社会运动。1961年，军事院为了解决民生苦[1]，对全国的劳动年龄人口实施了"失业者登录"[2]，并施行了农渔村的"高利债整理法"[3]等政策。这样，国民的愿望和统治者的意图在消除贫困方面达成一致。从新村运动初期开始，以改善农村生活环境和增加农民收入为目标的各项活动呈现出积极和踊跃的态势，其丰硕的成果使得后续的新村运动得以在全国推广。

1.3 社会背景

朝鲜半岛结束日本殖民统治后，农村不仅在经济方面非常穷困，村庄的居住环境也非常恶劣。农村不仅没有上下水道，也没有满足生活需要的基本设施，卫生或防疫等基本条件也十分薄弱。这样的低质量生活状态导致村民缺乏改善环境的条件和动力。随着城市经济的发展，农村人口开始向城市迁移。其结果是城市人口急剧增加，农村人口不断减少，农村的穷困状态愈加严重。

朴正熙政权意图改造过去的社会混乱局面以谋求社会安定，实现再建国家的宏愿。经过几年的努力，在城市的许多领域出现了积极向上的社会意识，社会改造有了一定成效，但其要渗透到韩国人口比重较多的农村，还需要很长的时间。因此，如果要实现当时的农村复兴，还需要特别的动力。在当时的环境下，政府需要建设农村道路、桥梁、上下水等基础设施和改良农业以增加农民收入，同时还需要在农村建立自主、自立的社

1　当时的"民生苦"是指因粮食不足导致生活困难的代表性用语。

2　1961年，当时的军事政府在6月17～30日之间为向14～60岁之间的无收入者提供工作岗位，开始在各邑面洞事务所登录。

3　为减少加重农渔村民生苦的"高利私债"危害，1961年6月9日议决和开始实施"高利债整理法"，虽没能彻底消除高利私债，但成为扩大和强化农协功能的契机。

会自信心和生活态度。1961年之后十多年启动的新村运动在当时恰好与农村的社会需求相契合。

◆ 2 新村运动的发展阶段

在新村运动初期的1970年，政府向全国33267个行政里洞[1]统一无偿支援各335袋水泥，支持村庄自主开展建设。支援水泥的动因是当时水泥生产过剩和振兴内需的现实背景。以此为开端，政府向建设成效好的16600个村庄再无偿追加供应500袋水泥和1吨钢筋，并对其自主的协同努力予以奖励。以政府支援为开端的新村运动，通过选择性的支援诱发竞争，进而不断地扩大到全国范围，并发展成为实现勤勉、自助、协同的"新村精神生活化"的意识改革运动。新村运动是将"必须通过经济自立成长为先进国的意志"强力注入到国民思想的国家现代化运动。

20世纪70年代初期的新村运动从精神启蒙、环境改善和增加收入三个方面推进。首先，政府认识到人在村庄建设中的核心作用，所以先行开展"刺激人们使其动起来"的精神启蒙；当时农村一年除了5个月的农忙期以外其余均为农闲期，精神启蒙要让人们在农闲期不要过度饮酒和赌博，而是自主地参与村庄建设活动，要引导人们感受到成就感，并激发"我们也能做到"的热情和自信。其次是改善环境，扩大和改善狭窄的道路，提高生活的便利性，加快生产物资等的流通，帮助农民增加收入，将每年必须整修的草房屋顶换成了石板瓦，减少了劳动力投入，这样就将有限的劳动力资源集中到了生产上。最后，也是最重要的是增加村民收入，政府支持村民建设新村工厂，通过制作草绳、草袋子和村庄特产品的集体生产活动来增加收入，当时每个郡都建设了5～6座工厂，全国共建成了800多座农村工厂，取得了增加农民收入的明显成效。因为有了这些新村工厂，1974年韩国农村GDP首次超过城市GDP。

以下按照新村运动中央会[2]的划分方法，将10年间的新村运动发展过程分成如下三个阶段，分别予以阐析。

2.1 基础阶段（1971～1973年）

村庄领导人在发动村民参与新村建设活动的过程中，其作用非常重要。新村运动初期，各村均选出了新村领导人，经过政府组织的培训后，以他们为中心来带领村庄的各项建设活动。初期新村建设的重点聚焦在村庄道路的扩建、共用洗衣台的建设和屋顶、

1　韩国的行政区划体系由16个广域自治团体构成，之下称为"基础自治团体"，共有73个自治市、86个郡、69个自治区。在基础自治团体之下又分为面、邑、洞；再分为里、统以及最基层的班。

墙垣及厨房改良等环境改善工作，并同时开展了改良耕地和提高种子质量等增收工作，一扫乡村过往的颓废风气，实践了勤俭节约等精神意识的改革。政府组织开设新村领导人研修院，在全国培养了大量的新村领导人。居住环境的改善使得村庄发生了明显变化，人均 GNP 也从 1970 年的 257 美元增至 1973 年的 375 美元，增长了约 50%。这些显著成效让国民看到了国家富强的希望，这段时期也是朴正熙总统领导下的政府主导型政策的高效运作时期。

2.2 扩散阶段（1974 ～ 1976 年）

这段时期以农村小康运动为重点，工作聚焦在农民增收上，意图逐步消除城乡差距。这个阶段不仅仅是农村运动时期，而是国民的新村运动扩散时期。鉴于前期的成效显著，新村运动的组织和人力大幅增加，政府的支援和支持力度继续加大，新村运动的对象范围也扩大至一般市民，通过整备水田埂、整治小河川、实施综合农业、发掘农外收入等工作促进了居民收入的增加，全面激发了国民的意识改革和自主行动意志。1976 年，韩国人均 GNP 达到了 767 美元，比 3 年前翻了一番多。基于农村的新村运动成功扩散至城市，包括工厂和学校，逐步发展成为全体国民参与的运动，形成了当时韩国的国民精神（图 1）。

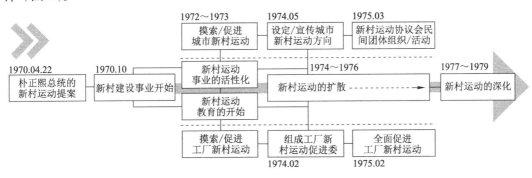

图 1 1970 年代新村运动的流程

资料来源：作者绘制。

2.3 深化阶段（1977 ～ 1979 年）

这个阶段是对过去阶段的超越，不再局限于以村庄为单位的小规模活动，而是扩大了活动的地域和规模，旨在提高新村运动的经济性。农村聚焦于增加收入和扩充文化福祉设施，城市聚焦于节约物资和提高生产力及健全劳资关系。通过活跃地开展单位和工厂的新村运动，大幅提高了生产效率并增加了居民收入。1979 年韩国人均 GNP 达到 1394 美元，与 3 年前相比又翻了一番，全国的城乡生活条件持续得到明显改善。这一时期的特点在于谋求从村庄单元到地区单元，从关联性中谋求共有资源和共同开发所带来的效率性和经济性，追求快速的经济增长和国民精神的成熟，引导村庄的自立，并促进农村基础设施的完善。

2.4 20 世纪 80 年代以后的新村运动

政府主导下的新村运动从 20 世纪 80 年代开始转换为民间体制。新村运动中央总部的成立，促使新村运动发展成为连续的国民自律运动。之后经过组织体系完善，在市道设置支部，在市郡区设置支会。1986 年亚运会和 1988 年奥运会时期，韩国开展了奥林匹克新村运动，1989 年韩国人均 GNP 再次增加至 4934 美元。新村运动转换为民间主导机制的同时，许多工作从农村扩大至城市，内容也变得多样化。20 世纪 80 年代以后，新村运动替代当时不活跃的市民团体，开展了排队运动、遵守交通秩序运动等全国范围的意识改革运动。20 世纪 90 年代新村运动演变为以国家的焦点问题为中心的社会活动。20 世纪 90 年代末开展了以帮助失业者为目的的克服失业运动等。

另外，20 世纪 90 年代随着国内外的政治经济环境变化，新村运动的活动范围和内容缩小了。为了巩固新村组织的自律和自立基础，缩减了组织和人力，持续地开展了提高社区共同体意识和恢复道德性的运动。经过努力，1996 年韩国人均 GNP 超过 1 万美元，但 1997 年的金融海啸给韩国造成了冲击。为了克服经济危机，韩国再次启动全国的国民意识和社会风气革新。

◆ 3 新村运动的运作模式

3.1 新村运动的组织架构

1970 年代为了高效地推进新村事业，政府依据新村运动中央协议会的方针，构建了地方运动组织。各市·道和市·郡单位组建了新村运营协议会，各邑·面单位组建了新村促进委员会，各里·洞单位组建了里洞开发委员会。任命各级行政机构长担任单位组织委员长，各委员会的委员由有关机构人员参与。委员会的决策组织和政府机构建立联系，构成了中央和地方之间的垂直组织体系（表 1）。

值得注意的是，在上述行政指导体系中，作为村庄的最高决策机构兼居民自治组织的"村会"被指认为正式的新村运动组织，并在各村庄分配了公职人员去指导新村事业。通过这些措施，政府在 20 世纪 70 年代建立了稳定的人员架构来推进新村运动，进而实现了高效指导和管理村庄事业。政府的这种行政指导体系基本上与农村传统的行政体系相匹配。20 世纪 70 年代中期以后，工厂新村运动和城市新村运动作为独立部门得以强化，工厂新村运动和城市新村运动的行政指导体系也就逐渐分离。

20 世纪 70 年代新村运动组织的等级　　　　　　　　　　表 1

	协议会（委员会）	委员长	委员
中央	新村运动中央协议会	内务部长官	各部会员（22 人）
市道	市·道新村运营协议会	市长、道知事	有关机构人员（30 人左右）
市郡	市·郡新村运营协议会	市长、郡守	有关机构人员（15 人左右）
邑面	邑·面新村促进委员会	邑·面长	有关机构人员（15 人左右）
里·洞	里·洞开发委员会	里长、新村领导人	居民代表（30 人左右）
村庄	村会	领导人＋负责公务员、村户户主	

资料来源：作者绘制。

3.2 新村运动的基层运作

新村运动的基层运作特征是以村庄为单位、新村领导人的带动、政府的政策指引、村庄的社会结构等 [3-5]。首先，新村领导人作为村庄的领袖，发挥了最重要的作用。新村领导人最初是从自主的参与开始的，在政府的教育培训和奖励补偿政策影响下愈发活跃起来。政府从新村运动初期就开始培养新村领导人，为这些可能对村庄的发展和功能提升发挥重要作用的能人提供支持，使他们感受到作为村庄领导人的自豪感和使命感。通过教育培训和其他支持，新村领导人作为村庄领袖开展相关活动，对于村庄领导人自愿的风险和劳动，政府用新村勋章或表彰来补偿，并在正式场合积极宣传其成效。

其次，政府政策也是新村运动成功的重要因素。首先，在总统的强力意志下，政府开展了示范试点工作，逐渐形成了连接一线市郡和邑面的新村运动推进体系。政府以多种形式扩大新村运动的成效，包括视察成功的村庄、提供总统和政府特别支援款、邀请优秀新村领导人举行月刊经济报告会等。政府通过宣传成功的村庄和新村领导人及其"成功神话"，极大地扩张了新村运动的社会影响。

再次，韩国农村村庄的社会结构因素也是新村运动成功的重要因素。当时乡村存在各种形式的妇女会、青年会、老人会、作业班、相助契、信用社等自治组织，经过"村会"的重组，它们构成了农村新村运动的基层组织体系。这些自治组织通过村会、村庄领导人或开发委员和村庄公职人员，获得了向村民进行新村事业启蒙教育等的各种宣讲机会。这些自治组织在村会上对村庄的土地公司、基金建设、意见总结等发表意见，并宣传新村事业的显著成效，以积极扩散新村精神。当时，乡村地区也存在批判和不协助新村事业的不满势力，村集体利用公众意见或村庄规约等方式，减小他们对新村事业的影响。如上所述，20 世纪 70 年代以村庄为单位的新村运动大体上是在新村领导人的能力、政府的政策和总统的意志，以及村庄的社会结构因素等的综合作用下取得了显著成效（图 2）。

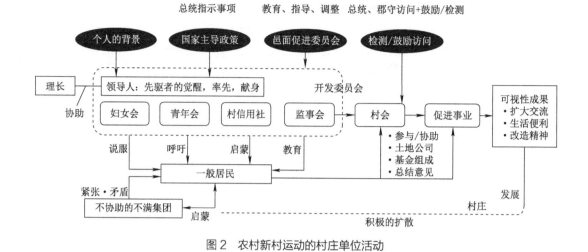

图2　农村新村运动的村庄单位活动

资料来源：作者绘制。

◆ 4　新村运动的成功要因

新村运动为20世纪70年代韩国农村的环境改善和经济社会发展做出了巨大贡献。新村运动是一项综合的农村开发事业，通过强力的政府支援和地区开发政策间的相互协同，全面提高了农民的生活质量。新村运动的主要成效包括扩充农村地区的基础设施、改善村民的生活环境和增加村民收入等。韩国农民年人均收入从1970年的825美元增加到1979年的4602美元，9年间每年增加20%多。新村运动之所以成功，源于居民的主人公意识和协同力量、政府的强力意志和高效的行政效率以及土地改革和教育等多种因素。

新村运动开展的20世纪70年代的一个特征值得注意，即韩国通过第一次和第二次经济开发五年计划，大大推动了工业化进程，使得农村现代化所需的财源基本得到了保障。但最重要的是，新村运动成功的决定性因素是其"赋予并激发了村民期待成功的心理动机"[6]。政府与村庄直接签署合同，开展该地区的环境改善工作，居民们提供劳动，领取工资，政府将其工资的一部分集中存起来，支援村庄开展养蜂、粮食种植等其他农业活动。农民们通过参与工程建设，增加了收入，改善了生活条件，务农资金也得以增加。这种对期待增收的心理成为"引导农民参与动机和提高主人意识"的决定性因素。"只要做，就可以"的信念不仅仅是宣传口号，而是以看得见的成效来呈现，同时赋予村民动力，使村民主动意识到自己是"主导变化的主体"。

新村运动也曾经开展过创建小康村庄的政府政策和国民再建运动，但不是居民自主参与的运动，而是国家支援物资开展的事业，所以居民没有参与的积极性，也就没有发展成为国民运动。因此，新村运动注重激励居民的自立精神和劳动热情。激发其动力的方法是向全国村庄均分一定量的水泥，从居民们计划和协力建设村庄的事业来展开，之后出现了自发的新村领导人和村民之间相互协助创出成效。政府依据"优先支援优秀村庄"的原则，诱导村庄之间的发展竞争。这样的政策成为了引导形成新村运动氛围的动力。

村庄领导人为了村庄的改造和发展而奉献自我，其他有能力的村庄能人也带动了村庄的发展。随之，政府通过新村教育培养了更多的新村领导人，提高了其知识水平和领导技能。随着影响的扩大，从农村开始的新村运动迅速地扩大至城市的单位、工厂、学校和军队等各个领域，并扩大至保护城市环境、保护自然、预防污染、维持社会秩序等方面。

在新村运动开始扩散并创造出显著成效以前，中央和地方政府的支援、指导和协助发挥了巨大的作用。支援新村运动的成功因素可以进一步地概括整理成以下五条。[1]

4.1 居民们的自主参与

新村运动得以顺利开展的最根本动力是村民的主动参与。以往每到农闲期，村庄中（出生于 20 世纪 20 年代前后）的青年们是以酗酒赌博度日的，但在新村运动开始后他们主动地参与村庄的整备。在取得显著成效时政府给予奖励，这样的过程不断地循环，促使新村运动能够扩散和活性化。这种主动的参与（不仅对农村，也对城市）是整备环境和提高生产力所必需的根本条件。在朴正熙总统的领导力和新村领导人的献身精神及意志的鼓舞下，国民的能量通过主动参与得以扩散和持续。在新村事业的策划和实施的整个过程中，如果没有村民的主动而积极的参与，新村事业不可能持续下去并取得显著成效。

4.2 村庄是最基础的执行单元

新村事业最初是从（最小的行政单位）村庄的"新村建设"事业开始的。村庄是人们集聚在一起生活的基本单元，是一定地域内资源共享的主体，村民在新村领导人的指导下协力参与，推动了新村事业的顺利开展。政府为了实现建设新村的目标，循序渐进地实施了改善环境、革新意识、增加收入等举措。在政府可调控的资源不足的状况下，为了引导村民的共同参与，从最简单的环境改善事业（需要的物质支援较少，大多是村民的劳动力贡献）开始实施。村民通过这些基础的村庄建设事业找回了自信，引导村民形成了"只要做，就可以"的新村精神，这种精神促使村民带着热情去努力改造村庄，最终实现增收的良性循环。在这个过程中，非生产性旧习得以清除，重建了优良的传统习俗，并利用现代技术培养了健全的国民精神，改造了农村社会和重建了村民的精神生活。

4.3 优先支援优秀的村庄

新村事业的另一个成功因素是择优选择和支援。政府通过对取得成效的村庄进行评估，择优支持和投资其后续建设活动，并实行基础村庄、自助村庄、自立村庄等的升级制度[1]，引导村庄之间的公平竞争。像这样通过对优秀的村庄和领导人的定期评价和补偿（或者说是表彰），持续地赋予其动力，使人们对自己的努力和参与（新村建设）充满自豪感和成就感。

4.4 培养新村领导人

新村运动得以顺利开展，发挥最重要作用的是新村领导人的主动参与。新村领导人的作用在于与村民讨论形成村庄未来发展方向的共识，并对村民进行意识革新等相关的宣传教育[2]等。政府通过组织研修班、专门化技术教育、领导艺术课程等，提高了新村领导人的综合素质，使其能够更加高效地带领村庄实现健康发展。新村领导人使得村庄分散的民心得以集聚，集中协力建设新农村。

4.5 政府体系化的支援

在新村事业推进过程中，政府的主导和综合支援是其成功的重要因素。尤其在初期，许多工作得以顺利推进的原动力正是总统强力坚定的意志；之后，政府建立了体系化的支援计划，这也是新村运动可以成功持续的因素。新村运动一方面取得了显著成果，另一方面也反映了竞争性的支援政策的作用成效，即只支援"力求自力更生的村庄"。政府为支援新村工作建立了体系化的组织机构[3]，并强力引领，这可以说是新村事业得以成功的根基（图3）。

2015年时任韩国总统的朴槿惠参加了联合国开发首脑会议和第70届总会。在韩国、

---

1 基础村庄是村庄小路、进入路、农路和小河川整备修理率为70%，达到协同作业班活动、村庄基金30万韩元、每户收入50万韩元等基准的最低阶段的村庄。自助村庄是达到村庄小路、耕作农路、村庄间的溪流、小河川的整备和协同生产事业的执行、村庄基金50万韩元、每户收入80万韩元以上等基准的村庄，自立村庄是村庄外小·中河川的整备修理率为95%，达到每户收入140万韩元和村庄基金100万韩元以上等基准的最优秀的村庄。

2 新村教育是从1972年1月14日农协大学内的农家研修院开始的。第1期教育以从全国郡单位各选拔1名组成的140名研修生为对象，为期2周，共有420名研修生毕业。研修院从1973年4月迁移至水原农民会馆后改称为新村领导人研修院，从1973年6月开始，以妇女新村领导人班为始，教育对象逐渐扩大至经济团体干部班、农协干部班、高级公务员班和包括长次官在内的社会指导层班等。后来，新村领导人的教育超越了单纯的农村开发教育，逐渐具有了国民精神教育的性质。自1975年起，各部门和相关机构分担工作，分别主管各对象的教育过程，使用了全国的所有可用教育设施。新村教育大体上分为新村领导人教育、技术教育、农民教育等。

3 新村运动全面扩散期开始是在1973年，当年1月16日依据总统令6458号在内务部设置了新村负责官室，其下属有4个科，3月7日在总统秘书室设置了新村负责官室，管理整个新村。分散于各部门的行政力量积少成多。

联合国开发计划署（UNDP）和经济协作开发机构（OECD）举办的"为使新村运动发展成为 21 世纪新型的农村开发模式"研讨会中的新村运动高级特别活动的开幕词中，朴槿惠介绍了韩国新村运动的经验和成就，并对新村运动的成功要因做了具体阐释，指出奖励和竞争、建立在信任基石上的国家领袖精神、主动而积极的国民参与等，是新村运动成功的核心要因[1]。

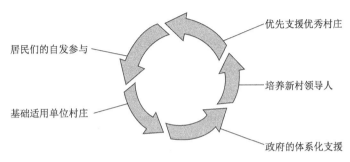

图 3　新村运动的成功要因

资料来源：作者绘制。

◆ 5　结语：新村运动的新课题

20 世纪 50 ～ 60 年代的韩国是一个贫穷且人们看不到希望的国家，占人口 80% 的农民每年在过了春天之后，需经历"春荒"后才能等到麦子成熟[2]。新村运动正是为了摆脱贫穷宿命而发起的社会运动。每个村庄的领导人和村民们为改善村庄的生活环境而自主地行动起来，共同创造了促进韩国经济崛起的奇迹。

1979 年朴正熙总统遇刺对新村运动造成了很大冲击，20 世纪 90 年代以后新村运动似丧失了动力而停滞不前，显然新村运动在当下遇到了新挑战。原因在于国内外的经济社会环境已经与过去不同了，新村运动的目标和内容也要与时俱进；经历了 20 世纪 70 年代的新村运动后，韩国国民的生活水平已经达到了较高的标准，对新村运动的参与度

1　朴槿惠当天在联合国总部举行的"新村运动高层人士特别活动"的开会词中说，"看到当时作为总统的先父促进新村运动的面貌时，我体会到了以哪些成功要因如何形成善循环结构来改变国民和国家。新村运动开始的第一年，政府向全国 3.3 万多个村庄平均供应等量的水泥，让每个村庄开始独立地大干一番……第二年政府只支援优秀的 16600 座村庄。因长期的贫穷变得无气力的农民们为了获得更多的支援而开始竞争和团结起来，为农村现代化掀起了巨浪……领导人的意志与国民精神达成了共识，同时扩大了新村运动的综合效应。看到'可以做到'的信念成为现实，国民各自成为变化的主体。政府通过体系化的项目培养了新村运动领导人，他们成为了变化的催化剂，引领了居民的自主参与。我期待新村运动能够成为符合各国国情和时代变化的国际农村开发战略和国家发展战略。此外，希望基于新村运动的全新开发模式可以为根治地球村的贫困和可持续发展做出贡献……"。这一讲话揭示了新村运动成功的要因和推广到发展中国家的可能性。

2　在秋季播种的大麦被收获的 6 月以前是通过采集春天留下的各种叶子和挖掘草木的根来充饥的时期，达到了以草根木皮来充饥的贫穷极限，现在 20 世纪 50 年代以前出生的韩国人都不会忘记小时候在故乡的饥饿。

和热情也慢慢冷却了下来。所以，现在到了一个历史关头，亟需回顾新村运动的本源意义，进而树立对应于新的国内外环境的新的新村价值导向。

国际视角而言，哥伦比亚大学杰佛瑞·萨克斯教授曾说，"可以终结绝对贫困的最终方法是培养绝对贫困层用自己的双脚登上开发阶梯的能力"[7]；为了消除贫困和实现可持续发展，国际社会高度关注韩国的新村运动及"Cando"精神，并强调了新村运动对未来国际社会的作用 1。在促使处于贫穷境地的最贫国在短期间内摆脱贫困的过程中，联合国教科文组织（UNESCO）曾将韩国新村运动的经验编入教科书。此外，韩国新村运动中央会（Korea Saemaul Undong Center）在 2013 年新村领导人会议上倡导"第二次新村运动"，并提议开展文化共同体运动（Cultural Community Movement）、近邻共同体运动（Neighborhood Community Movement）、经济共同体运动（Economic Community Movement）和全球的共同体运动（Global Community Movement）这四个课题研究 [1]。这些课题具有战略意义，可以提高社会的健康程度和生活质量，创造和建设安全的日常生活圈，通过建设资源循环社会进行经济复兴，以及促进新村运动价值的海外传播。凭借文化—近邻—经济—全球的共同体运动，"第二次新村运动"将展现出其全新的价值。

另一方面，最近在韩国也出现了一些对评价新村运动意义的负面舆论，这与国际上对新村运动经验的借鉴、传播和积极评价形成了反差。若要让近些年来受到冷落的新村运动在韩国激活，需要组织开展年轻人群可以参与的活动。例如针对大学生，可以利用"绿色新村运动—提高国家品质的运动—运营充满生活气息的共同体—走向世界的新村运动"等新主题，策划一些有助于大家主动参与的活动。年轻人也可以基于国内的经验，通过参加海外志愿活动而自主地学习和传播新村运动。

在新村运动国际事业中最为核心的工作是培养村庄领导人，从而推进相关村庄发展。新村运动与其他援助项目的不同之处在于，其不是单纯的"富有国家援助贫困国家"，而是帮助它们实现自我发展。提供援助的国家和接受援助的国家间的积极互动，有助于被援助国家的长期自立。在具体的援助运作中要让各个村庄独立地决定各自的优先发展顺序，并因地制宜地施行；政府要发挥支持地方开展工作的主导作用。韩国应通过这样的新村运动，让受援国最终成为援助国。对那些接受帮助的国家而言，新村运动重在为它们提供自主、自信的发展氛围；这样做比起那些单纯授以"鱼"而非"渔"的套餐型

1　2015 年 11 月 24～27 日，在韩国大邱举行的与新村运动相关的最大规模的国际活动"2015 地球村新村领导人大会"上，全世界新村运动领导人、发展中国家政府人士、国际开发专家和 UNDP、OECD、IDB 等国际机构相关人士汇聚一堂，在主旨演讲中，促进联合国的可持续发展目标的世界级学者杰佛瑞·萨克斯（Jeffrey Sachs）说，"在促进联合国的新千年开发目标（MDGs）时，大家全都持反对意见。但我想到韩国新村运动的'可以做到'精神，积极地推动了该政策，结果大幅降低了贫困率。从明年开始，为了根治贫困，对联合国实行的可持续开发目标（SDGs）也将积极地推广新村运动。"他高度评价了新村运动的国际价值。

开发事业，更具有为发展中国家的落后农村带来变化的可能性。因此，有必要开发适合发展中国家农村现实条件的政策工具包（toolkit），以及可以根据具体条件灵活选用的模块。此外，对村庄发展的成功案例和模范事例要大力传播，从而促使以村庄为中心的成功实践扩散开来，最终成为全国性的事业。

本文得到上海市城乡规划学科高峰计划及上海同济城市规划设计研究院和同济大学建筑设计研究院的支持，感谢赵民教授对本文所做的工作。

参考文献：

[1] Saemaeulundong Center, Korea's Development Experience of SaemaulUndong [R]. Korea, 2012.

[2] 新村运动中央会 , 韩国的新村运动 [R]. 1998.

[3] 圣公会大学民主主义研究所新村运动研究组 .1970 年代新村运动系统图 [R]. 2008a.

[4] 圣公会大学民主主义研究所新村运动研究组 . 1970 年代新村运动日志 [R].2008b.

[5] 圣公会大学民主主义研究所新村运动研究组 .1970 年代新村运动统计资料集 [R]. 2008c.

[6] 韩 -OECD. 新村运动共同研究研讨会基调演讲稿 (外交部第 2 会院 ,2014.10.24) [R]. 2014, http://blog.naver.com/yeji999/ 220176677875.

[7]Jeffrey Sachs. 2015 地球村新村领导人大会 [C]. 韩国大邱 , 2015.11.24.

本文刊于《国际城市规划》2016 年第 31 卷第 6 期总第 156 期，作者：李仁熙，张立。

1970～2000 年新村运动的内涵与运作方式变迁研究

◆ 1 导言

1.1 研究背景和目的

从 20 世纪 70 年代开始的韩国新村运动被认为是解决农村贫困问题和实现农村开发的代表性事例；联合国亚太经济社会理事会（UNESCAP:United Nations Economic and Social Commission for Asia and the Pacific）等国际机构，韩国国际协力团（KOICA:Korea International Cooperation Agency）与企划财政部（对外经济合作基金）、行政安全部（新村运动中央会）和农村振兴厅等相关机构，正在将韩国新村运动的运作模式引介到柬埔寨、老挝、尼泊尔等发展中国家去。韩国新村运动作为一种开发模式，主要适用于以政府主导的自上而下的支援为驱动、以地区的社会内部组织运作为基础，并引导社会团体共同参与的乡村发展事业。

韩国新村运动的初衷，是希冀在国家推进工业化和城市化的初期阶段确保农村的竞争力，亦即追求城乡间的均衡发展。在经历了快速工业化和城市化之后，韩国当前正面临着城市更新的沉重压力。21 世纪的韩国城市更新经历了从"自上而下支援"到"自上而下引导"的方向转变。

本文以历时性的研究方法，探究韩国新村运动的主要内涵、运作方式及支援体系，并对新村运动以农村为中心演进为全国性事业的变化过程和相互关系等作评述。

1.2 研究方法和内容

以韩国的新村运动整体为对象，以 20 世纪 70 年代至当下为时间维度，首先简述韩国新村运动在各个时代的主要内涵和运作过程，然后研究其相应的组织方式及特性。研究内容包括：第一，农村收入增加期以前的村庄组织和运动（20 世纪 80 年代以前）；第二，从新村运动进入稳定期以后到现今的新村运动的内涵和运作特性（20 世纪 80 年以后）[1]；第三，各时期新村运动的内涵和运作方式的变迁过程和变迁的主要因素。

◆ 2 成长期的新村运动

2.1 新村运动的缘起背景

韩国农村的以血缘关系为中心的互帮、互助共同体传统组织体系曾经非常发达，村庄内部具有相互协力的传统。但因长期受日本殖民统治以及韩战等影响，一些传统的民间组织体系瓦解了；战后的快速城市化和现代化过程亦带来了新的挑战。20 世纪 60 年代以后，韩国进入了以首个经济开发五年计划为起点的近代化和工业化过程，城乡间的经济社会发展差距[2]变得更大了。很大程度上，从国家角度施行的经济开发计划必然会诱发快速的城市化，而农村则仍处在不具备道路、供电等基本的基础设施的生活环境之下，其结果必定是农村居民的不满剧增。有鉴于此，政府曾发起过地区社会开发事业[3]、国民再建运动[4]、政府支援事业[5]等地区开发事业和国民运动，这些事业和运动为从 20 世纪 70 年代开始的新村运动奠定了一定基础。

1　对新村运动的发展阶段，金炳燮[3]、郭宗武[4]等研究者和新村中央会等的组织和机构进行了各种分类，大体上以 10 年为单位分类。考虑到韩国社会的政治经济的变化过程和新村运动的进行状况，以及城乡间的收入比较等，本研究按照 10 年为单位，并大致以 20 世纪 70 年代 10 年间的成长期和 1980 年以后的稳定期来作总体论述。

2　农村和城市地区的年收入平均值分别为 112201 韩元和 112560 韩元，大体上差不多。从 1965 年至新村运动开始的 1970 年的农村和城市地区的收入上升率来看，农村地区年平均上升率为 17.9%，而城市地区则达到了 28.6%；1970 年的农村和城市地区的年收入平均值分别为 255804 韩元和 381240 韩元，差距较大[5]。

3　指 1958 年 9 月地区社会开发委员会执行总统令后开始的事业；选定了 887 名指导者和 2137 个示范聚落，推进农村建设示范事业（其后事业主体从最初的中央委员会分别向复兴部、建设部、农林部转移）。

4　1961 年 6 月通过和公布了再建国民运动的相关法定文件；这是官方主导型的国民运动，通过宣扬协同团结和自助自立精神等来确立新的国民生活方式。

5　为当时的主要政府支援事业；选定 21 个模范村庄，以农村振兴厅的农村示范事业、地区开发事业、村庄建设事业等名目而进行[6]。

2.2 20世纪70年代新村运动的主要工作

从1970年4月地方长官会议提倡"新村建设运动"开始，新村运动以当时的内务部和农水产部为责任主体而推进，并与政府主导的其他事业衔接进行。在新村建设的初期，中央主体曾组织全国各地的政府官员（邑和面层面分别选拔1名官员）参观优秀村庄，并在当年的农闲期间向全国33267个地方行政单位支援水泥，用于改善乡村环境。以这种试验性的行动为基础，1972年实施了重点支援：选定16600个村庄，各追加支援水泥[1]500袋和钢筋1t。这样的务实做法奠定了新村运动的基础。在新村运动获得主要成果的1970年代，新村建设大体上是按照"基础村庄"（1970～1973），"自助村庄"（1974～1976），和"自立村庄"（1977～1979）这三个目标阶段进行的，每个阶段对应不同的村庄建设标准，逐级提高。其工作内涵如表1所示。

20世纪70年代新村运动的主要工作内容　　　　　　　表1

类别	推进时期	支援工作		村民自力工作
		主要工作	附加工作	
基础村庄（18415个）	1970～1973	环境改善	生产性基础建设	厨房、屋顶改良，堆肥增产等
		道路、供水、排水等设施建设		
自助村庄（13943个）	1974～1976	生产性基础建设	提升收入	新村广场，农业合作，住宅改良等
		道路和供水设施建设，围绕提升收入的有关工作		
自立村庄（2307个）	1977～1979	提升收入	文化和福利事业发展	标准住宅，新村工厂，接通电话等
		围绕提升收入的有关工作，完成环境改善方面的未尽工作		

当时的政府支援主要集中于道路、排水等基础设施建设，此外还有旨在增加收入的村庄非农共同事业的建设投资。另外，通过政府投入和居民自筹资金，居民们自己投入劳力改善居住条件[2]。中央政府为了将基础村庄提升为自助、自立村庄，提出了以农村道路、居住环境、农田设施、村民活动和增加收入五个方面的10项内容的定量指标为升

1　当时的事业费316亿韩元由政府支援36亿韩元（国费20亿韩元、地方费16亿韩元）和居民负担280亿韩元（自有资金52亿韩元、劳力负担折算211亿韩元、捐赠和实物17亿韩元），居民自力事业、屋顶改良事业、农村电话事业、村庄储蓄所建设业绩等以优秀的部落为运营对象[7]。

2　主要以屋顶和厨房为中心进行改良，将原有的秸秆屋顶换成砖瓦或石板瓦，可节省频繁更换屋顶的劳动力，同时将秸秆用作燃料或肥料。1972年投入政府支援金41亿韩元、居民自投87亿韩元，改良了413000栋住宅的屋顶；截至1978年，达到2618000栋[8]。这可以说是农村现代化运动中最能显示效果的事业。

级的考核标准，施行有针对性的分级支援，激发村庄参与和相互竞争，其最终目的在于使所有村庄都能建设成为自立村庄。政府的支援工作从村庄的环境改善开始，逐渐扩展至生产性基础设施建设和增加农民收入；另一方面，就新村运动的对象而言，则发生了从农村延伸至城市的过程。

2.3 20 世纪 70 年代新村运动的组织体制

20 世纪 70 年代，新村运动基本是由中央政府"自上而下"推进的；在市 / 道级，以知事为中心组成市 / 道协议会，与大学合作制订综合计划[1]；市 / 郡政区以下则由政府主体贯彻自上而下的方针和综合计划，运作各项促进事业[2]。为了高效地组织运营，当时以内务部为中心对中央政府和地方行政的组织机构进行了改革[3]；机构改革以后，在地方行政机构中也设置了专门负责新村运动的部门[4]（图 1）。

大体上，20 世纪 70 年代的新村运动是通过中央部门间的协议会和邑 / 面单位以下的促进委员会具体推进的；以改善农村环境为开端，通过建设生产性基础设施和促进增收等事业，逐渐扩展事业的范围[5]。当时的治理模式可以说是处在政府主导与市民主导之间的协力治理模式。在这种经典的协力关系中，不仅有来自政府简单明了的方针和支援，还有农村居民自身愿景和实现自己夙愿[6]的热情。可以说，政府的支援和竞争性运作，居民自主意识的激发，加之水稻新品种的开发和普及[7]等，均有力地推动了 20 世纪 70 年代的韩国农村经济社会发展。

---

1 在青瓦台设有新村特别助理，在内务部设有科长级以上的新村负责官员；道—郡级单位则由副知事或副郡守总管新村事业，并由负责地区事务的新村科专门负责相应的业务。

2 邑 / 面单位以下通过总系系和相关的委员会协同促进新村事业。

3 1971 年 8 月，依据总统令第 5755 号，修改了内务部职务制度，同时废止了其地方局的开发科；同时为支援新村业务新设了地区开发负责官员；1972 年起由内务部长官兼任新村运动中央协议会委员长，总管新村运动。1973 年职务制度改革，政府中央部门的地方局（Bureau for Local Affairs）设立了包括新村指导科、新村负责官员、新村政策分析官员等使用"新村"名称的部门和负责官员，形成了新的行政体制[9]。

4 1973 年市—道新设新村指导科，市—郡—区新设新村科；1975 年郡采用了专门负责新村运动的副郡守制。

5 从参观邑 / 面的优秀村庄等教育开始，对全国 33267 个行政单元各支援水泥 335 袋；发展到选定基础、自助、自立村庄共 34655 个，实施相应的促进事业。

6 据韩国政府 1977 年对农村住宅的调查，9 坪（1 坪 =3.30378m²）以下的占全部农村住宅的 33.7%，黑砖瓦房子占 73%，30 年以上的破旧住宅占 43.6%，当时急需改良的不良住宅共有 543000 株，占全部农村住宅 2925000 株的 18.6%[10]。

7 统一稻是曾任首尔大学农学系教授的许文会于 1966 年在菲律宾的国际水稻研究所（IRRI:International Rice Research Institute）育成的水稻品种，1971 年以后通过韩国政府种子计划得到普及。1971 年，全国统一稻的总栽培面积仅占 0.2%，1978 年则达到了 76.2%，收获量也达到总收获量的 78.2%。其结果是 1977 年的大米总收获量比 20 世纪 60 年代的年均产量约增加了 30% 以上，为增加农村收入做出了巨大的贡献，韩国政府于 1977 年宣布实现大米的自给自足[11]。

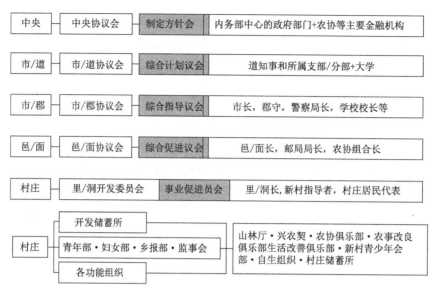

图 1　20 世纪 70 年代新村运动时期的韩国政府层级体系及职能示意

资料来源：参考文献 [2]。

◆ 3　稳定期的新村运动

3.1　20 世纪 80 年代以后新村运动的主要事业

20 世纪 80 年代新村运动的主要特征可以归纳为由政府主导的自上而下式体系向政府外的"新村中央总部"的半官方模式转换 [1]。基于 20 世纪 70 年代的成长过程中实现的自立村庄，进一步区分自立、自营和福祉村庄并提供相应的支援，支援的范围也从原来的村庄单位扩大至地区单位。虽然政府的作用减弱了，但政府外围团体性质的新村中央总部继而主导了新村运动；可以说在体制转换的同时，职能主体和任务分工也有了调整 [2]。在 20 世纪 70 年代的农村居住和生产环境改善事业、屋顶改良和不良住宅改良等设施改善事业的基础上，以及在 1977 年的村庄改善和农村标准住宅案提出和施行一段时间后，20 世纪 80 年代终止了标准住宅案，援助事业的规模缩小，期间仅是对个别住宅单位的局部加以改良 [3]。

1　20 世纪 80 年代设置在政府中央部门—内务部的新村运动中央协议会被废止，同时以民间为中心的新村运动中央总部出台；20 世纪 90 年代以新村运动中央协议会、2000 年以后以新村运动中央会的名称开展活动。

2　20 世纪 80 年代以农渔村居住环境改善、农民居住环境改善等的部分改良事业和 20 世纪 70 年代的未尽事业的完善为中心进行。其中，从村落构造改善事业来看，1978 ～ 1979 年之间约涉及 1847 个村庄，而 1988 ～ 1989 年之间仅 60 个村庄；由此可以了解 20 世纪 70 年代和 20 世纪 80 年代的事业规模变化之大。

3　以便利生活、节省设计费、经济的施工和提高质量为目标，建设部提供的农村标准住宅式样在 20 世纪 70 年代达到 36 个，20 世纪 80 年代又增加了 87 个，共为 123 个，可归为 14 个类型。因居民对标准住宅不满和贷款偿还等原因，1987 年以后普及标准住宅的做法停止了。

20 世纪 90 年代的新村运动可以说是以经济稳定为主基调，在生活环境建设的同时强调社会健全和增强自律性。1997 年则集中于克服金融危机和经济状况恶化的活动，根据实际条件采取了更为务实的方法。2000 年以后，随着新村运动走向国际，亟须对新村运动的作用和功能加以再评价，并相应提出了国际开发援助的对策方法等。

可以对 20 世纪 80 年代以后的新村运动的主要内涵作如下概括（表 2）。

20 世纪 80 年代以后新村运动的主要内涵　　　　　　　　表 2

类别	时期	主要内涵
民间转换	20 世纪 80 年代	民间介入新村事业：教育和民间组织的培育 泛国民参与扩大：农渔村和城市新村运动
增进自律性	20 世纪 90 年代	地区新村运动："建设我的故乡"、"我们的农产物"等运动 教育和协同事业：搞活经济、爱国教育等
新村运动再评价	2000 年以后	社会建设维度的新村运动审视：从工作单位、地区及家庭、妇女等角度 的评价等新村运动的国际化：国际开发援助的方法和评价

3.2　20 世纪 80 年代以后新村运动的事业组织

20 世纪 80 年代的新村运动促进主体发生了变化，即从依据《新村运动组织培育法》而组建的官方新村运动总部[1]转换成了有民间参与的半官方的体制。当时全国范围的新村运动总部因存在过多的下属组织构成和过度的事业扩张而受到了国民的指责[2]，这些组织机构在 20 世纪 90 年代被改编和缩小了，2000 年以后又从国际化和事业化角度被重组了（表 3）。

20 世纪 80 年代以后新村运动的事业组织　　　　　　　　表 3

时期	组织名称	主要组织构成
20 世纪 80 年代	新村中央总部	基本构成：会长—事务总长—事务次长—6 个部门 +1 室 附加组织：理事会、政策研究院
20 世纪 90 年代	新村运动 中央协议会	基本构成：会长—事务总长—3 个局（政策、组织、事业） 组织局构成 9 个部门
2000 年以后	新村运动中央会	基本构成：会长—事务总长—2 个局（政策、组织） 附加组织：2 个事业团（经营事业团、国际协力团）支部分会：17 个支部、232 个分会

1　1980 年 12 月公布和施行的《新村运动组织培育法》，要求支援和培育民间的自发新村运动组织，以促进新村运动的持续发展；此外还设置了全国范围的新村运动总部及其下属组织——新村指导者中央协议会、新村妇女会中央联合会、职场新村运动中央协议会、工厂新村运动促进总部、职能新村运动中央协议会等，在市—道—郡—区设置支部和分会，在邑—面—栋安排男女性新村指导者。

2　依据《新村运动组织培育法》，新村运动事业可以运用国库和地方经费、个人和法人团体捐款等，也可使用公有财产，并借调各部门的公务员。

1980 年所设立的新村中央总部，其机构包括会长、事务总长、事务次长和部门长等基本组织，此外还有理事会及政策研究院的附加组织。事业促进负责部门以策划调整室为首，由总务部、教育部、指导部、财务部、宣传部、海外协力部负责。20 世纪 90 年代主要是将机构重组为政策局、组织局、事业局；组织局所属的 9 个部门负责主要业务。2000 年以后改为中央会，在政策局、组织局的基本构成下，由国际协力团和经营事业团施行促进事业，开展与包括支部和分会在内的所属会员团体的联合活动。

某种程度上，20 世纪 80 年代以后的新村运动组织的变化，可从总部、协议会、中央会的变化名称中窥见一斑。大体上是弱化了自上而下的官方援助事业运作，取而代之的是以民间主体的意识改善和教育为中心的事业。

◆ 4 新村运动的演进与城乡居民的收入变化

4.1 新村运动的组织和事业变化分析

1970 年以中央政府为中心，从农村的环境改善事业出发推进新村运动；到了 20 世纪 80 年代转向有民间介入的运作体制，以及转向包括城乡在内的全国各地的民间教育和意识事业为中心，事业内涵和范围均有了变化和扩张。20 世纪 90 年代及以后，新村运动的机构进一步调整，并大为缩小；其特征是更为专业化，并开拓国际事业。各时期的组织变化和重点事业的变化过程如图 2 所示。

	20世纪70年代	20世纪80年代	20世纪90年代	2000年以后
组织变化	中央政府中心	一般国民运动团体	组织财政费紧缩	强调专业性
	新村中央协议会	新村运动中央总部	新村运动中央协议会	新村运动中央会
重点工作	□社会发展/环境改善 □基础设施建设 □国民精神提振 □向城市工厂和工作单位延伸	□民间主导和自律 □强化教育 □促进国际化 □家庭与新村运动 □奥林匹克运动	□克服经济困难 □社会道德性恢复 □改变生活意识 □形成地区共同体 □"我的故乡"环境运动 □志愿者活动 □宣扬先进的市民意识	□奠定经济基础 □社会伦理/道德 □改变生活意识 □环境运动 □节能运动 □统一推进运动 □海外和全球化 □提升国家声誉
中心地区	以农村为中心 若干城市和地区	城乡均衡 广域化、全国化	以全国为范畴 岛屿地区类别化	以全国为基础 全球化考量

图 2 新村运动的组织和事业变化

新村运动的组织与事业的关系大致如下：20 世纪 70 年代以中央政府为中心的援助事业，在明确的指导下以自上而下的方式推进，但也只有在居民的紧密协同下才能实现目标；20世纪80年代随着事业主体民营化，以及设立新村运动中央总部，物质性的援助事业转向以各部门为中心，而民营自理组织则以承担宣传和教育等事业为中心，总体上呈现二元化推进；20世纪90年代以后，随着《新村组织运营法》的出台，新村运动转向通过各种组织和支部分会去推进，其具体内涵包括"意识创导"和教育事业等。20世纪90年代开展的"新村领导者培养"等工作标志着新村运动的调整，新村运动不再是以往那种轰轰烈烈的全民运动；实际上1996年以后，随着政府全面支援的中断和民营化的推进，新村运动呈现出了缩小和个案化发展的趋势。

4.2 新村运动各时期的收入变化分析

新村运动开始以前，1965年的城市和农村年收入分别为112560韩元和112201韩元，几乎无差距。但20世纪60年代后期随着现代产业培育建设和经济开发五年计划的推进，非农经济快速成长，城市和农村的收入差距逐渐扩大。1965～1970年间，城市家庭收入的年均增幅达到28.6%；而同期农村家庭收入的年均增幅为17.9%。大体上，1970年新村运动开始时的农村家庭收入明显低于城市家庭收入[1]。

1970年新村运动开始以后，城市家庭和农村家庭的月收入发生了很大变化（表4）。

新村运动各时期的城市和农村家庭收入变化　　　　　　表4

年度	城市家庭月收入A（千元）	农村家庭月收入（千元）			比率B/A（%）	农渔村相关政府部门的支援行动
		总计B（包括以前收入）	农业收入	农业外收入		
1970	28	21	16	5	75	—
1975	66	73	60	13	110	小都邑培育（1979，行政自治部）
1980	234	224	146	78	96	—
1985	424	478	308	88	113	岛屿综合开发（1986，行政自治部） 内地综合开发（1988，行政自治部）
1990	943	919	522	237	97	渔村综合开发（1994，海洋水产部）
1995	1911	1816	872	578	95	山村综合开发（1997，山林部） 农渔村居住环境改善（1997，行政自治部）
2000	2387	1941	908	619	81	美丽村庄开发（2001，行政自治部） 信息化示范（2001，行政自治部） 渔村体验村庄建设（2002，海洋水产部） 农村传统主题村庄建设（2002，农村振兴厅）
2005	2994	2542	985	824	85	

1　韩国1965～1970年间的年均经济增长率为11.43%，当时城市家庭的年平均收入大幅提高的原因是产业结构变化及快速的城市化发展。而农村家庭的年平均收入增加相对较慢的原因，在于农村仍维持着传统的大家庭，同时劳动人口的比率较低。

1970 年的农村家庭月平均收入约为城市家庭月平均收入的 75%，1975 年提高至110%。自此至 1990 年，城、乡家庭收入基本维持在相似的水准；20 世纪 90 年代以后农村家庭收入较城市家庭再次降低，但城乡间的收入差距不大。1996 年后政府中断了面上的普遍支援，这以后城乡家庭的收入差距再次拉开。尽管农渔村和山村综合开发事业仍在进行，2000 年以后还推出了农村信息化建设及主题村庄和体验式项目，试图引导农渔村地区的活性化发展，但终因农村中青年人口大量流向城市，以及农渔村人口高龄化不断加剧等，城乡家庭收入的差距呈现出日渐扩大的趋势。

◆ 5　结论

本文回顾了韩国新村运动的缘起，分析了 20 世纪 70 年代成长期、20 世纪 80 年代稳定期及其后的事业和组织的变化过程，同时比较了农村地区和城市地区的收入变化。可得出如下结论：第一，新村运动从致力于克服 20 世纪 60 年代的城乡间收入差距扩大及改善农村生活环境等工作开始，扩大至生产性基础设施、增收项目和教育事业等，并逐渐向城市地区延伸；第二，20 世纪 70 年代的新村运动的成果表现为农民收入的增加，社会方面也在国家政策的指引下通过以村庄为单位的自立活动获得了物质资本和社会资本积累的成果；第三，20 世纪 80 年代以后的新村运动转变为以民间为中心、以全国范围和全体国民为对象的教育事业，以观念的进步为宗旨。同时，在政府的持续支援下，城乡间的家庭收入差距不大；第四，自 20 世纪 90 年代中期至今，政府中断了面上的支援，加之农村人口高龄化等不利内因，城乡间的家庭收入差距再次拉开。为了确保既有农村人口的福利以及吸引人口流入，政府与民间协力的农村振兴事业持续在推进。

注：未标注资料来源的图表均由作者绘制、整理。感谢孙立老师和朴世英同学对本文所做的工作。

参考文献：

[1] 内务部 . 从新村运动开始到今天 [Z]. 内务部新村策划科 ,1981.

[2] 新村研究会 . 新村运动 40 年史 [M]. 韩国 : 新亚出版社 ,2010.

[3] 金炳燮 . 韩国森林保护和植树计划成功要素分析 [R]. 韩国社会公共管理研究报告 ,2009.

[4] 郭宗武 . 早期新村运动成功要素的分析和启示 [C] 庆云大学新村学术会 . 庆云大学新村学术研究论总 ,2009:357-386.

[5] KoreanStatistics[DB/OL].[2016-07-26].http://kostat.go.kr.

[6] 李焕炳 .1960 年代村庄开发和农村新村运动的初期展开过程 [J]. 历史研究 ,2012,23:82-83.

[7] 郑宇烈 . 韩国新村运动的展开过程和方向 [Z]. 韩国行政史学会 ,2014:10.

[8] 内务部 . 新村运动 10 年史 [Z].1980:484-485.

[9] 苏振光 . 通过新村运动研究韩国地方行政的革新和地方行政 [J]. 地方行政权研究 ,2014,28(4):22-26.

[10] 内务部 . 民族的大历史农村居住史 [Z].1979:65-68.

[11] 金寅焕 . 韩国的绿色革命：水稻新品种的开发和普及 [R]. 水原 : 农村振兴厅 ,1978:205.

本文刊发于《国际城市规划》2016 年第 31 卷第 6 期总第 156 期 15–19 页 , 作者 : 金俊 , 金度延 , 赵民。

传统价值延续与现代化之路探索的全民实践

——论韩国 20 世纪 70 年代的新村运动

◆ 1 导言

1.1 研究背景及目的

回顾近代历史，朝鲜王朝曾采取锁国政策，经济发展极为缓慢；而后朝鲜半岛于 1910 年被日本强占，日本殖民统治长达 35 年，朝鲜民族在被动的情形下历经了近代发展阶段。1945 年日本投降后，1950 年爆发了朝鲜战争，停战后仍回到战前的分治状态。

位于朝鲜半岛南部的韩国，在 20 世纪上半叶至 20 世纪 50 年代初饱经苦难和贫穷；但是韩国在随后的较短时间内发生了翻天覆地的变化，不但成功崛起为工业化国家，而且成为国际经合组织（OECD）成员国，外界称之为"汉江奇迹"。在韩国的工业化和现代化进程中，"新村运动"被认为起到了振奋人民精神的重要作用。

多年来，许多学者从不同层面和角度对新村运动展开了研究和评价。例如，从韩国近现代史角度重新认识并展开对新村运动的缘起背景及发生动机的研究；对新村运动的性质与成果的研究，其发展被认为是居民主导的区域发展，抑或是政府主导的社区发展；此外，对 20 世纪 70 年代新村运动还曾进行过深入的政治、社会层面的剖析。不仅如此，还有研究以现时的视角对新村运动的成果以及是否成功提出了不同的意见。近年来的研究从多个角度进一步拓宽了认知范畴。例如对新村运动的组织治理（Governance）层面的重新审视[1]，新村运动与中国或朝鲜农村运动案例的比较研究等；此外，还有人将韩国的新村实践看作脱贫和地区发展的一种模式，讨论了将其运用到其他发展中国家和地区的可能性。

实际上，韩国的新村运动至今仍广受国内外关注，各种交流和研讨活动络绎不绝。本文结合二战后的韩国社会背景状况，从传统价值观向现代意识及价值观转变的过程出发，重新审视20世纪70年代的新村运动及其意义和启示。

1.2　研究内容及方法

本文将"新村运动"视为由韩国人的传统思维体系衍生出来的现代化运动；即从现代意识角度思考新村运动的本质，进而审视新村运动的内容及成果。

基于这一立论，本文的研究内容包括：（1）关于韩国人传统思维体系和现代化运动的既有研究梳理；（2）韩国人的现代意识与领导人推进新村运动之间的关系；（3）从20世纪70年代前后的社会状况审视国家现代化运动演变为新村运动的过程，其中包括各种项目的推出和延续方式；（4）对20世纪70年代新村运动的内容和成果加以总体评价，分析其深层次意义及延续性。

为此，在时间维度上，本文将回溯朝鲜半岛结束日本殖民统治后所经历的混乱期，以及20世纪60年代走向现代化过程中的社会层面的变化，进而审视20世纪70年代新村运动的逐渐发起和达到鼎盛的过程；本研究的空间范围主要为韩国农村地区。

◆ 2　韩国人的传统价值观

朝鲜半岛的人文历史悠久。1392年高丽大将李成桂建立政权，定名为"朝鲜国"，此后在儒教理念下维持了500多年的统治。朝鲜半岛不仅在文化、科技等方面取得了诸多成就，而且以顺应自然规律的农业为本，形成了百姓们互帮互助、生生不息的农耕社会。

朝鲜民族在悠久的发展中形成了自己的哲学观和价值观。前者是自然观，崇尚人与环境融合的自然性，亦即太极阴阳的和谐关系，体现了阴与阳或主体与他人融通一致的认知；"个体"集合起来便形成了"大韩"，这个用词体现了其民族气概。这种哲理在韩服、韩食、韩屋等衣食住行文化里均有所体现；传统文化在不断继承和发扬，如今这种文化可谓已经演变成了"韩流"。后者可以说是儒教观，所谓儒教观是指将自然规律和秩序转化为社会秩序，珍视万民与自然和谐相处的社会运营法则；这种价值观渗透进国家统治乃至村庄、家庭及个人的管理。以农业为生活之本走过来的百姓们以村庄为单位谋求现实生计；就村庄单位而言，形成了很多氏族村。基于氏族村，互助组、乡约等制度蓬勃发展，相互扶助而开展农业经营合作。就家庭和社会而言，则以"三纲五常"为基本道德原则和规范来维持人与人之间的关系；尤其在 16 世纪以后，"韩屋"被作为实现儒教的场所来营造。

由此可见，韩国人的儒教观是从自然观延伸出来的价值体系[1]，长久以来左右着韩国人的精神和生活；韩国社会是以互助、自力更生等韧性和底蕴来持续的。然而，进入朝鲜国后期，传统思想变得模糊了，由于缺乏接纳外来文化的包容力，导致国力逐渐衰弱；最终，在 19 世纪末期席卷东亚地区的巨大近代化浪潮面前变得落伍和不堪。

◆ 3 新村运动的背景和开展情况

3.1 光复后至 20 世纪 60 年代的韩国社会

为了理解韩国 20 世纪 70 年代的新村运动，有必要先了解光复以后的 20 世纪 50 ～ 160 年代出现的几大社会变化。

第一，虽然在日占时期经历了多年殖民统治，但韩国农村依然维持了传统的生活和生产方式，同时也仍保持着以氏族为核心的乡约、互动组、换工等传统乡村的社会运作和秩序。这就意味着农村仍具备以村为单位来凝聚力量和寻求变化的潜力。第二，通过农村土地改革[2]，农民获得了属于自己的农地，摆脱了之前的佃农身份和压抑，农村社会也逐渐趋于稳定；农民成为土地的主人后，显现出了非常强烈的务农积极性。第三，在农村地区开展了包括水利事业[3]在内的农业基础设施建设。由于当时农村缺乏矿物燃料，取暖和做饭均使用木材，山林毁坏严重，导致干旱及洪水灾害，反过来也影响了农耕活动的稳定。20 世纪 60 年代后逐步实施水利事业，为农村配备了保障生活和稳定耕种的基础设施。第四，随着经济发展计划的实施，全国处于城市化快速发展阶段，城市的产业经济不断壮大，就业岗位大幅增加；与此相反，农村的务农环境变得极不稳定，农村劳力大量向城市迁移，导致农村人口减少[4]，农户的负债也开始增加。为了应对这些问题，

1　这种价值在不同时代的韩国传统社会中体现为风流道、光明思想、天人思想、花郎道、学者（儒）精神、东学思想等多种形式。

2　韩国的"农村土地改革方案"于 1949 年 6 月 21 日公布，自 1950 年开始正式实施。农村土地改革的首要目的是通过农户自力更生和提高农业生产力改善农民生活，进而实现国民经济的平衡发展。其次，就改革方式而言，采取耕者有田（耕种者要有属于自己的土地）的原则，对有耕种农田意愿的农民进行有偿分配，田地所有上限为 3 町步（1 町步约合 0.99hm²）。

3　光复后，农用水开发事业在美国扶持的军政体制下以水利合作社为实行主体，重点围绕水库修筑而起步。但由于 1946 年岭南地区的严重旱灾，农用地下水开发和水库筑造暂时搁置，农用水资源开发计划转变为以建设扬水站等能够在短期内见效的设施为主。这种方式不利于解决长期的用水问题。

4　韩国在成立之初是农业国。1967 年的农村人口仍高达 1600 万，占总人口的 80% 以上；但此时农村人口达到顶点，之后持续减少。2015 年的城市化率为 82.5%。

政府推出了种种社会事业，实施了诸如"增加农渔民收入"等农村扶持项目[1]。

实际上，自20世纪50年代开始，韩国在局部地区一直在开展旨在改善农村面貌的扶持工作和基础设施建设，但政府的努力并未取得多少成效。至20世纪60年代后期，韩国的农村仍处于贫困状态，且远落后于城市。

3.2 新村运动的内涵及成效

新村运动始于朴正熙总统执政时期的1970年10月。其标志事件为政府宣布向全国各个自然村无偿提供水泥，用于改善村庄环境。之后还出台了若干其他扶持性政策。在政府的激励下，居民有了自主参与的热情，村庄环境开始有所改善。有学者认为，最初的无偿提供物资的村庄环境改善扶持政策不但激发了农民的参与热情，同时也使劳动力得到了有效利用，从而逐渐形成了新村运动的某种形式、并在全国范围迅速推广[2]。

事实上，韩国新村运动的各个阶段均在国家现代化建设的总体框架内展开。可将20世纪70年代的新村运动大致分为三个阶段[2]，第一阶段的目标主要是推进基础设施建设，第二、第三阶段则是分别着眼于提升乡村的自助发展和自立完善的能力。对20世纪70年代新村运动的成效可从城乡家庭收入、农村人口构成以及资金投入的历时性变化来加以定量分析（表1）并得出判断。

首先是城乡家庭收入变化。1970年的城市家庭平均收入为38.1万韩元，1977年达到140.5万韩元，增加了近2.7倍；而同期农户平均收入增加近5倍，从25.6万韩元增至153.3万韩元。可见农村经济状况得到了大幅改善。尤其在1974～1977年间，农村收入超越城镇居民家庭收入，这意味着新村运动在帮助农村脱贫致富方面取得了一定成功。

其次是农村人口变化。1970～1979年间，农村人口从1443.2万人降至1088.3万人，减少了354.9万（24.6%）；农户数则从248.3万户降至216.2万户，减少了32.1万户（12.9%）。从中可以看出，即便在农村家庭收入超过城市居民家庭收入后，农村人口仍在向城市迁移，但农村人口和农户数仍然维持着较大的总量。某种程度上，新村运动为减缓农村地区的剧变做出了贡献。

再次是新村运动的投入。与中央和地方政府的开支相比，农村居民承担的费用比例一直较高（居民承担费用中包括了实施政府援助项目的人工折算费用）。从数据来看，

1　当时因只注重环境改善和经济的增收，而没能重视意识改变和调动农民的参与热情，因此收效并不大。

2　三个阶段为：基础建设阶段（1970～1973年），政府主导发起新村运动并向全国扩散，重点放在生活环境改善领域；自助发展阶段（1974～1976年），新村运动向城市地区和工厂等组织推广，这一时期不但要实现经济增收、也要实现国民精神改造，从而也使得新村运动获取了自助发展的内在动力；自立完善阶段（1977～1979年），这一时期可以说是走向了广域的城乡一体化发展，在项目规模、经济性及区域特色方面也较以往为佳。出于不同的角度，对阶段划分会有所差异[3,4]。

1971 年的中央和地方政府开支分别为 27 亿韩元和 14 亿韩元，共 41 亿韩元；居民所承担的费用为 81 亿韩元。到了 1979 年，中央和地方政府开支分别为 1258 亿韩元和 1010 亿韩元，共 2268 亿韩元；同期居民所承担的费用则高达 3330 亿韩元。大致上历年居民承担比例为中央与地方政府之和的 1.5 ～ 2.0 倍，由此可以看出，政府投资发挥了撬动其他投资及调动居民参与积极性的良好效果。

最后再谈论一下政府的作用。韩国政府主导新村运动，不但出台了许多扶持性政策并实施各类援助计划，而且用于新村运动的资金支援力度也在不断增强。中央政府的投入从 1971 年的 27 亿韩元增至了 1979 年的 1258 亿韩元，增幅达 45.6 倍，可见当时政府的坚定决心。与此同时，居民所承担的费用则从 81 亿韩元增至 3330 亿韩元，增幅达 40倍。政府的政策扶持和投入换来了居民的积极参与及农村面貌的巨大改善，可以说实现了政府与民间的双赢。

20 世纪 70 年代韩国新村运动的成效分析　　　　表 1

阶段 / 年度		家庭收入变化（单位：万韩元）			农村人口构成变化			资金投入的构成变化（单位：亿韩元）				
支援方向	年度	城市（A）	农村（B）	比值（B/A）	农户总数（万户）	农村人口（万人）	户均人口（人）	中央政府开支	地方政府开支	融资及其他	居民承担	村均项目经费（万韩元）
基础建设	1970	38.1	25.6	67%	248.3	1 443.2	5.80	—	—	—	—	—
	1971	45.2	35.6	79%	248.2	1 471.2	5.93	27	14	0	81	36.7
	1972	51.7	42.9	83%	245.2	1 467.7	5.99	20	13	0	273	137.8
	1973	55.0	48.1	87%	245.0	1 464.5	5.98	125	90	0	769	283.9
自助发展	1974	64.5	67.5	104%	238.1	1 345.9	5.65	121	173	14	987	383.1
	1975	85.9	87.3	102%	237.9	1 324.4	5.57	666	579	408	1 696	809.6
	1976	115.2	115.6	100%	233.6	1 278.5	5.47	484	396	771	2 274	882.5
自立完善	1977	140.5	153.3	102%	230.4	1 230.9	5.34	599	723	1 138	3 250	1 276.4
	1978				222.4	1 152.7	5.18	654	773	1 957	4 878	1 749.2
	1979				216.2	1 088.3	5.03	1 258	1 010	1 984	3 330	2 090.4

◆ 4　现代意识与新村运动

4.1　新村运动的现代性与国民精神改变

朝鲜半岛在日本殖民统治期间，由于社会和思想受到压制，加之占领者施行的殖民同化政策，本土民族事实上已经无法主导自身的变化。1945 年迎来光复后，南部存在着左翼、右翼及意识形态的矛盾，在纷争中于 1948 年迎来了韩国政府的成立；接着是冷战背景下的 1950 年朝鲜战争，随后是停战和恢复重建时期。半岛可谓历经混乱和动荡。

20 世纪 50 年代后期，韩国人开始逐步看到了摆脱过去那种困苦和压抑的希望；虽然抱有在自由的土地上创建美好家园和过上好日子的愿望，但是人们身处历史遗留下来的混乱社会环境中，既未能形成向心力，各方积极性也尚难以发挥。很大程度上，当时的国家依然处在混沌多变的混乱期，只能在探索中缓慢前行。

进入 20 世纪 60 年代以后，韩国人的现代意识和追求浮出了水面，逐步形成了自主开展社会改造运动的诉求。这一时期，在政府主导下推出了"祖国现代化建设"方略。随着"经济发展五年计划"的连续实施，国家现代化的物质基础快速奠定。精神建设方面，在时任总统朴正熙的倡导下，政府于 1968 年 12 月 5 日颁布了《国民教育宪章》[1]，以谋求国民精神的改造和升华。

早期的新村运动曾认为物质环境的改善是现代化的象征，因此主要在物质层面推进支援，诸如施以水泥和钢筋援助和施行物质性建设；但实际上，以村为单位的合作发展和居民的现代意识提升才是农村现代化建设运动的本体价值。在历经多年动乱和贫困后，这样的运动有助于改变农民的精神面貌和增进自我发展自信心，进而发挥改变韩国社会面貌的积极作用。可以说，20 世纪 70 年代的社会运动增进了国民的现代意识，人们普遍意识到需要寻求自我改变之道。新村运动的大规模开展起可谓是现代意识深入人心的外化体现，而勤勉、自助和合作也正是新村运动的基本精神；与之相对应，《国民教育宪章》的出台则是为了树立国民的伦理和精神基础。换言之，以民族复兴作为历史使命开始的精神改造运动的一部分，便是要把《国民教育宪章》中的概念落实到社会生活中去，使其生活化。时任总统朴正熙甚至还为之创作了《新村之歌》[2]，在全国各地广泛传播新村精神和新村运动。

4.2 延续传统价值与"祖国的现代化运动"

20 世纪 50 年代初，韩国还是一个农业国家，经济基础极为薄弱；要在人均国民收入 60 美元、农村人口占总人口 85% 的经济社会结构基础上实现工业化和社会变革，堪称任重道远。而以 1970 年的新村运动为开端，依靠占国民主体部分的农民，在实现农村复兴的基础上促进了全国的发展。所以韩国的新村运动亦被称为是在"勤勉、自助和

---

1 《国民教育宪章》的内容可以概括为：每位韩国国民作为韩民族的一员而心存骄傲，要具有清晰的使命意识；屹立于世界民族之林的韩国人民要为确保韩国的自主独立和追求人类的共同繁荣做出贡献。宪章以个人伦理、社会伦理、国民伦理的排序展开论述，明确指出国民应当遵守和实践的规范和道德，并以此作为国民教育的方向。

2 《新村之歌》的作词、作曲为朴正熙。歌词为：新的一天开始了，咱们快快起床来，去建我们的新农村，用我们的力量建设舒适的新农村。除旧换新茅草屋，修起村里宽马路，建设绿色的家园，精心维护和改善，用我们的力量建设舒适的新农村。大家齐心协作互助，辛勤挥汗而劳作，努力增加收入，建设富裕的新农村。用我们的力量建设舒适的新农村。我们大家无比坚强，英勇奋战、辛勤劳作、辛勤劳作、英勇奋战，创建我们新祖国，用我们的力量建设舒适的新农村。

合作精神"[7] 的基础上的"追求美好生活的运动",通过农村地区的生活环境改善、经济增收,以及意识变革而达成了预定目标。

新村运动是以农村的村庄为单位开始的。韩国的农村村庄是一个生活共同体,所谓的"生活"是一个涵盖了地域、血缘、文化、经济共同体等的综合概念;以村庄为单位维持传统价值,加之依靠新力量而谋求发展,从而为现代化运动奠定了社会基础。换言之,新村运动的核心要义"勤勉、自助和合作精神"与"大韩"所意指的"韩"民族所具有的传统价值观相通。首先,勤勉精神是指为实现美好生活必须勤劳,有了勤劳、俭朴和诚实的态度,虚假和掩饰自然会消失无踪。其次,自助精神源于为过上好日子不依靠他人的理念——靠自己解决问题并开拓进取;基于自立和自律的主人翁意识,可以提振信心和使命感,在实践中发挥主观能动作用。再次,合作精神是指为过上好日子大家要必须要齐心协力,它能提高工作效率和弘扬团队精神,发挥增强相互信任和自信的作用。因此,勤奋、自助、合作精神是由数个"单个"精神所相互连接而呈现出来的"一个大的"精神。由此可以说,新村运动是传统价值投射到"现代情形"之中的具体体现。

新村运动在结构层面被认为是"祖国的现代化运动",亦即它与建构现代化所需的社会结构有关。在现代化[1]的征程中需要通过三个阶段来完成社会的现代化重组。其一,现代产业技术的发展及与之相伴随的产业化所需要的现代"物质环境";其二,对国民的现代化教育和实现"启蒙与文明";第三,维持现代国家运作所需的治理基础是"制度和政策"。西方的现代化[2]使得世界变为产业社会,西方语境的现代化路径在韩国的现代化运动中也有体现;但韩国的现代化需要继承和弘扬自身的传统价值,这一目标要在新村运动的推进中加以落实。

新村运动在实践中涉及多方面的现代化目标,并需要通过各类具体项目建设来加以逐步实现;为此,可以将20世纪70年代的各类具体建设项目以现代化的核心范畴——"物质环境""启蒙与文明""制度和政策"等来进行分类和理解(表2)。

归纳表2的分析,在"物质环境"方面,通过将现代工业技术及成果——水泥和钢筋等运用在公共基础设施和住区建设中,从而使乡村的物质环境得到了改善;在"启蒙与文明"方面,诸如成立有助于增进爱乡情结的各类乡村组织,建设便民服务设施和推进社会福利事业,以及普及适应现代生活的环境卫生设施等;更为重要的是教育事业,教育培训工作在新村运动的支援项目中占了很大比重,尤其是重视培养村干部,以使其在项目的实施和运作中发挥重要作用。"制度和政策"方面,包括体制和法制的建设和

1　西方现代化的萌芽要追溯到15世纪文艺复兴时期,彼时的世界观从以"神"为中心转到以"人"为本,从而建构了基于人类理性的价值观。西方在工业革命和市民革命以后形成了现代国家;之后,城市、生活空间、社会结构等都转变成了现代化形式。

2　从西方角度看东方地区,其"现代性"(modernity)概念直接或间接与"殖民地"状况相联系。显然在观念上存在着扭曲。

保障，以及主要针对农村产业发展和农民增收等出台诸多支援政策。

由此可见，韩国新村运动中的各建设领域及具体项目都可归至现代化推进努力的某一范畴；在国家现代化发展的总目标下，通过分阶段和系统化的实施和管理，不但行动方向和路径明确，而且有利于发挥居民的参与热情。很大程度上，居民的参与行动和国民的意识转变决定了新村运动的成功。

20 世纪 70 年代的新村运动与现代化的范畴和建设项目　　　　表 2

现代化的范畴	建设领域	具体项目
物质环境	公共基础设施建设	• 农村道路工程：建设农村道路系统，偏远地区通路工程；建设村道、停车场和公交站点等 • 农村水利工程：简易水利设施，包括引水渠建设、湿地和水塘治理等 • 农村小流域治理工程 • 乡村通信工程：村村通电话，建设移动通信网等
物质环境	住区建设	• 住区改善工程：改造农村住宅，改善聚落结构等
启蒙与文明	公用和福利事业建设	• 乡村组织和公共场所：成立各类乡村组织，设立村民会馆等公共场所 • 便民服务设施：乡村邮电、商业网点等 • 社会福利事业：乡村幼儿园、托儿所、医疗点等
启蒙与文明	环境卫生建设	• 改造农村厕所，铺设下水道，建设公共澡堂等
启蒙与文明	教育事业	• 培养农渔民业生产传承人 • 培训新村领导人
制度和政策	体制与法制	• 调整和扩充支援机构，出台相关法律等
制度和政策	产业经济领域的政策	• 农业发展政策：耕地整理，改良作物品种；农机推广，机械化农业经营，果园和大棚建设，仓储和加工设施建设，小农户自立试点等 • 农村增收政策：提高粮食价格，开发增收种植业和养殖业（洋菇等园艺作物及特殊作物；养蚕业、畜牧业等） • 农业生产协作政策：如公共仓库、公共作业区、公共饲养棚、公共干燥场、公共堆肥场等共用设施建设 • 农产品销售政策：建设农产品收集拣选场，购置运输车辆，设置直销连锁店等 • 农村生态环境政策：治山和绿化工程，林地和苗圃建设，固沙工程等

资料来源：参考文献 [8]。

◆ 5　结论

光复以后的韩国曾是一个贫困落后的农业国家，在很低的起点上开始了现代化征程；20 世纪 70 年代与政府的重工业政策和国家城市化进程同时推进的新村运动，被认为是"取得了巨大成功"的历史性事件。新村运动的开展有其特定的历史背景和价值观渊源；除了物质性援助和建设改善，新村运动在精神层面上的努力更不可或缺；以传统社会结构和价值观为依托，通过制定《国家教育宪章》等来提升国民精神和现代意识，从而将新村运动引向了成功。

20 世纪 70 年代是韩国政治社会环境比较不利的时期，但这一时期也是集中涌现现代化成果和展现现代化变革的时期。可以说，新村运动是韩国人基于传统价值观和"现代意识的自我觉醒"所开启的"现代化运动"的主要载体；其成功也成为了驱动韩国经济发展的重要动力。

对新村运动的研究还在延续。对诸如新村运动具体成果的指标和定量评价、国家实现现代化和城市化以后的农村发展——尤其是高龄化农村社区的困境[1]等问题，均需要持续关注，并不断开展新的研究和探讨。

感谢张立老师对本文所做的工作。

参考文献：

[1] 严锡镇 . 20 世纪 70 年代农村新村运动再照明 [C]. 首尔行政学会学术会议论文集 ,2011:457-485.

[2] 全相仁 . 新村运动，过去 40 年和未来 40 年 [C]. 新村运动中央会 . 新村运动 40 周年国际学术会议 ,2010:53.

[3] 新村运动中央会 . 韩国的新村运动 [C]. 新村运动 40 周年国际学术大会 ,2000.

[4] 郑甲真 . 20 世纪 70 年代韩国新村运动的政策经验及利用 [R]. 韩国开发研究院（KDI）,2009.

[5] 韩国国家统计局网站 [DB/OL].[2015-10-10].http://www.kosis.kr.

[6] 黄仁静 . 新村运动：开始至今 [Z]. 内务部 ,1978.

[7] 郑甲真 . 新村精神：新村精神和庆北人的精神文化 [Z]. 庆尚北道 ,2011:19-21.

[8] 产业研究院，等 . 韩国产业 60 年发展史 [R].2009.

[9] 赵民，张立 . 东亚发达经济体农村发展的困境和应对——韩国农村建设考察纪实及启示 [J]. 城镇化 ,2015,2:106-109.

本文刊发于《国际城市规划》2016 年第 31 卷第 6 期总第 156 期 20–24 页，作者：刘载祐，赵民。

1　有着传统村庄景观和秩序的农村随着外部环境的快速变化而发生变化。若单从生活来看，现代化发展和变化确实带来了便利，但在社会层面也显现出了一些异化。包括农村居民大幅减少和社区秩序变化而带来的不满等。新时期的农村振兴需要物质和社会层面的多重努力，而非仅仅是缩小城乡住区的外观差距[9]。

新村运动的政府援助及应用策略

引 言

朝鲜半岛结束日本殖民统治后长期处于贫困状态，但是 20 世纪 60 年代末期韩国经历了新村运动和出口导向的经济政策，国家逐步走向富强。以 1987 年成立对外经济合作基金（EDCF）和 1991 年成立主管无偿援助的国际合作机构——韩国国际协力团[1]（KOICA）为标志，韩国从一个接受国际组织和发达国家援助的受援国，转变为能够对外提供援助的援助国。随着 2009 年韩国加入了世界经济合作与发展组织发展援助委员会（OECDDAC）以及 2010 年"韩国国际发展援助基本法"的实施，韩国在国际社会政府援助（ODA）领域愈加活跃。

韩国开展国际间政府援助的历史虽短，但具有韩国特色的政府援助[2]模式却有着广泛的影响。特别是 20 世纪 70 年代的韩国新村运动的成功受到很多发展中国家和国际组织的充分关注，甚至认为，如果将新村精神有效转播，可以缓解全球贫困并促进社会的可持续发展。

然而早期的政府援助模式主要采取单纯的人力和物资援助，容易造成受援国的依赖

1 　更多信息请参阅韩国国际协力团网站 http://www.koica.go.kr/。

2 　更多信息请参阅官方网站 http://www.odakorea.go.kr。

性和援助国的剥削性等弊端，并不能从根本上消除贫困。实际上，新村运动特别强调通过居民能力的开发和自主的社会参与来培养自力更生意识。因此，新村政府援助项目有效实施的核心在于居民能力的开发、激励和自立意志培养，帮助建立以居民为核心的决策组织，增加居民收入及建立村庄之间的竞争机制等。为了确保新村政府援助项目得以有效、成功地在发展中国家落地扎根，只有让新村运动的核心要素最大限度地深入人心，才能提高其适用性。从援助国角度来看，首先要充分认识和了解新村运动的成功要素和作用机理；其次，结合受援国的国情和政府援助的可接受性，量身定制新村运动政府援助项目。上述的核心要素是缓解农村地区的贫困、寻求自力更生，实现村庄可持续发展的政府援助新模式的关键，其意义在于：韩国的新村经验可作为实现联合国新设定的可持续发展目标（SDGs，2016～2030）的一种可选路径。

本研究旨在通过分析新村运动政府援助项目实施十多年来的经验和问题，总结将其运用于受援国时的注意事项，为构建新村运动政府援助新模式提供支撑。特别是希望提出可持续、自立的农村发展模式以及相应的、切实可行的实施策略，以帮助发展中国家脱贫并实现社会的健康发展

◆ 1　新村运动与政府援助

1.1　新村运动的核心特点

韩国新村运动的核心要点是意识革新、居民的自主参与和竞争激励。为了成功推进新村项目，国家发展要有明确的愿景和目标，政府和领导人要有强有力的领导能力，且村民应当具备一定的教育水平和乡村社区意识。

新村运动是追求美好生活的运动，村民的勤勉、自助、协同精神是其基本支撑。首先，通过政府的政策支持，保证乡村建设工作在有组织的情况下完成；其次，要促进社区共同体意识的生成，要实施向内切入的方法来促成村民自主讨论村庄问题。新村项目的决策要力求反映大多数村民的意见，这是建设项目在实施过程中实现自立、协同氛围的前提条件。为了让村民坚定能够过上美好生活的信念，并转变传统的、懒惰的生活习惯，韩国政府实施了一系列政策，比如有组织地利用各种教育课程和宣传的手段、各村培养男女领导人各一名，指派公务员下乡到农村一线发挥"意识转变传道士"的作用等。

新村运动的另一个重要特点是，严格按照总统强有力的坚定信念和政府主导的计划实施新村项目，特别是从中央和地方政府的制度、财政及政策措施入手，调动和启蒙村民，引导村民参与和协同。在新村运动过程中，通过合理施行"胡萝卜加大棒"的政策

来加快新村建设和发展。

1.2　韩国式政府援助的概念

与欧美发达国家相比，韩国的政府援助规模尚处于较低水平。2010 年韩国的政府援助为 11.7 亿美元，占国民总收入的 0.12%。近年来，韩国制定了相关规划，拟将政府援助提高到占国民总收入的 0.25%。

尽管韩国政府援助规模和领域不断扩大，但缺乏系统化的组织，也没有对其有效性进行评价。作为国际间政府援助的后来者，同时从为联合国的"后千年项目"（Post-MDGs）做准备的角度来看，需要开发出既能提高援助的有效性，又可以提升国家形象的，具有韩国特色的政府援助新模式[1]。总体来看，韩国政府援助模式的核心内容是"与受援国分享成功的发展经验，同时谋求援助的有效性"。韩国新村运动与其他乡村社会发展运动之间的最大区别之一是"可通过居民觉悟的培养，注入'勤勉、自助、协同'的新村精神"。这样的居民态度和行动变化不可能在短时期内实现。因此，为了确保韩国的独特发展经验在受援国落地生根，必须对受援国的传统、文化、国民性、资源条件、社区条件和项目地点选择等进行准确的先行调查和分析研究，以设计出能够落地的、可以有效实施的新村政府援助项目。

1.3　新村运动与政府援助

全面的国际发展合作是在二战以后开始的，其目的是为了全球的和平与繁荣，援助战争受害国和新生独立国家的重建。进入 20 世纪 70 年代，援助逐渐以"减少贫困和失业"为目标。然而，国际社会对大规模援助也有质疑，即援助是否对发展中国家的发展做出贡献？反对意见认为，援助反而增加了受援国的依赖性，而不是促进其自主发展，即陷入所谓的"援助陷阱"。因此，需要改变援助思路，扭转这种国际发展合作的恶性循环。此外，发展中国家 70% 以上的人口生活在农村地区，90% 以上的贫困人口生活在农村。由此，发展中国家实现脱贫的关键是农村地区。为此，政府援助项目应当重点聚焦"培养受援国村民的自主脱贫能力"，而不是单方面的物质和人才的援助。

新村运动是在韩国特殊国情条件下的经济发展和意识改革并进的社会运动，是 20 世纪 70 年代作为国家政策发起的现代化事业，以农村发展和振兴农村为目标，这是韩

1　2005 年国务调整室政府援助改善实务工作组将韩国式政府援助模式定义为"为增进国际社会上共享的人类普遍价值，并服务于增强韩国利益，符合韩国所处的政治、经济、社会、文化等各领域国内外环境的援助方式"。2007 年，KOICA 实施的《韩国式发展合作项目发展方案研究》，将韩国式政府援助模式定义为"遵循国际援助准则，同时与发达国家的传统援助方式有所区别，专注于韩国的相对优势领域，促使援助成效最大化，提升韩国的国力和国家品牌形象，加强国际社会影响力的韩国式国际援助项目"。

国新村运动的特殊性。因此，韩国的新村政府援助模式需要进行国际化改良，成为符合国际社会标准的发展合作项目。

为实现新村运动的全球化，很多学者和相关人士认为，有必要构建"新村运动学"，作为新村运动精神的实践指导和社区的主导发展模式。他们认为，要将新村运动内在的独创性、文化价值（新村精神、新村方式、居民参与型社区发展等）转化为国际化的、普适价值的精神实践。更有研究认为，新村运动要想国际化，必须超越勤勉、自助、协同之单纯因素，而要具备普适性。

另一方面，近来的研究常常试图将新村运动与国际发展合作衔接，并对不同情况的其他国家"分享韩国的发展经验"提出质疑。他们认为，20世纪70年代与21世纪头十年的发展情况有很大不同，新村运动的内容也应该有所变化，新村运动应用到发展中国家的农村时，必须综合审视这些国家农村社区的运作机制、协同体系、社区自治能力、领导能力及决策能力等，才能决策如何在这些国家应用。

韩国的农村发展经验应用于发展中国家，必须考虑发展中国家的地理、气候、政治、社会、文化等方面的差异，总结普适化的操作过程，以便使韩国的发展经验得到有效落实，比如在当地建立研修院来培养当地的社区（新村）领导人等。他们认为新村政府援助项目成功与否的关键在于新村精神能否得到当地居民的认同。

当下政府援助重点援助国（如柬埔寨、缅甸、老挝、菲律宾等）与20世纪70年代的韩国相比，在诸多领域存在较大差异。最明显的是全球信息通信技术（ITC）的发展使得手机和互联网的普及率增加，且电视和收音机等通信设备的普及率更高；虽然这些受援国的运输装备水平较低，但是机动化的运输工具已经很普及。比如，21世纪初越南农村家庭的厨房、卫生间、通信设备、交通工具等的普及率都远远超过20世纪70年代韩国的水平。因此，将韩国20世纪70年代新村运动的运作体系应用到发展中国家，必须准确把握受援国的生活水平和社会环境，方能对其适用性做出合理的研判。

◆ 2 新村运动政府援助项目评价

2.1 新村运动政府援助的内容

受援国的新村政府援助项目内容构成大体相似，主要包括：建设村民会馆、改造农房（屋顶改造、架设电线）、改善生活设施（厨房、卫生间、自来水）、扩建农业设施（农用道和农田水利工程）、培育增收项目（养猪、养鱼、经济作物种植）、改善交通设施（扩建或铺设道路）、强化居民能力（新村教育）、邀请研修等。

　　韩国农业领域[1]的政府援助项目主要由韩国进出口银行利用对外经济合作基金（EDCF）和韩国国际协力团（KOICA）负责，前者进行有偿援助项目，后者负责无偿援助项目。其中 KOICA 援助的目的是提高发展中国家的农水产品生产率、改善农渔村生活环境和改善农水产品市场环境，其主要活动围绕邀请研修、政策咨询、派遣专家、义工团、技术合作等方面开展。进入 21 世纪，随着发展中国家对新村政府援助项目的需求增加，韩国的很多部门开始参与其中。行政自治部（新村运动中央会[2]）、庆尚北道[3]、农林畜产食品部、农业振兴厅等多个机构也参与一些援助项目。近些年来，新村政府援助的预算在逐年攀升，2013 年为 430 亿韩元，2014 年为 450 亿韩元，2015 年约为 600 亿韩元，2011 年至 2015 年累计达 2200 亿韩元。

　　2010 年，按照政府"政府援助先进化方案"，结合韩国的经验和受援国发展的需要，由总理办公室发起了"新村运动 ODATF 组"通过试点经验来总结新村政府援助项目操作的普适模式。新村运动 ODATF 组组建了推进计划的协议会，由韩国国际协力团（KOICA）、企划财政部、安全行政部（新村运动中央会）、农林畜产食品部、农村振兴厅、庆尚北道和韩国开发研究院（KDI）共同组成，并特别选定亚洲的老挝和非洲的卢旺达为试点国家，分阶段施行新村政府援助新模式（第一步是培养领导人、第二步是开发村民的自主能力、第三步是社区综合发展）。

　　新村政府援助新模式充分结合了相关机构的优势，摆脱了政府援助过去单纯的人力和物力支援模式，旨在激励当地居民，促使其形成自力更生的社会氛围。为促进新政府援助模式的顺利执行，激发居民的参与热情，可以通过奖励等方式实施让居民直接受惠的项目，亦或帮助其形成自立的意志，加强村民自主决策和执行重大事项的能力。这种新模式是为了克服传统政府援助的局限性[4]的一种尝试，体现了与全球发展议题、联合国目标、女性及环境等国际援助导向的接轨，符合巴黎宣言倡导的"提高援助有效性和受援国主人翁意识等"宗旨。这种新模式符合"通过提高自身能力来自主脱贫"的新村政府援助项目宗旨，也符合政府援助项目所倡导的"在当地开展积极活动和本地化协同等"精神。

2.2　新村政府援助项目的组织模式

　　新村运动政府援助项目的新模式发挥了不同机构的各自特点。KOICA 不但开展农

　　1　韩国最早的农业领域政府援助是 1973 年的亚洲蔬菜研发中心（Asia Vegetable Research and Development Center）援助项目[6]，之后直到 1987 年韩国进出口银行和 1991 年韩国国际协力团（KOICA）的成立，韩国在农业领域的政府援助才全面正式开展。

　　2　更多信息请参阅新村运动中央会网站 http://www.saemaul.com/。

　　3　更多信息请参阅庆尚北道新村运动网站 http://isvil.net/。

　　4　传统的政府援助模式增加了受援国的依赖度，而并非促进其自主发展。

村综合发展项目，而且同时开展邀请研修、当地培训等各类政府援助项目；企划财政部通过韩国开发研究院（KDI）的知识共享项目（KSP: Knowledge Sharing Program）将韩国的发展经验传授给发展中国家；进出口银行利用对外合作基金（EDCF）开展大规模农业基础设施援助项目；农林畜产食品部把农村综合发展作为国际合作的一个组成部分来推进；农村振兴厅把重点放在农村技术合作；庆尚北道和新村运动中央会与新村示范村共同组织研修（培养新村运动精神）以及开展以村庄为单位的农民增收项目。总之，各机构发挥自身优势，以不同的政策目标，协力推进新村政府援助项目。

新村政府援助新模式的特点是提高援助的有效性，进而为受援国的经济社会发展做出贡献。新村政府援助新模式是涵盖了精神启蒙、改善生活设施和环境、增加农户收入等方面的社会综合发展模式，因此从政策层面必须建立一个制度化的推进体系，以村民自主参与为基础，确保行政和财政支持的可承受和可操作性。政府援助系统形成后，各机构的职能分工大致如下：新村运动中央会负责培养新村领导人，农村振兴厅负责农业技术合作，企划财政部负责政策咨询和支持大规模农业基础设施。尽管如此，各机构仍存在重复投资近似项目的情况，机构之间经常各自为政、缺乏协同。有些地区不仅存在项目重复的现象（表1），甚至在一个国家经常有多个韩国机构在开展相似的政府援助项目。

政府援助项目的各相关援助机构也缺乏协同效应。比如各机构都会组织邀请研修，但没有标准化的研修教材和教育课程等资料；农村振兴厅等机构重点开展农业技术合作项目，但缺乏与新村运动政府援助的直接紧密联系；再比如开展农村综合发展的项目是以物质环境建设为重点，但缺乏与新村政府援助项目其他要素的衔接，从而导致受援国村民自立能力培养的缺失。

各机构的新村运动政府援助项目　　　　　　　　　　　　表1

阶段机关	邀请研修	示范项目	项目	派遣服务组	国际机构/非政府援助
韩国国际协力团（无偿）	○		○	○	○
韩国进出口银行（有偿）	○		○		
新村运动中央会	○	○			
庆尚北道	○	○		○	○
农村振兴厅	○		○		

2.3 新村政府援助模式的局限性

政府援助项目常常是基于援助国的立场提供援助，而不是反映受援国的实际发展需求。对于一般的无偿援助而言，农村综合发展政府援助项目是依据受援国的要求来开展的。但是多数情况下，发展中国家并非先规划再请求援助，而是根据援助国的预算范围来决定申请项目的内容。在项目实施阶段，一般也是围绕着事前签订的合同或协议来严格执行，这与政府援助项目的意图相悖。政府援助项目的意图是帮助当地实现居民主导的发展模式，而不是由援助国主导。

从以往的新村政府援助项目的实施成效来看，很难找到（自立）意识改革方面的成功案例。一般来说，政府援助项目在较短时间（3～5年）内需要展现成效，所以基本完成了暂时的经济援助，但大部分项目难以做到持续性的支援。

新村政府援助项目的目标是帮助受援国的乡村建立"勤勉、自助、协同"的新村精神，实现自立型的社区发展事业。但是居民意识或价值观的变化需要长时间的投入，单凭短期可视性的物资和经济援助、做秀式的志愿者活动以及一次性研修和教育项目，是难以实现的，这是新村政府援助项目的最根本的短板。要实现本地居民主导的、自立型的社区发展，需要建立社区共同体意识、制定长期规划、提出系统化目标和实施持续援助。传统援助方式的政府援助项目是难以培养居民的责任感和主人翁意识的。

从受援国的角度审视，可以在各国的社会、文化和经济差异中找到居民意识改革困难的原因，比如大部分发展中国家农村长期的贫困，导致村民根深蒂固的依赖心理和回避协同的思想等。只有深入把握受援国的现实情境，才能为受援国的经济和社会发展做出切实有效的贡献，并在此基础上量身定制新村政府援助项目的实施策略。实际上，每个受援国在传统文化、经济水平、居民需求和发展能力上都或多或少存在差异，即使在同一国家的不同地区，其发展潜力和发展环境也有不同，各自适合的援助项目也就相应的存在差异。

新村政府援助项目要制定专家退出后的当地可持续发展策略[1]，以保证项目的后续健康发展。新村政府援助项目要求专家具备社区开发者的专业素养，要能够与当地政府官员和村干部进行沟通，以确保项目在当地顺利实施。以KOICA的农村综合发展政府援助项目为例，韩国派出的相关专家会间歇性地在当地停留几个月或几周，为当地居民提供培训和咨询，但在项目结束的同时，专家一般也会一同撤离。专家的撤离会导致项目的后续实施难度加大，这就需要专家在项目结束后继续留守一段时间，以实现过渡，并培养当地的替代人选，以保证项目的后续可持续发展。

总体而言，韩国在发展中国家实施的新村政府援助项目的局限性可以概况如下：第一，因采取单方面的物质和设施援助，在培养当地居民的自主发展意识方面有所欠缺；第二，因对受援国特殊的政治、经济、文化和地理环境的认识不足，很多项目是基于援助国的立场来决策和实施支援内容，这经常与当地实际需求不符；第三，因韩国的绩效竞争取向，新村政府援助项目难以摆脱基础设施援助为主的乡村发展模式，这就很难形

1　意指如何能让当地居民在没有外援的情况下还能实现健康持续的发展。

成可持续的援助；第四，派往当地的专家在专业能力方面有欠缺，且项目结束后也没有培养可以接续的当地专家，这就造成当地村民后续在理解新村精神上的困难；第五，在受援国缺乏有效开展新村运动的政府组织和专业领域官员，导致政府（中央和地方）、市民组织、企业以及民间组织之间的纵横联系不足，很难建立全社会范围的协调网络。

◆ 3 新村政府援助项目的未来指向

3.1 确保项目的可持续性

今后新村政府援助项目的主要目标应该是确保可持续性。如果说以往的很多政府援助项目是侧重于短期物质援助的一次性项目，那么今后的政府援助项目应该是在项目结束后也要能够发挥可持续的激发带动作用。这就要求摸索在地化的援助内容和实施策略，确保援助项目是受援国政府和当地居民所需的，确保项目能够培养当地村民自主发展的能力。

3.2 重视村庄和居民的主体地位

对于社区的可持续发展而言，必须重视居民和村庄的主体地位。新村政府援助项目的初期就要让村民能够切身感受到项目带来的有形的或无形的实惠和便利，让他们感受到成就感，更加充满自信。为了把最大实惠回馈给居民和村庄，从项目设计、实施到评估阶段，都要坚持以居民和村庄为主体。政府援助组负责协助创建自下而上的项目实施环境，帮助找出村庄的问题，并提供解决方案，但最终决策的主体仍然应该留给居民和村庄。

3.3 加强居民能力的开发

新村运动的精髓可以说是（自主）意识和价值观的转变，或者说是居民能力的开发。传统的物质（设施）援助项目应该尽量利用有偿援助基金，而无偿援助项目要以居民能力的激发作为主要目标。应当用"最低限度的物质援助"来唤醒居民的"勤勉、自助、协同"的新村精神。

3.4 定制型新村政府援助项目

要量身定制符合受援国国情的新村政府援助项目，要让受援国的当地专家参与到项目构想和实施过程中。当地专家要深入了解新村运动的核心价值——"勤勉、自助、协同"

的精神，两国专家要一道探索能够有效实现新村精神的、在地化的具体方案。

3.5 推进部门建立伙伴关系

新村政府援助项目的实现需要上下协同和政府的绝对支持。与往常那些以单位项目为主要载体来推进实施的政府部门相比，与相关政府部门建立协同关系是实施新村政府援助项目的一个有效途径。概言之，要指定推进部门来实施新村政府援助项目，这个政府部门要能够使新村精神传遍各方。

◆ 4 结论

相比于西方发达国家的市民社会，韩国的农村发展经验有着独到之处。西方的农村发展模式强调居民参与型的自下而上的发展；相反，韩国经验是政府主导，但也重视居民参与，是政府主导的自上而下与自下而上结合的发展模式。

理解韩国的行政体系对于理解韩国新村运动的成功要因非常重要。韩国的农业和农村发展政策大部分由中央政府制定，再经市郡等地方自治团体传递到农民。中央政府不仅制定政策，还保证必要的预算，提供积极的行政和技术支持，再通过地方政府（道—郡—邑—面）的行政组织来落实中央政策。换句话说，中央政府负责制定宏伟蓝图和预算计划，通过地方政府来具体落实政策并进行管理，其过程涉及所有政府行政环节。就韩国农村发展而言，需要通过中央政府的财政和行政支持，促进农业技术开发和农村基础设施建设，这对农村发展发挥了重要作用。另一方面，村民以村庄为单位，自主决策、参与，并执行政府的政策。为了成功推动新村发展项目，需要建立政府和社区之间挂钩协商体制的二维发展模式。

为了成功推动自下而上式的发展，需要乡村社区自己提供发展所需的经济资源和形成自治领导力，具备村民自行解决问题的决策权。为此，社区要有自主推动项目实施的社会组织，这些社会组织应该是在本土生发出来的。此外，在社区范围内还需要制定用于实践自助和协同精神的社会规范。韩国农村拥有居民以自助和协同精神自行解决问题的传统社会资本。基于此，依靠20世纪70年代开展的新村运动形成了"居民自主，自己克服困难"的农村发展新模式。

高效的政府指导、国民启蒙、培养领导人和居民自主参与等因素是新村运动的成功因素，这与传统政府援助模式不同。为了开发自主型社区发展模式，首先应顺应发展中国家的需求，践行可以取代一次性援助的新村政府援助新模式；其次，把新村运动发展成可以体现韩国的特点和经验的"韩国式发展模式"，这种模式可以与西方的政府援助模式并行。第三，韩国新村运动的时代背景与发展中国家的现实情况有很大不同，因此在推广韩国经验时要进行合理适当地取舍，并进行在地化设计。第四，保留韩国模式的核心，次要的部分可以根据当地情况因地制宜，以"新村运动"这一品牌对外传播韩国的成功发展模式。

本文刊发于《国际城市规划》2016 年第 31 卷第 6 期总第 156 期 25–29+34 页，作者：李养秀，张立。

城市的"旧村改造"与"社区共同体"重建

引 言

城市更新是城市化中后期（或者工业化后期阶段）阶段的重要任务，韩国近些年来的实践对中国有一定启示意义。过去五十多年来，韩国的住房政策完成了从"彻底拆除型的改造"模式向"定制型可持续更新"模式的转型（图1）。城市更新作为旧村[1]改造模式的新途径，是建立在社区自力更生基础上的、以人为本、场所为主、居住为主的可

图 1　旧村更新的时代潮流

图片来源：作者拍摄。

1　韩语原文直译应为"老旧住宅区"，实际上其所指的老旧住宅区与我国的旧村或旧城概念较为接近，但其含义比我国所指的旧村略广，也包括了城市中年代久远的基础设施和环境交叉的住宅区。为便于理解，本文全部译为"旧村"。

持续性活动。本文以"芦山洞 [1]"为案例，探讨韩国版的旧村综合更新改造，了解旧村综合更新项目运作的各阶段特点。该项目重点围绕利用当地多种资源来解决社区发展问题，并通过当地居民的积极参与而完成了社区共同体的重建。

◆ 1 理论思考

1.1 关于旧村更新的相关研究

韩国学界关于旧村更新的相关研究很多，桂基石 (2012)[1] 强调，为改善社区中心的居住环境，必须建立居民组织，并保持居民、政府和企业之间的相互合作关系，他认为中央政府层面的支援是必要的，当地居民的专业化和组织化也是必要的。金洙勋（2009年）[2] 的研究指出，类似改造和重建这样的措施破坏了地域文脉（regional context），继而通过对以旧村为对象的"城市综合更新"项目内容的具体化，探讨了社会工作在其中的作用，继而试图引出城市更新工作的实效性。张锡正（2012）[3] 研究分析了建设新村来提高生活水平和可持续的相关发展指标，提出了今后建设新村工作的战略政策及实施方向，并提出了成功建设新村所需要的各种要素。金城烨 [4] 则提出，要为旧村提供社区综合支援的空间，以确保支援工作的有序开展。

1.2 关于社区企业的研究

通过社区企业改善旧村环境的相关研究尚很少见，但探讨社区企业成功因素的研究则较多。李洙炫（2011）[5] 指出，社区企业的成功因素在于无形资产、社会资本以及人力资本。沈相镇（2012）[6] 认为，循环支援结构的形成（社区企业之间的相互共用和经济支持）、区域范围内利益还原、企业间建立协议体并进行信息交流、区域范围内热点问题的切实需求（分享问题或有强烈需求的解决方案）是成功的主要因素。结合沈相镇（2012）[6] 的研究和行政自治部的优秀村指标（2012 年）来总结成功因素，包括：具有公信力的领导、社区还原、备忘录协议及支持、对协议方案的切实需求、社区组织和利用周边资源、自我管理条例及奉献。

1.3 与既有研究的区别

纵观探讨旧村环境改善的研究，具子勋（1996）[7]、桂基石（2012）[1] 等人的研究都强调通过居民自发参与建立社区共同体来发挥公共作用，同时也强调通过派遣专家发

1　2012～2013 年安全行政部（2015 年改称行政自治部，以下标为行政自治部）指定。"洞"是韩国的一级行政区划单位，其城市化特征鲜明，大体相当于中国的"街道"。

挥协调作用。此外，金洙勋（2009）[2] 的研究试图通过利用当地资源（场地资产）就综合更新的实效性在物质、社会和经济层面探索旧村的环境改善措施。上述先行研究中，有些研究得出了社区企业的成功因素在于无形资产、社会资产、人力资产、共同体的形成、协议体的组成等方面，但通过社区企业改善旧村环境的研究却尚未展开。因此，本研究认为有必要通过社区共同体来改善物质、社会文化和经济方面的环境条件。为此，本文将重点围绕芦山洞社区企业案例对旧村综合更新演化过程展开分段分析。

1.4　分析框架

本文以李奎善（2012）[8] 的研究框架为基础，以推进战略、参与率、主要活动、参与主体发挥的作用作为研究框架，按时间顺序将 2011 年至 2014 年的全过程划分为如下三个阶段。"问题识别阶段（导入期）"是认识旧村的城市更新必要性的阶段，是在旧村建立共同体，认识环境改善的必要性的阶段。"分析阶段（关注期、发展期）"是确保旧村向可持续更新方向发展的阶段，该阶段要审视主要活动和参与主体发挥的作用等。"方案推出阶段（稳定期）"是指明社区企业今后发展方向的阶段，提出各阶段的实施方案和策略，以实现可持续的旧村生活环境改善。

1.5　芦山洞地区概况

昌原市中心的芦山洞试点区占地面积 14.89 公顷，居住有 1105 户 2709 人。20 世纪 70 年代中期以前，附近有火车站、市场等设施，是一个流动人口多且商业活动繁荣的地段。然而随着 1977 年马山站、北马山站和昌原站合并，这里的流动人口骤然减少，建筑物老化，发展逐渐走下坡路。尤其芦山洞作为居住环境改善工作所在区，是当地低迷的发展现实的缩影。当地老旧危房达到 80% 以上，亟待改善社区形象。老龄人口占总人口的 14.2%（全国为 10.9%，合浦区为 12.7%），是亟需综合更新的居住区。由于上述现象的长期存在，芦山洞当地居民认识到了城市改造工程的必要性，2011 年被国土交通部（国土海洋部）指定为城市更新研发试验项目[1]，项目持续到 2014 年，芦山洞的社区企业和城市更新研发项目一同在 2012 ～ 2013 年启动（图 2）。

1　为解决私有地的人口老化问题，城市更新工作团开发了若干政策、制度、技术、设计和施工技术等，并制定成可以选择的套餐形式，运用于实际项目实施的地区，作为验证技术实用性、体现城市更新模式的一类试点项目（国土海洋部城市更新工作团 www.kourc.or.kr）。

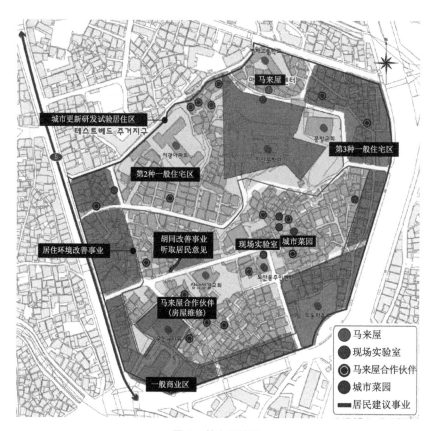

图2　芦山洞地图

图片来源：作者绘制。

◆ 2　芦山洞社区企业的运作

纵观芦山洞社区企业各阶段的项目运作内容，大体可以划分为"导入期、关注期、发展期、稳定期"。导入期重点围绕城市更新研发试验项目开展，为了在项目初期将区域自立型城市更新技术运用于现场，以建立共同体和物质环境改善为目标开展了居民说明会、运营乡村学校、访问考察类似案例、运营居民协议会（芦山洞更新推进委员会）等活动。通过这些具体措施，居民们自然而然地接受教育培训，认识上开始出现积极的变化（图3）。

在关注期内，由专家和行政部门主导来推进项目，同时与居民共同思考（预算支援终止后）城市更新项目的持续性、社区共同体恢复以及乡村对新发展动力的需求，从而逐渐降低了居民对外人的警惕心理。在此过程中，制定了创办"社区企业"的最有效的区域更新方案。

社区企业的成功在于充分利用当地资源。芦山洞这个村名取自当地出身的"诗人李殷相"的号，居民对当地出身的艺术家感到非常自豪。文学作品是当地的代表性资源，

居民说明会　　　　　　　　　　　　　　运营乡村学校

图3　"导入期"的主要活动

图片来源：作者拍摄。

因此通过讲述文学作品相关的故事，把"花"作为商品进行了商品化开发，也就是我们经常说的第六产业。

首先，针对村里的一些边角地乱扔垃圾严重的现象，与居民一起将之改造成村民公共菜园，用来种花，委托专业顾问提供技术方面的咨询，开展商品化构想及商品开发工作。另外，城市更新服务中心运营的活动新增设了若干实习为主的课程内容（园艺栽培教育、商业化教育等），帮助学员熟练掌握技术，也有助于社区企业的运行。这些特色项目（村民公共菜园、屋顶花园等）不仅改善了物质环境，也加强了居民之间的联系，为推进城市更新工作奠定了基础。"关注期"的重点内容包括：筹措申请创办社区企业所需的股金，需要事先有计划且有充分的准备时间；为了在旧村提供办公室和厂房空间，需要收集现有建筑物的相关信息（非法增建或改建）（图4）。

社区企业成立大会　　　建设乡村菜园　　　实地考察类似案例地区　　访问同类社区企业

图4　"关注期"的主要活动

图片来源：作者拍摄。

"发展期"内，为了系统开展社区企业实施项目，通过开拓销路和人才聘用（2012年：2名，2013年：1名）来提供支持。为确保社区企业的产品具有多样性和专业性，参加了乡村学校组织的专业课程（CI开发、包装设计），其他必要的课程则聘请老师来讲课，从而可以学习掌握专业知识，用自己种的花制作花茶、天然皂和蜡烛等产品。随着居民直接参与各种项目，当地居民的自豪感和热情更加高涨。在每天举行的村例行会议上，大家商讨创收方案，最终认为需要开拓市场和建设郊区菜园，并付诸实践。

为了打开销路，全体居民积极从附近开始向周边扩散，推销产品。最开始的时候，只是面向邻近村民销售，之后逐渐向周边商家和昌原市政厅拓宽销售渠道。为扩大创收，通过参加当地举办的各种活动（自由市场、菊花节等活动）来展销产品；为了提高生产量，利用居民持有的土地侍弄郊区菜园（1300 坪）。在必要的人力方面，当地大学生和机关单位志愿者团队提供了协助。收获的作物卖给当地居民和周边商店，还有一些产品通过举办分享活动，分发给村里的老人们。通过这样丰富多样的活动，大家对社区企业的关注度大大提高，会员人数也从初期的 7 人（2011 ~ 2012 年）增至 14 人（2014 年），社区企业的认可度越来越高。部分收入用来回馈当地社区（支援弱势群体、房屋维修、活动赞助等），这大大增强了社区企业会员们的自豪感（图 5）。

社区企业购置设备

社区企业进行产品教育

舆论媒体介绍

生产产品

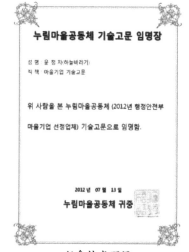

任命技术顾问

图 5 "发展期"的主要活动

"发展期"的重点内容包括：为稳步提高会员们的参与率，社区企业章程中明确规定各季度的志愿者服务时间，并用部分企业收入来支付。此外，还需要继续摸索能够简化行政审批程序（行政审批材料简化、报税支援等）的支援办法（支援机构、咨询机构等）。

"稳定期"是社区企业支援补助终止的时间点（2012 ~ 2013 年），为社区企业系统销售商品提供综合运营体系。1 号店（1 楼）用于生产产品的空间，2 号店（2 楼）用于图书咖啡馆和产品展销（花茶、香皂、花盆）空间（图 6）。为了项目的持续进行和发展，实施针对性教育（社区企业产品的专业性与多样性），同步进行打开销路（纪念品订购制作等）和建立合作社相关的筹备工作。

社区企业产品

图书咖啡馆（社区企业2号店）

图6 "发展阶段"的主要活动

图片来源：作者拍摄。

在援助金结束之前，芦山洞的社区企业集中于物质环境的改善和组建社区共同体，以此作为激发旧村更新的触媒。为了持续运营社区企业，制定了社区企业条例（如无偿使用公共建筑、政府机关单位使用社区企业产品等）、对社区企业派遣专家、提供个性化教育培训、构建网上销售网络支援、简化社区企业业务流程（行政审批文件简化、报税支援等）、（如果必要的话）项目终止后附加援助金（公共费用及人工费）等。

◆ 3 芦山洞社区企业各阶段综合分析

一般来说，社区企业参与主体的作用取决于项目内容。根据参与主体的作用和参与度，可以看出芦山洞社区企业项目的主要活动（居民说明会、乡村学校的运作、建花园等）在逐步演化。

综合各阶段（导入期、关注期、发展期、稳定期）特点，可以得出七个方面的经验总结：（1）各阶层居民认识到当地存在的问题，开始组织共同体；（2）挖掘并利用当地分散的资源来生产和销售社区企业产品；（3）项目参与率按"专家＞行政＞居民＞专家＞行政"逐渐变化，逐步展开项目；（4）社区企业办公室逐步转化为供居民讨论乡村问题的会议场所；（5）提供乡村学校教育课程，学习产品相关生产技术，产品开发多样化；（6）将部分收入用于支援当地弱势群体和房屋维修工作，从而增强会员们的自豪感；（7）通过打开各种销售渠道（昌原市纪念品制作、与商会建立的业务合作协议、自由市场等）和社区企业2号家（图书咖啡馆）开业，使得项目可持续。

作为激活社区企业的阶段性附加项目，"导入期"内有必要对乡村进行事先的策略调查工作，挖掘能力强的村干部；"关注期和发展期"需要通过投入技术专家来确保产品的专业性和多样性，并通过与周边组织团体签署业务合作协议，构建销售网络；"稳定期"的社区企业则要向合作社及社会企业过渡，以确保项目的持续性（表1）。

分享村共同体（社区企业）各阶段变化　　　　　　　表1

区分			问题识别阶段	分析阶段		得出方案阶段
			导入期	关注期	发展期	稳定期
年度			2011 年	2011–2012 年	2012–2013 年	2014 年 –
推进战略			形成共同体	物质更新	物质、社会、经济更新	全面更新
参与率			■专家■行政■居民	■专家■行政■居民	■专家■行政■居民	■专家■行政■居民
芦山洞社区企业成果	主要活动	物质方面		- 村庄种花（建菜园）	- 支援房屋维护工作 - 村庄种花（建菜园）	- 支援房屋维护工作
		社会文化方面	- 居民说明会 - 运营乡村学校	- 居民说明会 - 参加乡村学校教育	- 参加乡村学校教育； - 生产产品（花茶、天然皂、花盆等） -CI 开发、包装设计	- 转为合作社 - 签署备忘录
		经济方面		- 评选社区企业	- 市区和郊区建设菜园并打理菜园 - 销售产品 - 回馈当地社区 - 参与各种活动	- 经营图书咖啡馆（销售店）2 号店 - 运营村民交流空间 - 回馈当地社会 - 旅游商品化（体验学习）
	参与主体作用	居民	- 运营更新推进委员会 - 听取意见	- 运营更新推进委员会 - 了解参与意志	- 运营社区企业内部董事 - 生产产品 - 建菜园并打理	- 通过转向合作社，扩大居民主导 - 生产产品 - 经营图书咖啡馆（业务拓展）
		新郑			- 昌原市：政府机关单位发公文（请求购买香皂） - 支援郊区农活志愿者活动	- 昌原市：支援社区企业办公室无偿使用 - 富林市场摊位支援
		专家	- 举办居民说明会	- 社区企业申请书操作 - 举办居民说明会	- 生产产品 - 教育（外部讲师）	- 运营咨询
		外界团体			- 昌原人居社团：郊区菜园建设支援	- 昌原人居社团：郊区菜园建设支援
指明方向	搞活方案		①阶层居民的参与；②挖掘本地资源；③开展居民主导的项目；④运营社区中心（社区企业办公室）；⑤销售多种产品（参与教育）；⑥收益回馈（支援弱势群体、支援房屋维护）；⑦拓展销路（业务合作协议）			
	各阶段建议工作		- 战略调查（历史、文化、市场调查） - 发掘村干部	- 派遣专家（协调员） - 选择项目对象 - 培训村干部	- 派遣专家（协调员） - 构建网上销售网络 - 产品设计（保证设计）	- 旅游商品开发 - 转为合作组及社会企业 - 签署 MOU

资料来源：作者整理。

◆ 4　结论与启示

本文以芦山洞社区企业的建设过程为例，分析了旧村综合更新的各阶段（初级阶段、关注阶段、发展阶段、稳定阶段）演进，提出了针对各推进过程的实施方案：（1）各阶层居民的参与；（2）挖掘本地资源（当地文学作品中的花）；（3）开展居民主导型活动；

（4）运营社区中心（社区企业办公室）；（5）销售多种产品（参与教育课程）；（6）利益还原（支援弱势群体、支援房屋维护）；（7）拓展销路 [业务合作协议及社区企业 2 号店（图书咖啡馆）]。

研究发现随着居民的关注度和参与度的变化，之前偏重于行政和专家的工作逐步转交给了居民；工作初期曾规划的物质环境改善逐步向综合更新（关注→参与→物质更新→综合更新）转化。此外，社区企业逐渐转变成居民的社区空间，随着居民自发的参与面扩大，工作内容也随之（建菜园、建郊区菜园、做花茶、做香皂、垂直农业等）形成阶段性多样化的局面，这些方面赢得了高度评价。由此可见，社区企业为建立居民共同体提供了交流平台，建立了将一定收入用于循环投资当地社区的良性循环结构，从而带来了可持续的城市更新变化。

韩国庐山洞的城市旧村更新经验主要是旧村的社区重建过程，相关层面的各级机构通过一系列细化的工作手段引导社区居民参与到社区建设中来，继而使得社区更新在政府支援之后能够可持续运营。无疑，庐山洞为中国的城市更新提供了很好的启示，不仅仅是政府要发挥作用，社区本身自下而上的作用发挥亦很重要。类似的成功案例在首尔地区也有很多。

参考文献：

[1] 桂基石 . 居住提升模式研究 [R] 韩国人就环境研究院，2012.

[2] 金洙勋 . 地方中小城市的老旧危房住宅区特点及住宅区更新方案战略研究 [D]. 庆尚大学研究生院硕士学位论文，2009.

[3] 张锡正 . 关于可持续乡村建设的评价指标分析研究 [D]. 忠南大学硕士学位论文，2012.

[4] 金城烨 . 在旧村提供共同体综合支援空间的方案分析 [D]. 庆星大学研究生院硕士学位论文，2010.

[5] 李洙炫 . 通过建设乡村改善老旧住宅区居住环境的研究 [J]. 韩国农村建筑研究，2011.

[6] 沈相镇 . 通过城市型乡村企业案例调查分析成功因素的研究 [D]. 湖西大学研究生院硕士学位论文，2012.

[7] 具子勋 . 关于首尔参与式邻里提升计划的建议 [R]. 首尔发展研究院，1996.

[8] 李奎善，成顺儿，黄喜妍 . 论清州市社稷洞乡村建设项目各阶段特点 [C]. 大韩民国国土城市规划学会论文集，2012.

本文刊发于《上海城市规划》2018 年第 1 期第 72–76 页，作者：朴成银，张立，李仁熙。

中国

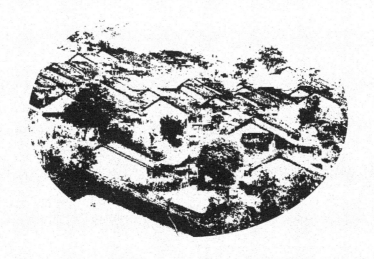

乡村振兴面临的现实矛盾和乡村发展的未来趋势

2017 年 10 月 18 日召开的中国共产党第十九次全国代表大会明确提出了"实施乡村振兴战略",为今后很长一段时期的乡村建设和发展指明了方向。12 月 28 日召开的中央农村工作会议提出"走中国特色社会主义乡村振兴道路",并提出了"三步走"的时间表,即到 2020 年,乡村振兴取得重要进展,制度框架和政策体系基本形成;到 2035 年,乡村振兴取得决定性进展,农业农村现代化基本实现;到 2050 年,乡村全面振兴,农业强、农村美、农民富全面实现。同时提出"农业农村优先发展"的战略指向。

与任何一项国家政策一样,从提出方向到具体实施需要一个研究和深化理解并制定实施策略的过程。乡村振兴战略的有效实施,关键在于对我国农村发展问题的清晰认识和农村需求的准确把握。实际上,我国长期的城乡二元体制结构让乡村地区积蓄的矛盾和问题异常的复杂和多元。乡村地区尤其是经济欠发达地区的积弊已达几十年。这些问题不仅仅体现在经济发展的滞后、农民的贫困方面,更体现在传统文化的消亡和乡村风貌的急剧衰退,以及乡村治理的无序 [1] 等方面。

同济大学城市(乡)规划专业自 1952 年成立以来,即强调城乡一体化发展,并在教学中融入乡村规划和建设的相关内容,《城市总体规划》(国家级精品课程)不仅强调每次教学是真实的项目,且一直强调结合总体规划实施乡村调查。2010 年,同济大学联合华中科技大学对湖北省 55 个小城镇进行了田野调查,进一步强化了对村镇地区的研究导向 [2]。2015 年,在住房和城乡建设部的支持下,同济大学联合 10 所高校对全国 13 个省的 480 个村进行了田野调查 [3];2017 年,同济大学再次组织团队赴全国 7 个省对 13

个村展开更深入的样本调查[4]。通过这一系列田野调查，研究团队对我国的乡村建设及其发展面临的问题有了更深刻的认识。本文将结合相关调查，从城乡规划的视角，对我国乡村振兴面临的现实矛盾进行梳理，并汲取国际相关经验，探讨我国未来乡村建设和发展的趋势，以期为国家乡村振兴战略的制定及实施提供参考。

◆1 乡村振兴面临的现实矛盾

1.1 乡村收缩与乡村建设

2017年，我国城镇化水平已经超过58%，且未来10～20年内，城镇化水平仍将处于上升通道，城镇人口也将持续增长。在全国人口总量处于基本稳定的状态下，乡村人口必然逐步减少，即乡村的宏观发展趋势是逐步收缩的[5]。依此推断，农村相应的建设行为将逐渐减少，但现实的情况更加复杂。2014年的全国农村人居环境统计数据显示，农村住房实有面积比上一年增加45332万 m²，而农村新建房户数为56595万户。近些年，国家大力推进农村危房改造工程，一定程度上提升了农村的住房质量和面积。但是，我们在全国各地农村调查时，看到的现状是大量的农房被空置（房主仅在重要节日期间才返回短暂居住）。通过访谈，我们了解到，农民普遍对建房预算缺乏经验，且存在攀比心态，常常导致建房资金使用超支，乃至最终只能完成主体结构的建设，窗户和基本的室内装修及外立面的装饰都无法完成（图1）。2015年开展的对480个村的调研发现，农村的这种过度建房状况很普遍，有些家庭因房致贫，房子看起来很大很气派，但家庭存款寥寥，甚至还赊欠外债以及（难以偿还的）银行贷款等（主要集中在欠发达地区的村）。

因此，在乡村建设收缩的大趋势下，如何提升村庄的存量建设质量，并合理控制新增建设活动，是推进乡村振兴战略实施过程中需要处理的第一对现实矛盾。

图1 某省的农民新建住房

资料来源：笔者自摄。

图2 某省山区落后的乡村人居环境

资料来源：笔者自摄。

1.2 国家政策与区域发展不平衡

我国在实现现代化过程中，最大的成功是"允许一部分地区先富起来"，差异化的区域发展政策引领中国经济高速发展了近 40 年，同时也加剧了城乡二元体制结构下乡村地区的发展差异。在东部经济发达的省份，乡村社区的建设水平和服务水平已经接近城市，甚至少数地区的建设程度还优于城市。但是在西部很多经济落后的地区，乡村建设的程度与 30 年前相比，并无明显的变化（图 2）。因此，不同地区，乡村振兴的需求有很大不同。对于经济较为发达的村庄，主要的建设需求是社区重建[6]和社区治理结构的优化[7]；而对于经济较为落后的村庄，其建设需求可能主要还是基础设施的完善和人居环境的全面提升[8]。这种显著的差异化需求，需要在政策制定过程中予以精准施策。

1.3 乡村风貌维育与人居环境改善

第三个矛盾是保护与发展的矛盾。图 3 是 2015 年 8 月，研究团队去南方某省一个少数民族村时拍摄的，左图是现场照片，右图是在村委会看到的村落两年前申报传统村落时的照片。村庄在入选传统村落之前和之后的变化非常明显，传统民居（猜测是由于简陋）被全部拆除⋯⋯一个曾经传统风味十足的村落就这样不复存在了。我们需要深刻反思，当资金和外力介入乡村建设时，到底应该给乡村带去什么？

另一个案例是西部某省的一个村落，风貌格局与周围的山、农田和景观融为一体，其建筑材料是夯土，具有当地特色。但是，当团队走进村子后，发现居民的居住条件、建筑的抗震性能都非常差。那么，这样的村子如何提升农民的生活水平和居住安全性？这时，乡村的风貌维育和居民自身的居住需求、生活需求的矛盾就十分明显地呈现出来。

除了总体风貌维育艰难以外，在很多村落，建筑风格的地域特色在逐渐丧失，仿古、仿洋之举盛行。

图 3　南方某省少数民族村落改造前后的对比（左图为改造后，右图为改造前）
资料来源：左图为作者现场拍摄，右图为作者拍摄于调研村村委会电脑屏幕。

1.4 乡村的去生态化建设和绿色生态发展理念

随着我国国力的日渐雄厚，乡村地区的农田水利设施建设在稳步推进。一方面，大量的农业灌溉系统由水泥浇筑，对乡村的生态系统造成破坏。比如水泥砌筑的灌溉水渠构成一道生态屏障，阻碍了诸如蚯蚓之类小生物的正常活动，隔离了水流与土壤的物质交换，对农田生物链产生了严重的破坏。在欧美地区及日、韩等国，虽然早年也主要以水泥砌筑灌溉水渠，但当下这些发达国家都在反思，在往回走。如日本的水泥灌溉系统正逐渐被拆除，田间的道路也在倡导恢复成泥土和沙石的材质，让杂草有细微的生长空间，让爬行动物有活动的路径，让环境回归原生态；另一方面，农业技术的快速进步虽然提高了农作物的产量，但部分现代材料的粗放使用也对乡村环境造成了破坏。如在农田中大量使用的农业地膜，虽然起到防水渗透、控制水土流失等作用，但使用之后的清理回收却管理缺位，加之农民的环保意识不强，导致田间大量塑料垃圾堆积，污染了农村土地。这些去生态化的乡村建设方式与绿色生态发展理念严重背离。

1.5 文化传承与乡村社区解体

我国人多地少，乡村地区农业经济的产出并不大。2016 年，全国农村人均耕地面积为 3.43 亩，农村人均农业产值仅 1.01 万元，不及城镇居民人均收入的 1/3。因此，在资源优势平平的地区，大量农民外出务工以获得更高的经济收益；在一些资源条件较好的地区，休闲旅游成为农民重要的收入来源。城市性的或者说功利性的文化正在快速入侵乡村。如在原本交通闭塞的云贵地区，乡村的传统文化得以较为完整地传承，但是随着基础设施的改善，外来文化和城市性的生活方式正在侵袭这些"传统村落"[9]。原本熟人社会所构成的传统农村社区，在现代化的冲击下正逐步解体，商业文化正慢慢主导这些资源条件优越的乡村。文化的传承与乡村社区解体的矛盾日渐凸显。

1.6 乡村规划体系不明晰与建设管理机制缺位

2008 年，《城市规划法》修订为《城乡规划法》，明确提出了"乡规划"和"村庄规划"的概念，然而对两种类型规划的编制内容的表述并不清晰，尤其是对"乡规划"与"村庄规划"差异性的界定很模糊，加之更加细化的"乡村规划编制办法"迟迟不能出台，这就导致在具体实践过程中乡村规划的类型繁杂，对具体建设行为的指导性严重不足。即便在城乡规划业界，对于"村庄规划的编制对象是村域，还是村庄居民点""乡规划的编制内容是什么"等基本问题尚存在很大的争议。

与此同时，乡村与城市在行政管理方面最大的不同是乡村地区的各项管控是条线化的，即管理主体分散于各个政府部门中，并没有正式的乡村政府去实施乡村规划。缺少管理和实施主体的乡村规划必将导致实施效率的低下，甚至于根本无法实施。正是基于这样的现实问题，住房城乡建设部于 2015 年年底提出开展"县域乡村建设规划"的创新性安排，期望规划能够将各部门的工作统筹起来，以切实推进乡村建设的有效实施。但是，该规划的实施也取决于县、市政府对乡村建设的重视程度以及当地的财力约束。总之，乡村建设和规划的重要性已经是共识，但是乡村规划体系不明晰、建设管理机制缺位等问题仍然存在，如何编制及有效地实施乡村规划和建设，尚需法律和机制来保障。

◆ 2 乡村建设与发展的未来趋势

乡村振兴面临的诸多问题和困境，需要有效的公共政策去逐步化解。制定政策时，除了解决问题外，还需把握乡村建设和发展的未来趋势。近几年，同济大学团队利用寒暑假和节假日走访了日本、韩国、法国、德国、美国等发达国家和中国台湾地区，同时也考察了印度和印度尼西亚等发展中国家的乡村建设情况，通过对境外地区乡村规划、建设和治理的学习、研判，大体勾画出未来我国乡村建设和发展的大趋势。

2.1 乡村现代化，城乡均衡化

全球科技发展迅速，低成本的生活设施供给已经成为现实，信息化、智能化和机动化在乡村地区正在实现。国家统计局城乡居民收支情况调查数据显示，2016 年，农村居民每百户家用汽车拥有量为 17.4 辆，同比增长高达 31.3%。而互联网的快速发展也在改变着乡村与城市的空间关系，2016 年，淘宝村达到 2128 个，是 2014 年的十倍[10]。2017 年，我国农村网民已经超过 2 亿，互联网普及率达 34%，乡村正在实现与城市信息的一体化。与此同时，智能化设备和服务的迅猛发展，使得居家养老与医疗机构的联网也在逐步实现，远程诊断和远程治疗已经进入探索试验阶段。这些变化都已经在乡村地区悄然发生，需要我们在制定政策和编制实施规划时予以应对。随着实施乡村振兴战略的推进，我国城乡发展不均衡的格局将逐步改善，并渐次进入到一个合理的区间。

2.2 城乡融合发展，乡村功能再塑

传统上来说，乡村与农业是紧密关联的。但是，在后工业化时期，农业的生产效率大为提高，农业及相关服务业的劳动力消耗大幅下降，乡村的功能也在演化。国家统计局数据显示，2016 年，我国从事农业生产的人口为 2.15 亿人，占农村常住人口（5.90 亿人）的比重高达 36.44%。我们分析研究了美国、法国、德国和日本等发达国家的乡村案例，其常住人口中全职从事农业生产的人口往往不足总人口的 5%。这一比例关系在其他相关统计数据中，也得到验证。

综合来看，今后我国乡村功能的转化趋势将与发达国家基本一致，乡村的功能将不仅仅是提供生产服务，更是作为生活的场所。因此，城乡融合发展极为重要。通过城市与乡村在就业、市场、产业、交通和空间等方面的一体化规划，实现城乡要素的自由流动，包括人口的自由流动——不仅仅是农村人口进城，还可以是城市人口下乡居住、生活。所以，未来的乡村振兴与城市是无法剥离的，只有当城乡一体化的网络构建到一定程度时，乡村才能发挥出应有的作用。而乡村的功能将被重塑，不仅是作为农业的服务点，也是作为都市区的有机组成部分。

2.3 乡村活化，社区复兴

我们所走访的发达国家的乡村案例显示，乡村活力衰减是全球性议题。这些发达国家在其高速城市化阶段，也经历过与中国类似的乡村人口流失、青年人口比例下降、乡村活力衰减等过程。如何活化乡村，让乡村生活更美好，是各国乡村振兴努力的方向[11]。在这一过程中，除了政府自上而下的资金投入和政策引导之外，自下而上的社区自治力量培育也很重要。日本、韩国和中国台湾地区的经验值得学习，营造乡村社区、促进自下而上的积极治理结构的建立、引导村民参与家乡建设是未来乡村振兴的关键机制所在。乡村振兴除了产业的振兴，社区活力的振兴更为关键，其提供的源源不绝的动力是乡村振兴战略成功实施的基石。

◆ 3 乡村规划的转型应对

面对乡村振兴的艰巨历史任务，乡村规划需要通过理论和实践转型来应对，从而指导乡村人居环境的全面改善。

3.1 乡村规划模式转型：从增量规划向整治型规划转型

前文已述，尽管农村危房改造仍然是未来一段时间内的紧迫任务，但乡村建设收缩是大趋势，乡村建设总量将趋于减少。但是十多年来，乡村规划主要是以增量规划模式在推进，虽然很多省份已经实现了乡村规划的全覆盖，但切实有用的乡村规划并不多。近年来，浙江和江苏等省在推行乡村环境综合整治规划方面取得了较好的成果，不仅使乡村面貌为之一新，村民的精神风貌也在发生积极的改变。我们在 2015 年组织的对 480 个村的调查显示，村民最关心的是村庄的环境卫生问题。因此，实施乡村振兴，首要的工作是整治乡村环境，改变过去增量规划的编制模式，以乡村环境整治为切入点，逐步指导农村实现产业、人居环境和村民精神风貌的全面提升。

3.2 乡村建设方法转型：从被动建设向村民参与式建设转型

近年来，我国的乡村建设主要是自上而下进行的，投资、施工和建设都是由政府主导，虽然切实提高了乡村的基础设施建设水平，但付出的代价也较大，且一定程度上助长了村民"等、靠、要"的懒惰思想。我们从 2015 年西部某省住房和城乡建设厅的访谈中得知这样一个案例：当地政府在甲、乙两村各修建一条公路，其中甲村公路全部由政府投资建设，乙村公路政府只提供建材，由村委会组织村民自行建设，建成后的道路质量基本相同。但是，甲村公路的后续保养遇到了困难，村民不愿意养护这条路，理由是"路是政府建设的，与我们无关"；相反，乙村村民积极对村公路进行后期维护，理由是"路是我们修的，维护理所当然"。这个对比案例清晰地说明，自上而下的乡村建设方法需要进行调整，要发动村民参与乡村建设。这方面韩国"新村运动"的经验值得我们学习[12]。

3.3 乡村规划管理转型：管底线，重引导，促自治

乡村事务千头万绪，乡村规划不能大而全，什么都管。我们在多国进行的乡村地区考察显示，乡村地区的建设管控并非仅依靠单一的乡村规划来实施，而是有着非常健全的"条线式"法律条文的约束，比如日本的《防灾法》和《环境法》，作用对象就包括了乡村地域。对于我国的乡村规划建设管理而言，亟须的工作是厘清"哪些是必须管控的？如环境安全、防灾、土地开发等""哪些是需要引导的？如乡村建筑风貌、公共空间品质等""哪些是通过村庄自治可以解决的？如环卫维护等"。

图 4 是韩国釜山市的甘川文化村，五颜六色的房屋很美丽，但若将房屋建筑上的颜色去掉，将环境恢复到原来的状态，这个村子就是一个非常普通的村落，甚至还有点儿像某些地区的"城中村"。经过居民踊跃参与、政府调查发掘和艺术家进行创作，甘川文化村一跃成为韩剧的取景地和国际旅游地，村子既保留着朝鲜战争后的近现代建筑遗迹，又处处充满着现代人文气息。甘川文化村的成功更新得益于其社区自治力量的发挥和地方政府的重视及积极引导。

3.4 乡村规划师的转型：从空间规划师转向社区规划师

近些年来，很多省份在尝试推行"乡村规划师"制度，即由县、市派驻专职规划师，在物质环境层面指导乡村规划的编制和乡村建设。该制度在一些建设需求较大的村庄取得了一定的成效，但对于大多数村庄而言，其发挥的作用有限。实际上，当下的乡村规划师仅仅在物质环境建设方面对乡村规划起到一定的积极作用，但对更重要的乡村社区重建，尚未发挥应有的作用。在全球乡村活化和社区复兴的大趋势下，乡村规划师要从空间规划师向社区规划师转型，主要任务是激发乡村社区的活力，协助解决村庄在建设

和发展过程中遇到的各种问题。同时，呼吁建立健全全国乡村社区规划师制度，并与注册城乡规划师制度衔接，将社区规划师的工作任务与接续注册相关联。

图4　韩国釜山的甘川文化村

资料来源：笔者自摄。

3.5　厘清乡村规划的本质：管控与发展相分离

我们常常从"乡村建设和发展需要规划"推导出乡村规划的重要作用，但实际上"乡村规划"本身是一个非常泛化的技术词汇。乡村农业发展需要规划、乡村生态系统的维护需要规划、乡村水利设施系统建设需要规划、乡村教育需要规划，乡村的各个方面均需要规划，但是这些内容都是"乡村规划"能够涵盖的吗？实际上，与城市规划涵盖的内容范畴相对应，乡村规划的核心任务是应对乡村建设的无序，是为了管控乡村建设向有序的方向发展。

问题是，实施刚性的规划管控是否需要对每个村单独编制村庄规划？至少从我们考察的诸多国家和地区的乡村规划中，尚未找到相似的制度案例。实际上，对我国而言，乡村地区的建设管控，大部分可以在镇规划中予以实现，即在镇总体规划中制定对乡村建设的管控要求（比如，宅基地面积、建筑限高、宅基地的建筑面积等），可以采取文本陈述的形式，也可以采取图则的形式，比如一个行政村采用一张管控图则。当然，对于规模较大的村，可以参照镇规划的模式来编制村规划，这要因地制宜。

与实施管控相对应的是，村庄社区需要培育自我发展的能力。我们认为乡村规划在"管控约束"之外的另一个属性是社区规划。社区规划是对一定时期内社区发展目标、实现手段以及人力资源的总体部署。社区规划是为了有效利用社区资源，合理配置生产力和城乡居民点，提高社区的社会经济效益，保持良好的生态环境，促进社区的开发与建设，从而制定的比较全面的发展规划。与具有公共政策属性并具有权威性和强制力的城市规划相比，乡村社区规划是自下而上的居民意愿的反映，路径与城市规划完全不同，它不需要审批，可以灵活、动态地维护—只要社区居民有改变规划的需求。当然，现在各地正在编制的很多社区规划，其内容与社区规划本身的属性不匹配（仍然主要是由政府主导的），造成公众对社区规划的误解。比如，上海市部分街道曾经推行的社区规划，本质上仍然是城市规划的变体，仅仅强化了社区公众参与的环节而已。

因此，乡村规划可以大体划分为三种类型或层次，即镇域层面的乡村建设控制规划（图则内嵌于总体规划）、乡村（近期）建设规划（可以是县域层面，也可以是镇域或者村域层面，针对近期的具体建设任务）和乡村社区规划（村民自组织，政府给予支持，政府补贴社区规划师，从而提供咨询服务）。

参考文献

[1] 贺雪峰, 董磊明. 中国乡村治理：结构与类型 [J]. 经济社会体制比较, 2005(3):42-50+15.

[2] 张立. 新时期"小城镇、大战略"——试论人口高输出地区的小城镇发展机制 [J]. 城市规划学刊, 2012(1):23-32.

[3] 张立. 我国农村人口流动与安居性研究 [R]. 住房城乡建设部课题报告, 2016.

[4] 张立. 乡村空间功能和形成机制研究 [R]. 住房城乡建设部课题报告, 2017.

[5] 陈晨. 论农村人居空间的"精明收缩"导向和规划策略 [J]. 城市规划, 2015, 39(7):9-18+24.

[6] 张晓山. 简析中国乡村治理结构的改革 [J]. 管理世界, 2005(5):70-76.

[7] 徐勇. 村民自治的深化：权利保障与社区重建——新世纪以来中国村民自治发展的走向 [J]. 学习与探索, 2005(4):61-67.

[8] 李伯华, 刘沛林. 乡村人居环境：人居环境科学研究的新领域 [J]. 资源开发与市场, 2010, 26(6):524-527+512.

[9] 季中扬. 乡村文化与现代性 [J]. 江苏社会科学, 2012(3):202-206.

[10] 罗震东. 互联网时代的乡村治理转型：淘宝村和网红村的观察 [C]. 乡村振兴研讨会（合肥）上的发言, 2017.

[11] 张立. 乡村活化：东亚乡村规划与建设的经验引荐 [J]. 国际城市规划, 2016(6):1-7.

[12] 李仁熙, 张立. 韩国新村运动的成功要因及当下的新课题 [J]. 国际城市规划, 2016(6):8-14.

本文刊发于《城乡规划》2008 年第 1 期 17–23 页, 作者: 张立。

乡村风貌的困境、成因和保护策略探讨
—— 基于若干田野调查的思考

乡村风貌的维育和建设是国际性议题，西方国家在快速城镇化进程中经历了乡村风貌建设的种种问题，诸如灰色基础设施建设和传统风貌的丧失等。我国快速的城镇化进程亦使得乡村风貌正在遭到破坏，诸如千村一面、风情村、仿古村和复古村等情形不断出现，冲击着乡村的传统空间风貌，乡村传统文化出现断裂。针对乡村风貌衰退的现实，学者们试图从国家政策和乡村规划缺失的视角解释其成因机制，并重点从物质规划视角提出乡村风貌保护的应对策略，提出了加强乡村景观数据库建设和强化公众参与等具体措施。总体而言，既有研究关注古村落的多，关注一般村落的少，且大都以局部案例为对象，系统化的研究成果鲜见。鉴于乡村风貌的保护日渐堪忧，亟须加强相关的研究工作，认识危机、剖析成因、提出对策，并积极付诸实践，让中华传统文化在乡村更好地接续传承。

◆ 1 乡村风貌的构成要素及研究方法

1.1 乡村风貌的内涵

城乡风貌是由国土自然环境、城乡历史传统、现代风情、精神文化等综合构成的意象，不仅包含着看得见的空间景观（建筑形式、色彩、山水格局、绿化等），还内涵着城乡的神韵气质、地方的市民精神、风俗文化与科教文化，是城乡特色的主要体现。近年来，关于城市风貌的研究颇多[1]，但乡村风貌的研究较少。李王鸣等认为，乡村风貌包括自然风貌、产业风貌和人文风貌。刘滨宜和陈威认为，乡村风貌的构成要素与城市风貌类似，由两大基础要素构成，即物质风貌和非物质风貌[21]。前者包含自然风貌和人造风貌，后者包含村庄发展进程中形成的村庄传统文化和生活习俗等。与乡村风貌对应的是乡村景观，其重点聚焦在乡村人居环境上，偏重于物质环境的表达[22]。相对乡村景观的概念而言，乡村风貌的含义更综合，既包括了乡村环境的外在表征，也映射了其社会结构和文化传承等。风貌中的"风"是对村庄文化系统的概括，是传统习俗、风土人情、戏曲、传说等文化方面的表现；"貌"则是村庄物质环境中相关要素的总和，是"风"的载体和村庄风貌的外在构成。

综合考量，乡村风貌与城市风貌既有共性又有差异。共性主要体现在，其宏观构成都包括了物质风貌和非物质风貌。差异主要体现在乡村风貌的宏观环境特征更显著、人文传统等非物质要素对物质环境的影响更强。目前虽然各界对乡村风貌的概念进行了若干解析，但其过于关注宏观辨释，尚缺少微观人居环境层面的识别和研究，比如对乡村建筑、空间、田园乡野等特征尚缺少系统的认识。结合我国当下乡村建设发展的阶段特征，乡村风貌的内涵可以概括为四个方面：地域（建筑）特色、场所景观、田园（乡野）环境和社会人文。

1.2 研究方法

中国各地的乡村风貌差异很大，面对的问题也很复杂和多元，需要在广泛调查研究的基础上，以更加全面深刻的视角来分析和探究乡村风貌面临的现实困境、成因和保护策略。近年来，我们团队实地走访踏勘了近 20 个省份的乡村建设，其中包括 2015 年 7～11 月结合住房城乡建设部的农村人居环境研究课题，组织开展的对全国多省的乡村田野调查。在省份选取上充分考虑经济发达程度、气候、农业生产方式等特征，选定了 13 个省、直辖市和自治区；针对每个省份，课题组与各省住房城乡建设厅等主管部门充分对接，结合各省特点选择 30～40 个行政村作为研究对象，村庄选择的主要标准是能够充分体现本省乡村建设和风貌特点，最终完成了 480 个村的田野调查（包括资料调查、问卷调查和访谈及踏勘）和 7578 份村民问卷（全部由调查师生解释并当面完成）。村庄类型涵盖了发达地区、欠发达地区、近郊村、远郊村、民族村及传统文化村，以及大村、

---

1 例如余柏椿认为，城市风貌由物质风貌（自然环境风貌和人工环境风貌）和非物质环境风貌构成[18]。王建国认为城市风貌有三个特点，即历史积淀、形态延续和有序推进。

小村、渔村、农业村、牧业村等共计 48 个村庄类型[1]；对 480 个村庄的环境、道路、住房、公建、人情风土、农业生产等进行了影像记载。需要说明的是，乡村这一概念不仅涵盖乡村居民点，也涵盖整个乡村地域，本研究试图兼顾乡村的全部地域，但重点针对乡村居民点及其周边的建成环境。

本文以乡村风貌构成要素为指引，运用实地踏勘、访谈、影像统计和问卷等方法，分析乡村风貌面临的危机；继而从工业文明入侵、政府干预、基层认知能力、文化延续、村民认同和村民参与等方面探究危机产生的深层次成因；最后结合若干发达国家的经验并结合国际研究进展，尝试探讨加强中国乡村风貌保护的若干策略。

◆ 2 乡村风貌面临的若干困境

初步分析显示，多年的新农村建设极大地改善了农村人居环境，村民生活水平得以提升。但是与成绩相伴随的是，在很多地区，乡村风貌正在遭到冲击和破坏，面临着多重困境。

2.1 地域特色渐失，城市表征显著

近年来乡村风貌的地域特色逐渐丧失，主要表现在建筑风格的同一性和城市化，或表现出"半城半乡"的混沌之象。这种城市化的乡村建设方式，虽然快速改善了乡村人居环境，但也破坏了乡村固有的传统风貌。人居建设性和风貌破坏性共存。由于村民对城市文明的向往及自身审美的局限，在农民新房建设的过程中，传统民居不断被拆建成独立式小楼房，传统夯土建筑不断被拆建成砖瓦房，传统土坯茅草屋不断被替换成彩钢瓦——甚至全面拆除重建。调查发现，无论在东部、中部还是西部，在平原、丘陵或者山区，村庄面貌正在趋同，地域特色日渐消逝。比如，在很多地域的不同村庄出现了极为相似的白（黄）墙黑（灰）瓦坡屋顶的新民居，或者火柴盒式样的兵营状排列。

部分村庄被经济利益驱使，乡村风貌愈加脱离传统（图 1）。为了迎合游客而忽视当地环境风貌和气候特征，建设了所谓的高档休闲度假区，引入外来植物，拷贝西式建筑或是国内其他地区所谓的中式传统建筑和乡土建筑[2]，植入所谓的情怀和乡愁。还

---

1 详细的调研组织、问卷设计、访谈设计等参阅课题组（同济大学，安徽建筑大学，长安大学，成都理工大学，华中科技大学，内蒙古工业大学，山东建筑大学，深圳大学，沈阳建筑大学，苏州科技学院，西宁市规划设计研究院）. 住房城乡建设部课题"我国农村人口流动与安居性"研究报告 [R]. 2016.

2 例如，很多村落频频请建筑设计大师下乡设计所谓的乡土民居，殊不知建筑设计大师也是术业有专攻，以公共建筑的手法设计民居，村民自然难以接受。笔者调研的某地，某建筑设计大师设计的民居，建好半年内村民无人选房，后经地方政府的其他政策鼓励后，村民才被动接受。

有一些村庄建设复制了大批的假古董，或建设仿古（宋、唐、明）一条街、或所谓某派民居[1]（表1）。

图 1　农民新房千篇一律（480 村调查）

480 村样本的风貌特征识别　　　　　　　　　　　表 1

调研基本信息			建筑风格			空间环境	
调研地区	村庄总数	有效样本	城市表征	仿古	仿洋	杂乱化	人工化
湖北	50	38	30	6	8	9	16
江苏	39	39	33	13	10	8	26
上海	27	21	19	6	9	0	9
安徽	28	20	15	6	11	1	14
广东	30	30	23	5	9	9	17
陕西	48	48	13	4	1	5	21
辽宁	58	58	14	0	2	17	21
山东	30	30	12	0	2	2	14
四川	46	46	26	10	6	10	18
贵州	11	7	3	3	0	0	3
云南	43	26	20	9	8	9	13
青海	41	21	4	4	1	1	17
内蒙古	29	29	0	0	0	3	14
合计	480	413	212	66	67	74	203

注：有效样本指信息较完整、风貌可清晰识别的样本；城市表征的判别标准是"有连片 3 层及以上住宅群，或者有农民集体上楼项目"；仿古的判别标准是"村中有仿古街道或连片的仿古建筑"；仿洋的判别标准是"村中建设了大于两幢欧式立面、柱式等特征的建筑"；景观杂乱化的判别标准是"建设凌乱，道路硬化很少或没有，卫生环境差，垃圾随处可见"；景观人工化的判别标准是"建筑立面人工雕琢痕迹明显或出现连片统一粉刷现象，有雕琢感很强的公园、大型广场或绿地"。

1　比如南方某省及周边省份，模仿古建设计了某派民居，并受到周边省份的膜拜学习，似乎建造古建筑就是传承传统文化。

480 村的样本分析显示超过半数村庄的新建筑呈现出城市表征，32% 的村庄有明显的仿古或仿洋建设。

2.2 场所景观杂乱化和人工化明显

规范的、有序的、适度的场所环境是满足人们日益增长的消费需求和乡村增收的有效路径，但是中国乡村地区的各项制度建设滞后于快速的城镇化进程，使得许多乡村的场所景观呈现杂乱化的特征。与此同时，乡村地区的人工化建设痕迹亦很明显。开发者只顾矿山采掘，不管后续的生态恢复，一座座森林繁茂的青山转瞬变成了灰黄的秃山；开发者热衷于圈地造景，原本自然田园的景观地很快成为了人工化的游乐园。在影像记录有效的样本村庄中，场所景观杂乱化的村庄占比 18%，空间环境人工化明显的村庄占比近 50%（表 1）。此外，随着近年来农村生活水平的提高和生活方式的改变，生活垃圾急剧增加、污水排放量快速增长，但配套设施建设和管理服务没有跟上，进而引发了乡村环境卫生的面源污染[1]问题[2]，极大地降低了乡村风貌品质。480 村调查数据显示，在"村民最需要的基础设施"选项中"环卫设施"位列第一（图 2）。

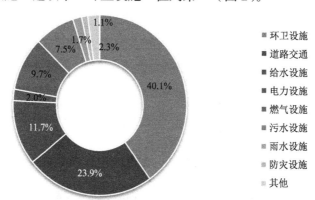

图 2　调研地区农村村民认为最需加强的基础设施

资料来源：作者根据 480 村调查数据绘制。

2.3 田园环境去乡土化和去生态化

从宏观视角来看，集镇、农村居民点、景区等在乡村地区主要是点状的分布，而农

1　对于垃圾污染，有两种情况，一是村庄所在地区经济过于滞后，根本就没有相应的垃圾收集设施和服务，村民按照习惯随意丢弃；二是部分村庄建设了垃圾池，配备卫生保洁员，甚至有村子配备了固定垃圾箱，但是实际上除了靠近县城的少数村庄能够将垃圾收集并转运到垃圾处理厂处理，其他村庄依然堆放在垃圾池定时集中、就地填埋，给生态环境带来隐患。

2　国家相关部门公布的农村污水处理率大于 20%，但是笔者经过进一步了解，该 20% 是指配建了污水处理设施的村庄的比例，并不是指总体污水的处理率。显然，如果统计农村污水处理率的话，这一比例将更低。

地和道路及沟渠等则是面状和线状的，其建设格局对乡村地区的总体风貌亦有重要影响。近年来，随着科技的高速发展，农业生产模式在发生变化。经济利益驱使下，反季节性蔬菜瓜果日渐普及，除了远距离的冷链物流以外，更多的是在地化的大棚种植，一片片的白色塑料洒满田间；另一方面，塑料地膜技术的开发大大促进了农产品的生产效率，但大多村民只顾使用不管回收，极大地破坏了土壤的生态环境，也进一步冲击着田园（乡野）风貌。

此外，乡村地区的灌溉水渠和乡村道路等设施普遍"积极"地使用混凝土或水泥[1]，与生态系统的自然性和田园风貌形成反差。480 村的调查显示，在有灌溉设施建设的村庄中，90% 以上的村庄采用的是水泥硬化灌溉沟渠；在完成或者正在进行道路硬化的村庄中，90% 以上使用水泥路面或沥青路面，极少数村庄使用砂石路面。面状的和线状的"去乡土化""去生态化"的设施建设大大拉低了乡村田园环境的风貌品质（图 3）。

图 3　硬化的沟渠

2.4　村庄社会逐步解构，物质和非物质遗产均难以接续

社会人文视角的乡村风貌主要包括农村社区活力、人际之间的联系及和睦状况，也包括乡土的建造工艺、戏曲、习俗等非物质文化遗产的传承和展现。我们的调查证实，虽然乡村社区的人际关系总体和睦，但当下的乡村人口结构空心化、老龄化明显，并有大量留守儿童，传统的乡村社会正在解构，社区活力总体低下（图 4）。480 村的访谈是随机的，但是被访者的年龄平均在 53 岁，平均每户有 0.76 人外出务工；如果再考虑到空户家庭（夫妻全部外出）的话，外出人口比例会更高。7578 户受访家庭中有 3414 个初中及以下儿童，其中 77% 就读于镇区或本村。

1　实际上，国外乡村道路水泥和沥青路面相当少，大部分是沙石土路；国外乡村的水利灌溉沟渠大多也是原生态的，即使部分国家（比如日本）早期做过大面积的水泥沟渠，现在也在积极地恢复原生态灌溉。

图4　山东省农村无人居住的房屋

村庄的老龄化和空心化导致了乡村非物质文化遗产传承的接续困难，也造成村庄物质环境维护的艰难。传统的乡土建筑每隔一年或者几年就要进行维护翻修，老龄化加剧了家庭劳动的难度。历经千百年的乡土技艺和习俗正面临中断的危机。乡村风貌缺少了社会人文风貌的支撑，其"乡愁"的展现也将逐渐失去其乡土的特色。

♦ 3　乡村风貌困境的成因辨析

当下乡村风貌保护陷入困境，这其中既有村庄（民）自身的原因，也有外来力量的扰动；既有当下的破坏行为，也有可能引致未来毁损的行为。

3.1　交通连接的便利性加速了城市工业文明的入侵

传统的乡村风貌得以保存，除了文化的强大生命力以外，乡村地区的交通比较闭塞（受外界的影响和扰动较小）是重要因素。但是 21 世纪以来，我国的交通设施建设进程加快，2017 年全国公路里程超 400 万 km，高速公路通车里程 13.5 万 km，居世界第一。2017 年底全国铁路营业里程 12.7 万 km，其中高铁 2.5 万 km，占世界高铁总量的 66.3%。交通设施的建设为村民提供了便捷的对外联系通道，也为城市的工业文明向乡村地区的导入提供了便利条件。本就脆弱的乡村传统物质和非物质文化遗产在城市工业文明的侵袭下变得愈加脆弱。城市化的快餐式建设、工业化的简便建造等开始在乡村地区盛行。传统的精雕细刻和有文化象征的传统建造技艺和构件等被摈弃，乡村风貌开始呈现出千篇一律、毫无特色、区域无差异化的景象。

3.2　政府的不适当干预导致场所景观受到破坏

近年来，国家充分重视乡村人居环境建设，但乡村风貌仍然频遭破坏，或者称之为

"建设性破坏"。出现上述现象的主要原因是"自上而下"的工作习惯极易忽视农民的真正需求，而追求"短、平、快"和看得见的面上成果，如房屋外墙修饰、道路美化等。由于各级政府高度重视，农村项目的建设和考核周期变短，政策过快导入导致地方政府对本地乡村特色挖掘得不够深入，过分专注于外观的新、古、特，而忽视其长期积累的文化底蕴，造成了很多传统村落被拆除重建成现代（或仿古）建筑群[1]，很多历经上百年积淀形成的"斑驳"墙面被粉刷一新。各地急于推进集中居民点项目，使得乡村风貌呈现出毫无特色、毫无文化、毫无美感的"半城市化现象"（图5）。

图5　某地中国传统村落改造后（左）和改造前（右）的比较（480村调查）

资料来源：左图为作者现场拍摄，右图为作者拍摄于调研村村委会电脑屏幕。

3.3　村民和基层政府认知能力低导致田园风貌被忽视

我国农村人口的总体受教育程度仍然很低。根据2015年全国人口1%抽样调查数据，具有高中文化程度以上的人口仍然不足30%，农村地区的受教育程度更低。2010年第六次人口普查数据显示，农村地区高中文化以上程度的人口比例仅为9.8%。对比日本，其居民九年义务教育从明治维新时期（19世纪末）就已启动，今天的日本无论城市还是乡村，居民的总体受教育水平相当高。我国农村地区较低的受教育水平直接导致村民和基层政府对乡村风貌保护的认识不足，缺少审美和文化传承的认知，从而导致乡村风貌整体上难以传承维育，田园（乡野）景观风貌亦被忽视。

3.4　现代化与传统的割裂导致对传统文化的认知迷茫

中国农村发展一直基于血脉宗族，以宗祠、庙宇等为精神寄托，有着长久的历史传

1　比如笔者于2015年8月份调查的南方某少数民族村落，坐落于汉族聚居区，其建筑形式已经被汉化，但非物质文化传承仍在，因此被列入了中国传统村落名录。当地政府在得到国家资金补贴后，又追加了一些补贴。但是，当地政府意图拆除该村，按照少数民族的建筑样式重建。在调研期间被笔者说服"不要拆除，拆除了建设的，那是假古董"，但后续进展如何，笔者未知。

承。但经历了"破四旧"和"文革"之后，传统文化逐步被贴上了"封建"和"落后"的标签，村民对传统文化的自鄙心理逐步显现[3]。加之我国长期的城乡二元差异，导致村民普遍认为"凡是国外的，凡是城市的，就比农村优越"，现代化与传统至此明显割裂。尤其在经济落后地区，村民无力改建住房，导致居住条件极差，也使得村民对传统风貌的农房产生抵触心理。图 6 显示，仅 12% 村民认为传统民居值得保护，认可石墙和石路等传统风貌资源的仅占 4%，村民对传统文化的认知出现迷茫。

3.5 村民的认同感出现分化，传统的风貌资源不被认可

村庄的社会文化方面出现了一些新变化。首先，村民对村庄的认同感出现了分化，480 村的调查发现，年轻人对于村庄普遍缺乏认同，年龄越小越想要迁出农村（住房城乡建设部课题组，2016），反之亦然。其次，村庄传统的风貌资源得不到村民充分的认可，留守人口对传统文化的价值认识不足，乡村的非物质文化传承困难。访谈的数据统计显示，高达 45% 的村民认为，村里没啥有价值值得保留的东西，只有 23% 的村民认为传统文化和工艺是需要保留传承的，认为传统民居有文化价值的仅占 12%（图 7）。这可以解释，为什么村庄的物质环境破坏如此迅速——尤其在一些缺乏激励和保护措施的一般村庄。随着农村经济的发展和城市文明的入侵，传统建筑的消毁和历史村庄的消失在加速。

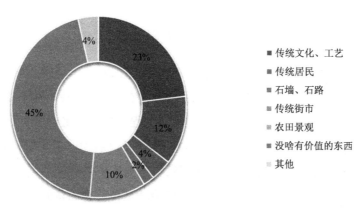

图 6　村民认为村庄环境中最需要保护的方面（480 村调查）

3.6 村民积极参与的缺位导致乡村风貌维育缺少支撑

近年来一些村庄建设取得了明显成效，村民对于村庄环境的改善充满期待与热情。调研数据显示，74% 的受访者比较关心或者很关心村落景观环境，87% 的人愿意参与到美丽乡村建设中来，明确表示不愿意的仅占 4%（图 7）；而没有主动维护村落景观环境的仅 20%（图 8）。但事实是，村民空有建设热情，长期缺乏参与机会，之前政府大包大

揽的快餐式的建设行动使得村民乐于享受建设成果，而不必出力。久而久之，其心理由"积极参与"变成"这都是政府之责"。被访的村干部普遍反映，村民现在不愿意主动承担建设或维护工作；过去村民经常出工出劳修筑村庄道路和基础设施，而现在变得愈发困难。另一方面，乡村基层社区建设滞后，作为村庄建设主体的村民往往缺乏有效的表达建设意图的机会和动力（有时村民也不具备这样的能力），这导致村民对政府投入愈加依赖，被动接受成为惯性。

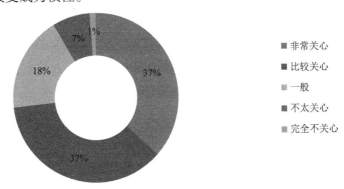

图7　村民对村落景观环境是否关心（480 村调查）

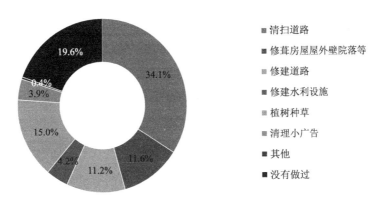

图8　是否主动维护村落景观风貌（480 村调查）

◆ 4　乡村风貌的保护策略探讨

改革开放 40 年，中国许多城市在风貌建设和保护方面出现过失误，特色一旦丧失将难以挽回。如果广大农村内在的、个性化的精神文化传统涣散一空，外在的物质景观也千村一面，其损失将无可弥补。西方国家也经历过乡村景观风貌遭到破坏的经历，20 世纪 90 年代以后开始大面积反思乡村如何回归本源风貌，亦经历了从传统乡村向现代乡村的转型和从现代化乡村向生态化乡村的转变。但是，总体而言，西方乡村景观风貌研究主要偏重于理论概括，研究成果滞后于实践阶段。从近年来笔者在欧美、日韩等国家和地区及中国台湾的田野调查来看，现实的经验更加值得推介[1]。

韩国和日本在 20 世纪 60 年代～70 年代的经济起飞和快速城镇化时期，乡村风貌破坏也很严重。尤其韩国在成立后，民粹思想主导，几乎拆除了所有的日据时期建筑，直到 21 世纪初期才开始切实重视城乡风貌的保护，教训深刻。日本虽然在 20 世纪 60 年代～70 年代快速发展时期同样经历了城乡风貌趋同、乡村特色丧失的问题，但通过几十年的不断努力，乡村风貌已经大大改观，乡村特色在逐步显现。日本的乡村风貌保护重在区域差异化的指导政策，各都道府县都充分重视城乡风貌的维护，不同的政策制定和自下而上的良好认知形成了不同的城乡风貌。以法国为样板的乡村风貌保护立法工作亦值得学习。因此在实施乡村振兴战略过程中，要重视对乡村风貌的建设和保护，且有必要融合对国际经验的借鉴。

4.1 重建文化自信，传统传承要与时代相融

当下仿古仿洋建筑盛行和千篇一律的乡村风貌，固然有规划建设管理的责任，但也是我们对民族文化不自信的表现。另一方面，从历史长时段来看，每个时代都应该有其自身的风貌特色，囿于传统裹足不前，不是时代所需。乡村风貌建设和管控也要与时俱进，寻找能够反映当下时代特色，又能够有地方要素的建筑风貌和景观建设方法，既要挖掘地方特质，又要与时代相融。比如传统民居传承，是人文要素、自然要素和能力要素共同作用的演化过程，需要与时俱进，将现代技术与传统工艺相融合，方能够使传统工艺焕发生机。

我们走访过韩国、日本的一些村落，他们挖掘了当地的物质和非物质文化资源，以资源特点为基础，成功塑造了独特的乡村风貌。比如韩国的圣水月村钱维诚铁囊剧场（图 9），设计很时尚，作为非物质文化传承的载体，每周都有游人光顾，很好地激发了村庄活力；比如日本著名的合掌村的风貌保护，亦融入了现代技术，村民积极主动参与，将传统特色与时代特点相融合，打造出了极具地方特色的文化景观；再比如我们走访过的日本大分县日田市小鹿田地区的皿山和池之鹤的陶艺村，这是一个很普通的小村落，但其承载了乡土陶艺技术的传承，村民生活和非物质文化遗产传承紧密结合，成为当地重要的文化景观地（图 10）。

4.2 突出村民主体，充分发挥民间社会团体的作用

长期以来中国大部分乡村都处于自然式营建的缓慢发展状态，村民是村庄的建设主体，深谙村庄的地理特点和房屋选址，取材皆有地方性和个人审美倾向。韩国新村运动

1　于欧美乡村风貌研究的理论进展见[1] 袁青，于婷婷，王翼飞. 二战后西方乡村景观风貌的研究脉络与启示 [J]. 城市规划学刊，2017(4): 90-96.

图9 韩国的圣水月村钱维诚铁囊剧场

资料来源：作者拍摄。

图10 日本大分县日田市小鹿田皿山和池之鹤的陶艺村

资料来源：作者拍摄。

的经验表明，乡村建设可以由农民自发地贡献劳动力，政府仅提供组织、技术和物质材料的支持，二者智慧地配合，其爆发出来的发展力量是非常强大的[28]。

随着乡村振兴战略的实施推进，村庄建设主体将进一步发生改变。政府、市场和资本将更多地参与乡村建设。乡村风貌在主体日渐混杂的矛盾环境下受到的冲击日益复杂化，急需政府、资本和村民三者的协调互动，这时民间团体（比如非营利组织［NPO］、非政府组织［NGO］、艺术家、建筑师和规划师等群体）的灵活性优势将得以显现。

放眼日韩，乡村地区的民间社会团体非常多，几乎每一区域（城市或乡村）都有几十个，甚至于上百个社会团体，他们经常去策划一些活动，以填补政府职能的空缺。例如，我们考察过的韩国釜山市近郊的甘川文化村，通过"政府＋居民＋专家团体＋艺术家团体"的协同方式，把一个破败落后的城边村演化成为韩国有名的艺术文化村，很多知名韩剧在此取景。但如果从学院派的艺术价值认知来看，改造前的这个村落很普通，甚至几乎没有风貌保护的物质价值。然而，民间组织的力量推动了这个城边小村的成功改造，塑造了富有特色的村庄风貌（图11）。

图11 韩国釜山市甘川文化村

资料来源：作者拍摄。

4.3 统筹分散的资源，体系化支援扶持

保护与发展是一对辩证矛盾。只有人居环境改善了，村民才能够更加重视风貌，风貌保护才能有更高的起点。目前乡村建设项目资金由多部门进行配套[1]，但这些部门间往往缺少足够的横向协调关系，大部分的资金投入急于取得建设成效，而忽略项目的统筹建设。在实际的村庄建设过程中，各部门资金到账时间，项目大小和建设内容往往都不一致，重复建设情况时有发生[2]。因此，要统筹安排使用这些有限的资源，并继续加大投入（不仅仅是物力，还有人力）力度，以改善提升农村人居环境，进而促进乡村风貌的建设和保护。

在支农资源的统筹管理方面，韩国的经验亦值得我们学习[29]。韩国政府早先的农村支援工作同中国类似，条块分割严重，效率低下。但是韩国政府积极总结经验，改善政府支援的组织模式，提高行政效率和支援效能。2000 年将原分属不同政府主管部门的水利协会、土地开发协会和农田开发协会合并，成立了"韩国农渔村地区综合开发支援协会"[3]，负责大都市地区以外的农渔村建设支援。该机构充分吸收过去的经验教训，采用小规模、分阶段的方式，倡导激发农民积极性，触发村庄的内生改造机制。据统计，2005 ～ 2015 年间该机构实施的支援项目共有 1 430 个，取得了较好成效，农渔村发展和乡村风貌得到了有效提升。

4.4 立足国情，立法保护乡村风貌

中国地域广阔、差异巨大，乡村风貌的保护除了从理念和策略上进行提升以外，还需要立法上的保障。放眼发达国家，1993 年的法国率先出台了《景观法》，探索了从法理层面保护城乡风貌。日本在 2004 年颁布了《景观法》，2008 年颁布了《历史风致法》，该法是针对城乡景观、历史风貌保护，促进环境品质提升的国家法律，目的是为了保护和改善地方的"历史风致"。韩国在景观风貌保护上虽然起步较晚，但近些年取得了很大进展。韩国为了保护和改善乡村风貌（和人居环境），农林水产食品部 1994 年颁布《农渔村整备法》，2009 年进行修订，增加了农渔村景观管理规划的相关内容；国土部 1991 年颁布了《自然环境保育法》，2005 年进行修订，增加了关于建设活动对周边地区景观影响评估的内容；2006 年农林水产食品部发布了《农村景观改善综合对策》；2007 年国

1　如交通部门负责道路建设资金管理，农业部门负责农田水利和农业生产设施的资金管理，建设部门负责基础设施、危房改造和古建修复资金的管理等。

2　例如道路硬化时不考虑供水和排水管线空间的预留，在基础设施建设项目进行时，又要开挖道路埋管，造成道路一次建设浪费；在水利设施建设过程中不考虑生态系统的维护，投资建设的硬质水渠在生态环境建设时又可能被拆除。

3　该机构隶属于中央政府的农林水产食品部，在全国各地有 93 个分会，6 个社团，雇员达 5300 多人，2014 年年度预算约为 9000 亿韩元（约合人民币 50 亿元）。

土部颁布了《景观法》；为了增强乡村风貌气息，2011 年农林水产食品部又发布了《"五感景观"推进对策》；2012 年国土部发布了《国土景观综合改善方案》。显然日本和韩国对乡村风貌的重视在日益加强，并通过立法手段予以强化。

尽管如此，立法保护城乡风貌也存在困难，主要在于对风貌属性的认识和定义。风貌的主体要素是建筑和设施，但是对于建筑和设施而言，其大多时候是私权性质，原则上讲法律是不能对私权予以约束的。但法国的景观法明确了"建筑……以及对自然景观、城市景观和文化遗产的尊重，都属于公益"，日本随后也明确了"景观风貌是公共财产"。

发达国家的经验值得我们借鉴，要尽快立法明确"乡村风貌是公共财产"，立法保护乡村风貌是传承中华文明的必然路径。另一方面，法制建设必须要立足于国情，要与农村生产力发展和产权制度等的改革同步推进。

4.5 强化乡村规划理论研究，服务风貌维育

乡村风貌保护工作离不开相关理论研究的支撑。长期以来的城乡二元结构和重城轻乡思想，使得乡村规划学科建设和相关研究一直较为薄弱，从确定乡村规划的法定地位到具体实践，经历的时间较短，相关理论建设滞后[30-32]。对乡村规划所处的城镇化和现代化背景理解不足，导致在很多地方实践中，出现以城市规划手段建设乡村的现象，而非"以改善农民生产生活环境为目标编制乡村规划"。

另一方面，尽管《城乡规划法》颁布已经 10 年，但至今乡村规划的范围和工作内容界定尚不清晰[34, 35]。各地的乡村规划编制缺少工作目标、技术标准和方法的指引，规划成果缺乏地域特色，简单照搬城市空间形态，割裂了乡村空间环境的组织肌理，使乡村丧失了本来的活力和文化。因此，要强化乡村规划理论研究，推进乡村规划的学科建设，服务乡村风貌的维育。

◆ 5 结语

几千年来的中国乡土社会面临着当前千年未有之大变局，城镇化持续 40 年以年均一个百分点的速度增长，乡村经济、社会、文化和生产生活方式都在受到前所未有的冲击，外在体现于乡村风貌的巨大变化。与此同时，中国地域辽阔，区域差异巨大，也导致乡村风貌呈现出地域性特征，比如经济欠发达地区的乡村风貌维护与人居环境建设之间的冲突，经济发达地区快速的经济发展导致的乡村城市化特征明显，西部山区偏远乡村由于移民下山导致其风貌无人维护的尴尬局面，而城市近郊地区的乡村建设与城市化进程同步并行，其风貌维育面临的问题更加突出，等等。这些地域性的差异问题，是今后乡村风貌研究中需要重点关注的领域。

毫无疑问，中国乡村风貌保护需要借鉴国际经验。但客观而言，乡村风貌保护是国际性难题，各国虽然都在实践领域中积累了经验，但很难说哪个国家的经验可以直接全盘复制。比如欧洲诸国，其乡村风貌得以较好保存与其传统的城邦国家制度有关，亦与其砖石建造工艺有关，欧洲诸国虽然基本维持了乡村地域的传统风貌，但其乡村地区的人口流失和老龄化依然使得乡村风貌维育日加艰难，其大都市近郊的乡村风貌城市化现象也很明显；韩国乡村风貌总体而言并不算好，但其统筹资源来体系化地支援乡村建设是值得我们学习的。日本、韩国和法国的景观风貌立法同样是中国学习的榜样。日本的乡村风貌建设过程也经历过"有些近似粗暴"的一刀切政策，虽然总体上风貌保护成效显著，但很多局部地区（比如东京远郊）的乡村风貌建设亦不敢赞赏。在实践中，国际上的诸多经验远非文献阅读和学习就可以体会传承，实地的访问踏勘可能对决策者而言更加重要，只有在真实的田野调查中，方能深刻体会到国际经验对于中国乡村风貌保护的借鉴价值。

2017年党的十九大提出实施乡村振兴战略，至2018年短短一年时间各地的乡村建设和投资如火如荼，正在极大改善着农村人居环境。但是笔者担心的是，在巨量投入之下，我们的乡村是否已经准备好，我们的乡村传统风貌承受外力冲击的能力到底如何？大量已经发布和即将发布的乡村振兴战略规划能否充分重视乡村文化传承的物质载体？国家各部门职能分工的重新划分是否会对乡村风貌保护形成积极的合力？社会各界是否已经认识到传承乡村传统风貌的社会价值和意义？种种问题仍然需要我们做大量的工作，不仅仅是在科学研究，也在具体实践和宣传上。

从国际经验和国内实践来看，乡村风貌保护的工作永远在路上。

文中未标注来源的图表资料皆来源：课题组（同济大学，安徽建筑大学，长安大学，成都理工大学，华中科技大学，内蒙古工业大学，山东建筑大学，深圳大学，沈阳建筑大学，苏州科技学院，西宁市规划设计研究院）. 住房城乡建设部课题"我国农村人口流动与安居性"研究报告 [R]. 2016.

本文刊发于《国际城市规划》2019第5期，作者：张立，王丽娟，李仁熙。

乡村田野调查 2015

2015 年 4 月份住房城乡建设部启动农村人居环境基础性研究课题，我参与的是第一个课题，内容主要是研究我国农村人口流动的机制及如何提升农村的安居性。课题组于 2015 年 7 月 1 日开启全国范围的农村调查，9 月 19 日结束。本次课题的研究方法主要包括三个方面：一是以田野调查为基础。包括对村庄、村民的调查，以及对人居环境的踏勘；二是以重点对象访谈为支撑，对村支书、村主任、主管县长及职能部门领导，以及各个省的省厅村镇处处长或主管村镇的副厅长进行访谈；三是以大数据分析为补充。住房城乡建设部从 2013 年底开始汇总全国农村人居环境的信息数据库，目前全国 60 多万个行政村的大数据库已经建立起来，2015 年启动第二轮的数据收集整理工作，对数据库的分析研究也是我们工作的一部分。下面我与大家分享调研工作结束后的十点初步体会。

◆ 1　农村发展水平的差异之大超出预想

一是自然条件的差异。地形、气候、灾害等自然环境全国层面差异巨大，省域层面既有一定相似性，也存在较大分化。农作物和农产品呈现区域特色。矿产、旅游等资源禀赋部分村庄"得天独厚"，而更多村庄相对"平凡"。地形条件和村庄的发达程度还存在一定关系：平原村好于丘陵村，丘陵村好于山地村，当然这只是一个表面上的分析。另外，量大面广的、不具备鲜明特色的农村，发展起来可能会比较困难。自然条件的差异可以说是农村发展差异的根源之一。

二是基础设施条件的差异。基础设施是生产生活及村庄发展的基础，直观地暗示了村庄的发展水平、反映了村民的生活质量。水、电、气等公用设施在发达地区基本完善，落后地区正在推进，很多贫困地区刚刚通电、通路，有些使用泉水、柴火等。农村的污水排放、沟渠治理、垃圾清运等问题非常突出，且不仅局限于欠发达地区。在道路建设和公共交通层面，部分村庄对外交通尤其不便，内部道路极不完善。小学等公共设施撤并力度普遍较大，配置过于强调服务效率，低龄子女上学影响了农业生产和农村家庭生活。对落后的农村地区来讲，更重要的是"如何让村民能够方便地享有教育权利"。随着农村的老龄化程度加剧，对文体、卫生、养老等公共设施的需求不断加大，但实际上数量、质量、效用与管理维护等还存在较大提升空间。

三是人的发展差异。在经济与社会发展水平方面，家庭收入、村民的学历等在不同地区天差地别，西部地区还有不少中青年文化程度低。村民对城镇化意愿和迁移的选择也存在差异。"外出打工还是本地务农""离土不离乡的就地城镇化还是向大城市的彻底迁移"在村域间差异巨大。社会文化和思想观念更是存在差异，相比东部沿海地区农民观念的活跃、积极、开放，西部农村很多尚处于自给自足的封闭状态，与外界联系较弱。

四是地方管理的差异。省级政府对农村的重视程度和关注方面不同。部分地区根据地方实际做出了较为实际的探索；有些省份重视房屋改造和新农村建设、有些省份推进基础设施建设和环境整治；有些省份重视农房建设。但更多省份目前仍缺乏重视或不知从何处下手。管理者的顶层设计是核心，当前政策研究制定仍普遍缺乏深入研究。

◆ 2　村民的主观满意度与村庄建设的现实发展程度不完全匹配

村民的主观满意度与村庄建设的现实发展程度是否匹配？是不是村庄建设的越现代化，设施越齐全，村民的满意程度就会越高？这是一个经久不衰的话题。经过调研，发现总体满意度较高，村民认可国家投入，态度是积极、感激的。但满意度与物质环境品质非线性相关。相比较为发达的东部地区，西部地区虽然设施提升小，但居民满意度反而更高。满意度直接反应"安居性"，但其存在差异性，还受到年龄、学历、务工经历等个体差异的影响。提升安居性不仅仅等同于改善表面的物质空间环境。

◆ 3　老龄化将是未来农村的人口新常态

未来农村老龄化将进一步加剧，并向高龄化发展。2014年，我国65岁以上人口占比10.1%；60岁以上占比15.7%。中老年村民普遍只有"乡土情结"，未来一段时间内可能有大量退休农民工返乡，且就近的小城镇吸引力不大。养老需求大幅增长而供给仍十分滞后，供需矛盾突出。老年人不再是弱势群体的代名词，随着平均寿命的延长，45～65岁左右的"初老"人群在农村发展中成为中流砥柱。农村设施建设应充分考虑大量常住老人的实际需求，尤其是卫生设施与养老设施，应加大投入，探索多样化的供给模式；文体设施也应做适老化改造与设计。重视老年人在村庄发展中的积极作用，通过技能培训、适度放权等方式传播新兴的技术与观念，逐渐唤醒他们的主人翁意识，通过村庄自治来保持村庄活力、提升村庄面貌。

◆ 4　农村人口的流动受到诸多因素影响

首先受到个体差异的影响，比如年龄、学历、收入、婚姻状态等。受外部环境的影响也非常大，比如农业基础、村镇面貌、区域产业发展、交通条件、地方文化等。农村人口流动还随政策的引导发生变化，在自身因素和外界环境不变的情况下，政策力会起到极大的引导作用。应针对不同地区的迁移选择特征，合理预测农村人口未来趋势，差异化应对。通过产业布局、设施建设、福利配套等立体化政策体系，完善城乡间人口合理流动机制。发达地区应加快为有城镇化能力的村民建立户籍、土地等有偿退出机制；欠发达地区应完善村庄及小城镇公共服务，适当在当地发展劳动密集型企业，以就近提供充足的就业岗位；西部贫困地区应做好就业技能培训等。

◆ 5　农村发展内生动力的匮乏是阻碍发展的最根本原因

目前，"美丽乡村"或者是说"新农村建设"试点大多是通过高层面政府的资金投入和政策扶持来建设的，推广难度大。但也要坚持去推广，因为农村历史欠债太多。农村发展的动力就是乐业，"业"也就是三次产业。当前农村收入普遍较低，现代农业难以短期内全面普及。非农产业极大依赖自身资源禀赋、交通区位条件等，对于绝大多数"资质平平"的村庄而言，难以寻找到可持续的发展动力。促进村庄发展的政策应着力于提升产业、资源等自身潜力，注入交通、人才等外在推力，自下而上寻找出路而不仅是撒胡椒面式的扶贫。产业空间可以城乡联动，跳出村庄本身在区域中谋划，适度促进小城镇与中小城市的产业布局，探索居住和产业相错位的就地城镇化模式。

◆ 6　危房改造与住房保障受到重视，但政策目标难以实现

当前的政策目标是改善最贫困群体的住房条件，包括农村的残障家庭、无收入来源家庭、孤寡家庭等。但实际情况是基层配套资金困难，贫困户无力筹齐资金，居住环境

最恶劣的农户依旧没有改善。农村住房条件的改善是一把双刃剑，它确实改善了农民的生活条件，但是它也可以使一个农村家庭从经济富裕的状态进入到贫困状态。在青海调研时发现当地有一个"幸福院"模式，最贫困的这部分群体不是靠国家的住房补贴改造危房，而是村集体将这部分补贴集中起来，集体建设一个像公租房一样的幸福院，将住房条件不好的贫困户集中到集体资产中居住，一直到有能力自建住房或直接养老。对于当前的政策，应适当改进。一是应稳步推进，给予地方实施操作的灵活性；重视人的改造和基础设施的配套。二是应进一步探索农村空置房屋退出或利用机制、农村保障房等政策机制，多元化提升农村住房质量。

◆ 7 环境卫生状况整体落后，死角颇多，亟待进一步重视

相比城市，农村的环境卫生问题少有关注，自上而下公共财政很少有专项的经费支撑，各省农村污水、垃圾处理设施普遍落后。环境状况不仅取决于发展程度，地方管理与重视程度影响更大。除了污水、垃圾之外，农村还有河道整治、粪便污染、土地盐碱化治理等一系列特殊的环境问题需要进一步投入资金，当前状况极大影响正常的生产生活。应建立专项财政经费，加强转移支付力度，确保农村垃圾的专业化收集处理及环境保洁。还应探索村民环境自治，采取适当给予村民分配经费的权力、有偿鼓励村民参与建设与维护等方式，提升主动参与社区治理的积极性。

◆ 8 传统村落的危机

近年来，国家建立了传统村落名录，入选村落国家和省级均会发放配套建设资金，目的是改善这些传统村落的人居环境，让这个村落的物质文化遗产和非物质文化遗产更完好地传承下去。这给不少村落加上了光荣的帽子，而之后的政策导入却仍然滞后。地方没有建立正确的保护观念，为了"保护"，全村拆除、仿古重建等违反原真性的行为实则摧残，令人扼腕。通过调研我们了解到，很多地区对国家传统村落保护的相关政策内不了解，缺少国家层面指导。所以，传统村落的内涵需要进一步明确，如何保护、保护什么等观念和要求都应逐步建立与完善。历史建筑与环境的保护或修缮不仅仅通过规划完成，建筑与景观师应共同协作，从更微观层面介入。

◆ 9 正确对待乡村规划与村庄建设的关系

近年来，在全国范围内村庄规划大行其道，遍地开花，个别省份甚至全省推进，强

行编制。有些省份甚至把村庄规划作为一个很重要的利润增长点。对部分地区，村庄规划理顺了居住与产业的关系，对谋划定位、合理布局道路等各项设施起到了积极作用。但有些缺少对农村实际情况的了解和认知，规划仅是盲目复制、难以实施、毫无意义的畅想。因此，对一般的村庄而言，不一定要强行编制村庄规划。规划师应做好引导、服务和辅助，尊重村民的生产、生活习惯。单纯通过空间规划不可能彻底改善人居环境与生存现状，制度与政策在更深层次决定了村庄面貌。

◆ 10　重视各级层面的村庄管理

农村建设做的相对较好的省份，不一定经济发达程度高，但普遍有专门的机构推进，比如江苏和四川。目前，乡镇普遍缺乏专业机构和人员，国家政策难以落实。在调研中发现，基本上县一级建设局与村镇建设、管理工作相关的科室只有 3～5 个工作人员，甚至更少，导致一些统计工作难以进行。在西部的一些山区，把所有村庄走一遍都是很难完成的，何谈建设和管理。另外，微观个体和村民自身在乡村实际发展中往往起到关键性作用。所以，在政府层面要成立专门的村庄建设与管理机构。重视村庄能人与基层治理，针对性封闭培训，拓展能人的社会资本，带动村庄发展。

以上比较零散地分享了 10 条调研的初步体会。本次调研涉及 12 个省市，后续还有很多工作。比如，6000 多个村民样本、400 多个村的"大数据"该如何建立，类型学的分析工作如何开展，人的生命历程与城镇化选择差异如何体现，家庭结构的变化和农村人居环境的建设、老龄化趋势和村庄的变迁、公共服务的公平性和效率性之间的选择、文化在乡村发展中的影响等一系列内容，最后我们要给国家提供一个怎样的政策建议报告？这个研究最后我们的目标不只是学术研究，还要影响国家的决策，最重要的是能够为国家下一步的"十三五"规划提供有利的支持参考。

本文刊发于《小城镇建设》2015 年第 10 期 40-42 页，作者：张立。

村民和政府视角审视镇村布局规划及延伸探讨
——基于苏中地区 X 镇的案例研究

引 言

　　我国快速城镇化进程中，农村建设出现了各种各样的问题，尤其是土地的粗放使用，2000 年以来受到中央政府的持续关注。2014 年颁布的《国家新型城镇化规划 (2014—2020 年)》亦提出"科学引导农村住宅和居民点建设"。在此期间，各级和各地地方政府开展了丰富的规划实践活动，若干省份已经完成了省域全覆盖的镇村布局规划的编制工作 [1]。

　　在具体实践中，镇村布局规划也称"镇村体系规划"或"村庄布点规划"。该规划一般包括三个部分：一是镇区规模和村庄规模；二是镇区和村庄居民点的布局，其主体是迁村并点，促进农村土地的集约使用；三是农村地区的基础设施布局。该规划与传统的"镇总体规划"的区别在于，镇村布局规划重点关注农村地区的居民点布局，意图在于集约使用土地，优化农村空间，统筹规划镇村基础设施。

　　从镇村布局规划的编制历史看，长三角及华北地区是较早实施的地区之一。江苏省在 1980 年代初期就开展了镇村规划编制，上海市也早在 20 世纪 90 年代初期就着手村域规划的编制和实践工作，山东省在 20 世纪 90 年代末期也开展了迁村并点规划试点工作。2004 年上海市提出了"三个集中"的空间政策，即"人口向城镇集中、产业向园区集中、土地向规模经营集中"。2014 年上海市嘉定区为了提高农村用地的使用效率，为农民提供更好的公共服务，也组织编制了"村庄布点规划"。总体而言，各地大量的规划编制和实施积累了可资总结和学习的案例。

刘保亮和李京生以社会访谈的形式研究了上海市张泾村的王家桥聚落 (133 人)，发现 1991 年编制的《张泾村村域规划》提出的迁村并点规划在编制后的十多年间较少实施，主要是村民对农村集中居民点并不认可 [2]。陆希刚从节约村庄建设用地、提高公共设施配置效益、实现农业用地的规模经营三个方面分析了政府和村民的利益博弈，认为政府达到了预期效益，但村民承担了过多的成本，这是迁村并点规划难以得到村民认同的根本原因 [3]。徐东云归纳了目前影响迁村并点实施的主要因素为生产方式、生活方式、宅基地处置以及居住成本，并指出迁村并点不是一个孤立的问题，在迁村并点的同时需要考虑农民的生产方式的改进以及提高经济收入等现实问题 [4]。

陈有川等基于山东省的研究认为，目前的村庄布点规划普遍存在如下问题：规划忽视发展背景，人口分配未反映城市化差异，对保留村庄的选择缺少定量分析，村庄布点模式过于雷同 [5]。张军民基于对兖州市不同类型的村民在"迁村并点"建设过程中的居住意向及看法的调查，指出迁村并点的顺利实施，重点在于村民的思想认识、政府的资金支持和村民搬迁的主动性，是一个长期的历史过程 [6]。5 年后，作者对同一村庄进行了回访。调查显示，迁并后的村庄环境得到明显改善，村民意识也有所提高，但实际整理出的土地与预想相差甚远，村民间的融合尚未形成，政府的后续资金投入也难以跟上，使得该示范村难以实现可持续发展 [7]。

丁琼和丁爱顺以江苏省句容市为例，分析了镇村布局规划中迁村并点规划实施的困境，认为主要存在以下问题：保留居民点缺乏吸引力、耕地调整难、农民大量进城购房、农民新建房趋于饱和 [8]。蔡欣认为，江苏省镇村布局规划实施的难点在于迁村并点难、人口转移难和集中居住难 [9]。

从多年的规划编制和实施来看，目前镇村布局规划仍然存在以下问题：一是该规划缺少法理依据，与法定的规划编制体系的关系尚不清晰；二是无技术规范和标准指导；三是镇村布局规划的作用和目标尚不清晰；四是对规划实施机制和动力的认识还不充分；五是缺少对规划实施情况的及时反馈。因此，本文结合江苏省苏中地区 X 镇的规划实施情况，从村民和政府的视角来进一步审视镇村布局规划的实施机制，为农村地区的空间优化和人居环境建设提供参考。

◆ 1 镇村布局规划实施评估

1.1 江苏省镇村布局规划编制概况

江苏省是我国经济最发达的省份之一，但其农村居民点布局分散，沿河、临路簇群居住的特征明显。一个行政村经常会有十几个居民点，这样的布局模式一定程度上制约了农业规模化的推进，给基础设施建设也带来了困难。改革开放以来江苏省相继组织了五轮镇村布局规划的编制[9]，1983～1988年完成了第一轮镇规划编制，1990年起历时6年进行了第二轮村镇规划修编；1995年开始了第三轮村镇规划修编，即"两区划定"；2000～2003年结合乡镇行政区划调整开始了乡镇总体规划的修编，实际是第四轮村镇规划修编；2004年江苏省颁布了《江苏省村镇规划建设管理条例》，2005年发布了《江苏省镇村布局规划技术要点》，同年在全省范围内开展了镇村布局规划的编制全覆盖工作①。江苏省的镇村布局规划力求"确定自然村庄布点，统筹安排各类公共设施和基础设施，对多余的各类设施进行清理，对农业生产空间进行整理，对生态和特色文化进行保护"。

截至2014年该规划已经实施了近10年，对农村的无序建设起到了一定的抑制作用，对农村基础设施建设也给予了较好的引导。客观而言，10年的规划实施历程在当下的快速城镇化进程中实属不易。尽管江苏省镇村布局规划的编制和实施有其局限性，但也反映了当时的客观需求。虽然对镇村布局规划的相关研究成果已经很多，但大多数仍然是以特殊案例为对象，聚焦于总结成功的经验，而对规划实施的动力机制和影响因素的讨论尚未深入。因此有必要认真审视该规划的具体实施情况，以求在今后的实践工作中，更好地完善与改进镇村布局规划的编制和实施。

1.2 案例镇概况

课题组所调研的案例镇位于苏中某市，镇域总面积54.2km²；地处长江北岸，镇域内河网密布、地势平坦，大量农村住宅沿路或沿河呈"一"字或"非"字式蔓延、分布零散。2012年，该镇户籍人口5.1万人，人均GDP为5.5万元，是传统的纺织轻工之乡，其人口规模与经济发展水平在苏中地区处于中游水平。该镇辖2个居委会和17个行政村，包括47个自然村、504个村民小组，镇区位于镇域中部偏东（图1的A村和M村附近）。2000年，合并了某邻近镇，并将其镇区改为居委会办事处。

1.3 研究方法

×镇的《镇村布局规划(2005—2020)》（以下简称"《规划》"）内容包括：人口和用地规模、村庄功能和布局、工业用地布局、复垦土地、开敞空间、公共服务设施建设、基础设施建设和实施措施等，其核心内容可归纳为三个方面，即镇村规模、迁村并点、镇村建设。本文即以此为实施评估框架，通过历史资料分析、村干部和村民访谈以及实地踏勘等形式，对三个方面做了实施前、规划和实施后的比较，并从村民和政府的双重视角探究了《规划》实施的机制及其制约因素②。

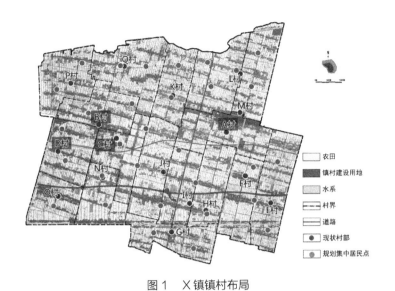

图 1　X 镇镇村布局

资料来源：笔者根据《×镇土地利用总体规划 (2006—2020)》绘制。

1.4　《规划》实施评估

1.4.1　镇村规模

表 1 显示，与镇村规模相关的 3 项指标中，常住人口的减少大大快于规划预期，而城镇人口增加较为缓慢，低于预期；值得注意的是，城镇建设用地的增幅大大超出规划的预期。

镇村规模的实际值与规划值比较　　　　　　　　　　　　　　　　　表 1

	镇域常住人口（万人）	城镇人口（万人）	城镇化率（%）	建设用地（hm²）
2005 年指标值	5.50	1.40	25.5	75
规划 2020 年指标值	5.40	3.00	60.0	300
插值法计算的 2012 年指标值	5.45	2.10	41.6	180
2012 年实际值	5.04	1.87	37.1	220

资料来源：《规划》内容和调查数据。

1.4.2　迁村并点

《规划》对位于城镇规划建成区范围内的 A 行政村，实行"撤村建居"，人口全部并入镇区，用地逐步转变为城镇建设用地。规划对其他 16 个行政村，集中建设 31 个集中式农村居民点，平均各行政村 1～3 个，各居民点人口规模均在 800～4000 人之间。

从实施情况来看，规划的 31 个集中居民点仅有 4 个得到部分实施，且建成规模远小于规划预测，选址也未完全按照《规划》实施。课题组深入走访了建成的 4 个居民点及相关的行政村，就集中居民点选址、规模、设施、经费来源、土地补偿等方面做了进一步访谈（表2）。4个集中居民点的平均户数为23户，平均人口为125人，户均建筑面积为218m²，政府总计投资1360万元。从规模来看，集中居民点尚不能有效提高公共设施服务效率；从住宅面积来看，新建住房普遍面积较大，与家庭结构日趋小型化的趋势相反；从政府投入来看，户均约15万元的投资对政府的财务压力较大。

4个居民点得以部分建成，（访谈得知）主要原因在于：空间区位的便利性（有3个位于集镇附近，另1个邻近重要公路）、村民对新建房有一定升值预期和方便使用镇区设施资源。

集中居民点建成情况一览　　　　　　　表2

村名	规模（户）	人口（人）	竣工面积（m²）	投入资金（万元）	选址	建设模式	建筑形式
A村	36	182	9325	525	A村二组，紧邻镇区	统一图纸，第一批为房产公司代建，第二批为村民自建	2.5层独栋，砖混，建筑质量较好，部分有前后菜地
B村	12	72	2268	195	撤并前原镇驻地	统一图纸，村民自建	
C村	24	132	4536	375			
D村	18	112	3450	265	现村委会南侧		
均值	23	125	4895	340			
其他村	0~3	—	—	—	多为村部所在地	村民自建	风格随意

资料来源：笔者根据访谈整理。

1.4.3 镇村建设

《规划》提出工业用地要集中布局。在该镇发展过程中虽然新增工业用地基本上都集聚到了镇区附近，但工业布局仍然较为零散，没有形成较为集中的工业园区，且工业企业与居住生活混杂，污染较为严重的某印染厂仍在运行。

《规划》提出至2020年复垦土地228.40hm²。因为集中居民点建设进程缓慢，实际复垦土地仅43.93hm²，与规划预期差距较大。

《规划》对道路建设、耕地保护、水系风貌、市政设施和公共设施等方面也提出了要求，实际执行情况较好：耕地面积没有减少，水系风貌得以保护，供电、电信、供水已经实现了全覆盖，农村社区公共服务中心、卫生室、文化站等公共设施基本得到落实；但污水搜集处理设施尚未覆盖到农村地区，环卫设施和服务有待提升，托儿所、老年活动中心和集贸市场等均未建设。

1.4.4 评估小结

总体而言，《规划》较好地指导了该镇的镇村建设，尤其基础设施建设方面成效显著。

× 镇因为有了《规划》，弥补了传统的"镇总体规划"中关于农村建设内容的不足，一定程度上也抑制了农村建设的无序蔓延，为今后的镇村土地集约利用奠定了基础。但也不可否认，迁村并点的规划设想与实际实施尚有很大差距，其中的原因可以从村民和政府两个层面来深入剖析。

◆ 2 从村民视角审视《规划》的实施机制：自下而上的动力有限

《规划》实施，很重要的是迁村并点工作的落实。从 × 镇的实施情况看，该项内容实施得并不理想。《规划》虽然依据集中居住的原则设置了集中居民点，但《规划》本身仍然是一种"引导"行为，而非"强制"行为。因此，"集聚"仍然要基于自愿，村民"自下而上"的集中居住的动力是《规划》得以有效实施的关键。而（苏中地区）农村的现实情况是，自下而上的集中居住动力有限。

2.1 农村社区老龄化，村民迁居动力弱

× 镇所在的苏中地区一直以来出生率就较低，自然增长率近年来始终为负，农村青壮年男性历来有着外出务工从事建筑行业的传统。× 镇 G 村的全样本数据显示，人口百岁图已经呈现出倒金字塔形的趋势（图 2），60 岁以上人口比例达到 27.1%(65 岁以上为 20.0%)，60 岁以上人口老少比更是达到了 367.2%(65 岁以上人口的老少比为 271.0%)[③]，已经明显进入到了老龄社会。× 镇的抽样调查显示，70% 的农村家庭有外出务工人员。随着近年来农村常住人口的持续减少和户籍人口的大量流出，留守人口主要是老人和儿童，他们的（集中居住）迁居动力很弱。

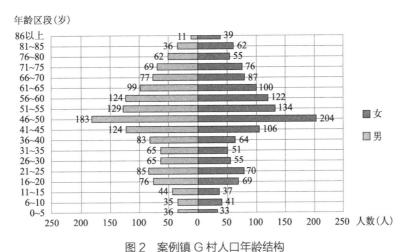

图 2 案例镇 G 村人口年龄结构

资料来源：笔者根据案例镇人口身份证信息表计算整理。

2.2 本地建房高峰已过，农房翻建需求不大

× 镇所在的苏中地区乡镇经济起步相对较早，20 世纪 80 年代开始就已经有大量的农村青年外出务工，使得农村家庭的收入得以较快提升。2012 年，农民人均纯收入为 15224 元，比江苏省平均水平高出 25%。× 镇农村翻建新房的高峰早在 2000 年左右就已基本结束，且大部分新建住房为砖混结构，坚固耐用，这也一定程度上降低了农民的迁居意愿。从案例镇 2012 年的新建住房统计情况来看，全镇 18510 户村民，全年翻新住宅的总计 80 户，占比 0.4%[10]，以该镇某村为例，全村 1159 户居民中已有 1036 户建设了两层及以上的楼房，2013 年仅有 1 户翻建。如此"微小"的建房需求，难以推动集中居民点短期内形成规模。

2.3 集中居民点吸引力不足，村民认可度低

对于村民而言，搬迁是一件大事，即使有政府补贴，购置新居和装饰新居都是一笔不小的花费。迁居的选择很多，可以迁往县城，也可以迁往镇区。虽然规划的农村集中居民点规模普遍在 800 ~ 4000 人之间，但因为实施力度不大，建成规模很小，相应的配套设施较为有限。陆希刚基于对长三角地区农村的调查和文献分析归纳出，迁村并点的合理性主要是从政府角度出发的，而基层村民的认可度很低，农村居民对居住地选择的优先顺序依次是"本村—集镇—集中居民点"[3]。集中居民点在众多选择中，其相对吸引力非常有限。从已经实施的 4 个集中居民点来看，要么是位于镇区周边，要么是紧邻公路，这样的区位条件能够提升迁居居民的房产升值预期，也有利于共享镇区公共设施，尽管有这样的有利条件，其实施程度仍较低。其他区位的集中居民点，其吸引力更弱。所以，集中居民点的吸引力不足，使得大规模集聚村民定居难以实现。

2.4 本地农业结构偏向于精耕细作，需要空间的便利性

× 镇所在地区人多地少，人均耕地面积仅 1.14 亩。集中居住后耕作半径势必要扩大，将从原先的不足 500m 扩展到最远约 1000m。但是，当地的农业种植多为精细化生产，蔬菜和经济作物占比较大（劳动力消耗大），规模化的设施农业和现代农业还较少。由于青年大量外出务工，农业劳动力多为 50 岁以上中老年人。该镇某村 2012 年的农业劳动力调查显示，全村实际从事农业生产的劳动力平均年龄为 63 岁[④]。所以，当地的农业结构和老龄化特征使得农业生产者需要空间上的便利，这样集中居民点在公共服务上的便利性被耕作的不便性所抵消。

◆ 3 从政府角度再审视《规划》的实施：自上而下推力不足

制度约束、政府政策和资金的推动对于《规划》实施至关重要，尤其对于经济基础薄

弱的地区。如果制度上的约束不能得以协调，如果没有政府政策的倾斜和资金的投入，镇村布局规划尤其是迁村并点工作很难得到全面实施。笔者在 × 镇的调查验证了上述判断。

3.1 土地的集体所有与规划的地域单元不一致

《规划》的地域单元是行政村或自然村，但根据《土地管理法》，集体土地所有权在村民小组（或生产队）一级，村民小组内土地公有，经公平分配，村民无偿获得土地使用权（包括宅基地的使用权），但是集中居民点的建设势必需要在各村民小组之间进行土地权属的重新划分，或者是进行土地权益的交换。因农村土地的质量和区位等微观差异性，仅凭友好协商，常常难以在所有小组成员间达成共识，这就可能会造成"看似合理的规划，难以具体实施操作"。张军民对山东兖州市"五村合一"规划实施的研究也表明，不同村庄居民的和谐共处需要很长的适应过程 [6]。

3.2 集中居民点选址与相关规划冲突

土地利用规划一般定期修改，但与城、镇乡规划一样，目前还无法进行实时动态更新。由于农村集中居民点量大面广，土地利用规划很难准确预测集中居民点的建设选址。如果严格按照土地利用规划的土地属性来选址，规避耕地，会经常与空间分析得出的最优选址相矛盾。× 镇的《规划》中，部分农村集中居民点就位于了基本农田保护区或耕地范围内。在土地利用规划没有修改之前，镇政府即使默许该处集中建房，村民也无法办理产权证，且与国家法律相悖。因此，现有土地管理制度无形地对集中居民点的建设有一定的限制作用，这就需要镇村布局规划与相关规划充分协调。

3.3 编制主体与实施主体错位，财政资金支持难以持续

从各类规划的实施经验来看，实施主体的明确至关重要。由于编制主体和实施主体的错位，基层政府对规划实施的动力不足，而上级政府的财政支持又很难持续，这就导致了规划实施的困难。× 镇的案例表明，《规划》编制的主体推进单位是省政府，具体落实编制是县或县级市政府，而实际执行却是镇（或乡）政府。部分得到实施的 4 个集中居民点主要得益于上级（县）市政府的政策和财政支持，随着资金支持的逐步撤出，后续的规划实施基本中断。在部分建成的 4 个集中居民点中，A 村规模最大、设施最全、后期纠纷最少、农民反响也最好，这与其当初土地流转时的赔偿机制有很大关系。该村集中搬迁居民的 4 万元 / 亩的土地补偿由市政府一次性支付，在建设之初就充分落实。而其他 3 个村则是由政府承诺，每年给予 800 元 / 亩补偿，持续 20 年；实际操作中，市级财政仅发放了一年，就将后期的财政负担转嫁至镇政府和村委会。这样的持续性的财政负担，对于并不富裕的镇村财政而言非常困难。政府无法持续负担相应的资金，集中

居民点建设也就无力扩大、难以推广。

另外,集中居民点的房屋建设虽然大多采取农民自建或集资(委托)建设的方式,但周边道路、绿化、市政设施和小型公建的建设资金还是需要由镇政府或村集体承担。在当下镇级和村级财力有限、建设用地指标流转后返还金比例很小的情况下,这些配套建设经常难以实现,这也使得政府无力大范围推动集中居民点的建设。

3.4 集镇建设与集中居民点的博弈

以 A 村为例,在与村长的访谈中笔者获知,该村仍有不少建房需求,其中很大一部分需求是基于获利的预期,但 A 村并没有继续扩大建设规模。一方面是镇政府需要节省建设用地指标,用于集镇开发(尤其是工业项目);另一方面,A 村邻近镇区,过量的集中居民点建设会妨碍镇区的房地产市场、影响地价,进而影响镇财政收入。因此,从镇域格局来看,集中居民点的建设一定程度上会抑制集镇的建设规模。在没有诸如"新农村建设"或者"示范村建设"之类的政策驱动下,两者之间的博弈往往是集镇优先。

◆ 4 延伸讨论:与时俱进,提升农村人居环境

村民自下而上的动力有限和政府自上而下的推力不足,使得镇村布局规划的实施困难重重。尽管如此,土地集约利用、公共服务均等化、农村社区建设等依然是农村建设的核心议题。综合考量我国乡村规划体系不完善和内容不明晰的客观现实,笔者认为镇村布局规划的编制仍然是具有积极意义的,但镇村布局规划的主体内容需要与时俱进。实际上,近几年以江苏省为代表的若干省份已经从过去简单的"迁村并点"的新农村建设模式,向环境整治、公共服务下乡、建设美丽乡村的方向转变,通过村容村貌和公共服务的改善,凝聚社区共识,重塑乡土活力,提升农村人居环境建设水平。

2014 年 3 月《国家新型城镇化规划(2014—2020 年)》发布,明确提出"适应农村人口转移和村庄变化的新形势……按照发展中心村、保护特色村、整治空心村的要求,在尊重农民意愿的基础上,科学引导农村住宅和居民点建设,方便农民生产生活……加强农村基础设施和服务网络建设……加快农村社会事业发展……"以《国家新型城镇化规划(2014—2020 年)》为指引,镇村布局规划宜在以下几方面完善提升。

4.1 控制与引导相结合,逐步促进集中居住

在我国的经济发达地区,很多地方的农村住房已经在 2000 年前后进行了更新改造,比如长三角、珠三角和山东半岛等地。对于这类区域,大部分的农村住房条件已经达到甚至超过了小康水平,进一步改善的需求不大。以苏中地区为例,调查的村庄大部分家

庭住房是砖混结构，人均住房面积超过了 $60m^2$，仅从面积标准上看，已经达到了发达国家标准。这样"优质"的住房，如果政府过度鼓励"复垦＋集中居住"模式，可能不符合低碳发展的要求。而对于经济相对落后的村庄，其（大量）集中居住后的就业问题仍然是难点，比如课题组在浙江南部某地农村集中居民点的访谈显示，村民集中居住后的就业和收入来源问题一直困扰着地方政府。因此，从各方面综合考量，农村的集中居住宜采取控制和引导相结合的方式，一方面控制农村的住房新建活动，另一方面在县城或集镇以及部分交通等条件良好的村庄规划集中居民点，引导有实际需求、有建房意愿的村民在此迁居落户。通过若干年的努力，逐步实现农民的集中居住，实现集约利用土地的目标愿景。

另一方面，我国农村土地集约利用是长期的政策趋势。随着农村居民的老龄化，村民的宅基地、耕地和林地等势必要有退出机制。尽管按照《土地管理法》，农村集体土地届时应收回集体所有，但现实中因为"集体"这一概念的模糊，而导致具体的地权和物权处理矛盾重重。因为我国始于 20 世纪 50 年代的农村土地制度改革至今已半个多世纪，过去由于农村家庭结构偏大的特点，这些矛盾尚可以在农村集体内部消化（主要通过家庭内部继承）。但现今随着城市化进程的深化，农村人口的快速流动，农村地权和物权的问题开始日渐凸显。2015 年 1 月，中共中央办公厅和国务院办公厅联合印发了《关于农村土地征收、集体经营性建设用地入市、宅基地制度改革试点工作的意见》，在农村土地制度改革方面跨出了坚实的第一步。但也必须看到，中央在农村土地制度改革方面是比较谨慎的，这些改革均被严格限定在了有限的试点区域。《意见》对农民的宅基地流转方面仅仅限定在了"进城农民"范畴，至于宅基地如何流转则尚待试点区域进行探索。即使在一些试点城市（比如上海），宅基地流转方面的改革也是非常谨慎。

因此，"农民集中居住"虽然是早期镇村布局规划的核心内容，但在当下新型城镇化的新环境下，对于"集中居住"的认识也要与时俱进，要顺应农村发展的趋势，顺应经济社会转型的新趋势，控制和引导相结合，逐步推进。

4.2　因地制宜，强化农村公共服务

公共服务体系是乡村地区发展的核心议题。镇村布局规划宜强化对本地公共服务需求特点的研究，设计适合本地的公共服务体系。对于经济发展水平不同、民族风俗不同、地形不同的各类地区，应进行针对性的规划布局。

×镇的"公共设施向镇区集聚"的模式对平原地区有一定借鉴意义。×镇于 2008 年开始撤销农村小学，仅保留了镇中心小学。村小撤并实施多年后，课题组针对儿童上学的便利性和适应性问题，做了专门的访谈和问卷调查。结果表明，75% 的被访者明确表示已经适应了村小撤并；集中到镇区上学可以提高教学质量，并无不便。×镇镇区到

达所有行政村的道路均已硬化，最远的自然村到达镇区也不超过 5km（电瓶车 15min 路程）。这样的出行距离对于村民共享集镇设施而言，是基本可以接受的。除了小学以外，医院、体育场、菜场和文化娱乐设施也可以实现镇区建设、农村共享。

但是 × 镇模式对于山区村而言可能就不合适，尤其对于生产和生活设施建设仍然滞后的贫困山区，其交通不便、道路硬化率低，农户的经济收入中农业仍然占主体。笔者于 2015 年 8～9 月份完成的云南、青海等地的农村调查显示，过度撤并小学和其他设施会极大地影响农民的生产和生活，在一些极度落后地区甚至导致适龄儿童被迫辍学[11]。有研究表明，中心村的迁并模式对于公共设施的配置是不经济的[12]。

因此，在不同地区，镇村布局规划要根据当地不同的发展条件、发展特点，因地制宜地布局相应的公共设施和提供公共服务。

4.3 重视环境整治，完善相关机制

源于过去对农村发展的忽视，（部分地区）农村人居环境建设严重滞后，问题日益突出。其中，环境卫生、垃圾收集和清运、沟渠污染等是乡村环境的普遍问题。而当下的镇村布局规划普遍重视空间安排，一定程度上忽视了环境问题。笔者在 2015 年 11 月完成的 13 省 480 村调查显示，农村环境整治已经刻不容缓。农村河道污染、垃圾污染等已经严重影响了农村人居环境水平。但是，目前我国地方公共财政预算中，尚没有专项的资金来保障农村的环境卫生工作，也没有相应的机制来确保农村人居环境建设工作的推进。实际上，与"推进农民集中居住"政策的经济成本相比，农村环境综合整治的成本更低，见效更快⑤，宜在镇村布局规划中予以充分重视，并强化实施机制。

4.4 发掘村庄的内生动力，资金与政策引导并行

从 × 镇的实践经验来看，较为成功的几个集中居民点均极大地依赖于上级政府（尤其是省级）的资金投入与大力推进；反观全国，近年来影响范围较广的一些"新农村"、"美丽乡村"示范点也同样建立在"自上而下"行政力的强劲推动下。这些村庄的确实现了预期的土地集约、设施高效、环境美丽等规划目标，也起到了带动和鼓舞的积极作用，但其成本投入却是巨大的。在资源有限的前提下，这些示范村推广和复制的难度很大。

要实现村庄人居环境的全面改善，短期内必然不可能完全依靠政府的转移支付，如何发掘村庄优势、寻找其"自下而上"的发展意愿和动力，是首先应当思考并探索解决的问题。要充分重视村庄能人的作用，以提高能人的技能和社会资本为突破口，影响和带动村民致富。在此基础上，政府通过相应的政策和资金的扶持为村庄注入可持续、良性的自身发展动力。因此，镇村布局规划宜在规划实施动力方面做出更进一步的谋划。

4.5 顺应城乡关系的新变化，研究多元城镇化模式

在农村土地制度改革和农地确权的背景下，农村与城市的关系也在发生变化。过去农民流出农村的机会成本几乎为零，现在农民的农村资产逐步清晰，农村的人居环境在加速改善，农村的综合吸引力在增强，城乡关系在发生新的变化。反映在城镇化意愿上就是，如今的农民（尤其在发达地区）普遍不愿意离开农村进城定居。在 2015 年 11 月份完成的全国 13 省 480 村 7578 户的农村调查中 [11]，被访农民有 72% 明确表示农村是他们的理想居住地，剩余 28% 有城镇化潜力的这部分人口，如果再考虑到其定居城市的能力约束，则真正可能完成城镇化的估计最多也就 10% ～ 15%。当然，这个数据所反映的仅仅是留守人口，针对这部分人口的城镇化可能是就地城镇化（集镇、县城）为主。而另外一部分在农村逐步成长起来的年轻人口也会有分化，绝大部分人会选择进城工作生活。参考国际经验（笔者在日本和韩国的考察），也将有一部分人受到"乡愁"和"逃离大都市"等思想的影响，选择回乡定居。这样多元的城镇化选择将在未来的中国城乡关系中扮演重要角色。镇村布局规划是法定规划体系外比较灵活的一种新规划类型，可以对此展开深入的研究和探索。

◆ 5 结语

在城乡统筹的时代背景下，"城市规划"正在向"城乡规划"转变。江苏省在镇村布局规划方面的率先实践为全国的新农村建设和乡村规划编制提供了很好的经验，因为有了规划的引导，经过多年的实践，江苏省全面实现了农村道路、供水、供电、电话等基础设施的全覆盖；因为有了规划的控制，农村曾经的无序建设得到了一定抑制，为后续的土地集约利用打下了基础，减少了阻力。虽然由于当时条件的制约，迁村并点规划实施程度不高，但既有的案例经验和实施评估为今后进一步完善相关工作提供了讨论的平台。在我国城镇化从关注数量增长向重视质量提升的转型发展阶段，农村发展和乡村规划是一项重大的研究课题。对苏中案例镇的研究为更加深入地理解乡村规划的实施机制提供了有益的启示。但也要看到，镇村布局规划仍然游离于法定规划体系之外，如何理顺其与镇总体规划及乡规划和村庄规划的关系，仍然需要进一步讨论研究。在没有厘清乡村规划的编制体系、编制内容等之前，镇村布局规划仍将继续存在，但其将不再仅仅局限于当初的"迁村并点"。比如广州市的村庄布局规划实践表明，其可以作为法定的总体规划与村庄规划之间的衔接，作为乡村地区实现三规合一的桥梁 [13]。上海市嘉定区的镇村布局规划实践表明，镇村布局规划实际上是当下城乡规划体系不健全的一种无奈选择，是政府对农村地区管控的有力工具，也是提升农村人居环境的纲领性文件[6]。

综合考虑当下我国乡村及乡村规划的实际发展阶段,镇村布局规划在一定阶段内仍将继续存在,其可能将承担指导农村地区建设发展的重任,其编制的目标可能不仅仅是集约利用土地,而是需要拓展到"改善农村人居环境"[⑦]、"促进农村生产、生活、生态的有机统一"上。

感谢匿名审稿人对本文提出的宝贵意见,感谢同济大学赵民教授、郝晋伟博士、黎威研究生对乡村调查工作的支持,感谢庄淑亭编辑的工作。

注释:

① 2005 年 4 月,江苏省人民政府办公厅印发了《关于做好全省镇村布局规划编制工作的通知》(苏政办发 [2005]29 号),明确了镇村布局规划编制工作的指导思想、目标任务、基本要求、进度质量要求。

② 需要指出的是,该《规划》并没有明确近期建设期限和实施时序,故 2012 年的对应指标采用插值法计算,得到相应的指标值。

③ 按照联合国标准,65 岁以上人口超过 7%,老少比超过 30%,意味着人口结构进入老龄化阶段。

④ 这种现象有一定的普遍性,刘保亮和李京生对上海郊区农村的调查显示,某村从事农业生产的人口,其平均年龄是 61.4 岁。笔者在皖北地区的访谈,情况也是如此。

⑤ 2013 年,江苏省的农村工作重点已经从"迁村并点"工作转向了"农村环境综合整治"。

⑥ 笔者在 2014 年有幸参加了《嘉定区镇村布局规划》的评审,时任主要领导如是说。2016 年,上海市基本完成了全市郊区村庄布点规划的全覆盖,但其内容与 2014 年嘉定区村庄布点规划内容不同,本次全覆盖的村庄布点规划的核心内容是将全市郊区的村庄划分为保护村、保留村和撤并村。抑或可以说,上海市的"村庄布点规划"也是乡村规划体系缺位下的一种无奈选择。笔者时任上海市规土局村镇处挂职副处长。

⑦ 2015 年,住房城乡建设部发布的《关于改革创新、全面有效推进乡村规划工作的指导意见》提出了一种新的规划类型"县域乡村建设规划",其强调规划的建设实施,重视多部门合作和多规合一,关注资源的整合,强调切实改善农村人居环境;似可认为是当下阶段乡村规划实践的最新探索,但其最大的难点可能是在法理关系的理顺和规划深度上。

参考文献:

[1] 何灵聪. 城乡统筹视角下的我国镇村体系规划进展与展望 [J]. 规划师, 2012(5):5-9.

[2] 刘保亮，李京生.迁村并点的问题研究 [J]. 小城镇建设，2001(6)：54-55.

[3] 陆希刚.从农村居民意愿看"迁村并点"中的利益博弈 [J]. 城市规划学刊，2008(2)：45-48.

[4] 徐东云.浅析村镇建设中迁村并点的阻力 [J]. 中国城市经济，2012(2)：282，285.

[5] 陈有川，李剑波，张军民，等.城镇化导向下的县（市）域村庄布点规划方法探索——以胶南市为例 [J]. 山东建筑大学学报，2009(3)：207-211.

[6] 张军民."迁村并点"的调查与分析 [J]. 中国农村经济，2003(8)：57-62.

[7] 张军民，冀晶娟."迁村并点"实施成效及其思考——以山东省兖州市新兖镇寨子片区为例 [J]. 乡镇经济，2009(4)：9-12.

[8] 丁琼，丁爱顺.村庄布局规划中"迁村并点"实施困境的探讨 [J]. 小城镇建设，2008(10)：51-55.

[9] 蔡欣.镇村布局规划初探 [J]. 江苏城市规划，2006(2)：34-37.

[10] 某市农村社会经济调查队.希望的田野——某市农村经济概览 [Z]. 2011.

[11] 张立.中国乡村调查 2015[C]. 贵阳：2015 中国城市规划年会专题会议十三：乡村规划——地方实践探索与创新，2015.

[12] 王颖，姜骏骅，张凌，等.上海浦东孙桥镇迁村并点过程与模式考察 [J]. 规划师，2001(1)：26-29.

[13] 叶裕民，彭海峰.广州市面向实施的村庄规划编制实践 [M]. 北京：中国建筑工业出版社，2015.

本文刊发于《城市规划》2017 年第 41 卷 01 期 55-62 页，作者：张立，何莲。

大都市半城镇化地区村庄发展的差异及趋势

—— 以佛山市区高明区为例

引 言[1]

2014 年 3 月发布的《国家新型城镇化规划：2014—2020》，明确提出要以城市群为国家城镇化的主体形态，实现城乡一体化发展。2017 年 10 月党的十九大提出实施乡村振兴战略。虽然我国快速的城镇化进程使得大都市地区的发展水平高于其它地区，但其外围农村地域的发展却呈现出差异化的特征：有的实现了经济收入的可持续增长，有的实现了小康；但也有的发展滞后，环境面貌差、设施差，贫穷落后的面貌依然没变。因此，认识大都市外围地区村庄发展的差异性及其机制，对于制定城市群相关区域政策和促进乡村振兴战略的落实有积极意义。

很多学者在解析我国村庄发展差异上做出了有益探索。曾祥麟（2010）在比较农村发展模式分析中，总结出温州模式、苏南模式、珠江模式、华西模式等几种典型的农村发展模式，同时分析不同农村发展模式的特点及弊端，指出广大农村的基础条件有较大差异[1]。杨忍（2011）采用探索性因子分析的方法，对新时期我国农村发展状态的区域差异进行了综合分析，其主要以经济数据为主，运用模型分析了我国农村自 2000 年以

---

1 基金项目：国家自然科学基金"我国乡村人居空间的差异性特征和形成机理"（51878454）。

来的发展动态，从资源条件、政策影响、经济区位等方面分析了不同区域农村发展差异，认为我国农村发展总体水平仍然较低，在空间格局上仍然保持着"东部 > 中部 > 东北 > 西部"的差异格局 [2]。

而在大都市外围地区农村发展的研究方面，也有学者提供了经验。从宏观角度来看，纪韶等（2013）针对第六次全国人口普查数据的分析，提出城市群对于农村劳动力的吸引作用巨大，但不同城市群之间的经济发展要素以及地理区位差异也使得吸引力强弱不一 [3]。刘学工等（2009）在对中原城市群发展的研究中发现，中原城市群大量农村显性和隐性富余劳动力的存在，使得二、三产业对于劳动力的吸纳转移的效用相对不明显，仍然需要制定相应政策加以辅助 [4]。刘洪波（2009）在对长株潭城市群的研究中提出，在"两型社会"建设的背景下，长株潭城市群周边农村不仅可以为城市群提供生态屏障，还是健康有机食品的生产基地，新型工业化和农业现代化要实现同步发展。总体而言，既有的研究虽然关注了城市群地区，但对大城市外围地区尚未予以足够重视，相关研究尚待深入展开 [5]。

在城市群上升为国家战略的当下，大都市外围地区的村庄发展情况更加复杂，除了受到传统农耕文化的影响外，还受到现代工业文明的巨大冲击。纵观我国的各大城市群及其大都市区，（除上海和天津等大城市以外）其外围地区大多与山区紧密相连，山区与平原混杂，工业化正在由大都市的核心区向外渗透，对当地的村庄发展产生影响，并形塑着其发展差异。本研究以广佛大都市区外围的佛山市高明区为案例，结合统计数据和实地调研，尝试探索和剖析大都市外围地区庄村发展的差异化特点及其背后的影响机制，以期对我国类似地区的相关政策制定提供参考。

◆ 1 研究方法

1.1 研究对象

佛山市高明区地处广东省中部，广佛大都市区外围，自然资源丰富，生态环境良好，辖区总面积 938 km²，是连接粤西地区与珠三角地区的重要交通节点。高明区下辖 1 个街道 3 个镇区和 53 个行政村；荷城街道为高明区区政府所驻地，简称城区。2014 年高明区常住人口 42.85 万人（户籍人口 30.1 万人），GDP 为 608 亿元，人均 GDP 为 14.24 万元，支柱产业为金属材料、石油化工、纺织服装、非金属制品及塑料制品。

1.2 研究方法

考虑到农村地区统计数据的缺乏和各村发展的较大差异性，本研究采用田野调查的方式，2014 年 3 月由课题组成员深入各行政村，对村干部和农民进行访谈，并选择性地完成调查问卷（全部由调研员指导填写）。由于不可控制原因，课题组最终走访了 53 个行政村中的 47 个（占总样本的 88.6%），其中 44 个村的村民配合做了调查问卷（占总样本的 84.6%），总计发放问卷 353 份，回收 353 份，问卷有效率 100%。

1.3 村庄分类

以行政村距城区、镇区的空间距离及村庄地形为依据，本次调研的村庄可划分为城边村（5 个）、平原近郊村（16 个）、平原远郊村（8 个），山区近郊村（1 个）和山区远郊村（17 个）五大类（图 1），从各村庄的人口结构、经济收入、设施建设及公共服务供给四个方面描述各村的发展特点。其中，人口结构指外来人口比例及外出人口比例；经济收入指村集体收入及村民个人收入；设施建设包括教育、文体、供水等设施的建设情况；公共服务供给指医疗保险及养老保险的覆盖情况。

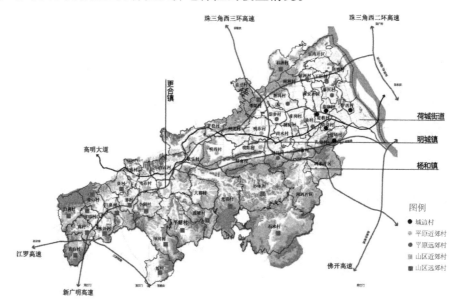

图 1　高明区行政村分布及分类图

资料来源：作者自绘。

◆ 2　解释框架的建立

2.1　村庄的共性特征

调研结果表明，高明区的村庄发展存在共性。

在人口方面，各村庄的共同点是外出务工人员较多，务工地点多在广佛大都市区核心圈层（以高明区荷城街道为主）。外出务工人员年龄基本在 40 岁以下，留守村中的人口以老人为主，农村老龄化现象显著。同时农村房屋空置率较高，空心村现象明显。

在经济方面，高明区农村集体经济收入方式主要为租地：包括农用地（耕地、鱼塘、山地）出租以及集体土地出租。耕地出租多数用来种植蔬菜和花卉，山地出租多数用来种植桉树，而集体土地出租主要用来建设工厂厂房。村民个人收入来源主要为工厂务工、村集体分红及农产品出售。农产品种植多为蔬菜和花卉，水稻种植仅能满足村民自身食用需求，基本无法提供额外收益，水产养殖多为四大家鱼。

在设施建设方面，高明区农村的教育设施都经过撤并，幼儿园、小学等主要集中在镇区，除部分撤制村以外，农村地区基本没有教育设施；村级医疗设施的覆盖范围较为有限，村卫生站很难覆盖村域全境；农村地区基本没有养老设施；道路建设相对完善，每个行政村都实现了"村村通"道路硬化，且供水、电力等市政设施建设较好，仅污水回收处理系统还没有建设。

在公共服务方面，各村医疗保险和养老保险的覆盖率都较高。养老保险有"新农保"，即60岁以上每人每月有120元补贴，80～90岁每人每月有100元的高龄补贴，90岁以上每人每月有150元的高龄补贴，60岁以下的村民每月需交30元。全征地的村还享受全征地社会养老保障，即女性55岁以上，男性60岁以上，每月补贴300元。

2.2 村庄的差异化特征

尽管各村庄发展的共性特征较为显著，但差异性也很突出（表1）。

各类村庄发展差异概况统计表　　　　表1

统计内容		城边村	平原近郊村	平原远郊村	山区近郊村	山区远郊村
行政村总数（个）		5	16	8	1	17
人口	常住人口（人）	23478	75200	21632	2350	27600
	外来人口（人）	13200	41600	12800	700	2625
	外来人口比重（%）	56.2	55.3	59.2	29.8	9.5
	外出人口（人）	3317	16360	13743	1410	27626
	外出人口比重（%）	28.4	29.7	60.8	46.1	52.2
征地		各行政村征地较多；全征地的自然村较多	各行政村征地多；全征地的自然村较多	全征地自然村较少	征地1000亩	各行政村征地很少
经济收入	集体收入	集体收入较多（如：铁岗160万/年）	集体收入较多（如：清泰520万/年，罗稳260万/年）	行政村收入差距大，多则几百万（仙村），少则几万（新岗）	集体收入很少	集体收入很少
	村民收入	村集体分红2000～4000元不等	经济作物种植年收入2500～5000元/亩	工厂务工工资2000～3000元/月	年均收入约4800元	粉葛年收入约3000元/亩

续表

统计内容		城边村	平原近郊村	平原远郊村	山区近郊村	山区远郊村
设施及服务	文体设施	基本覆盖全村	基本覆盖全村	篮球场建设较好，文化设施较缺乏	篮球场建设较好，文化设施较缺乏	体育和文化设施较为缺乏
	医疗保险	覆盖率较高	覆盖率90%以上	基本全覆盖	基本全覆盖	覆盖率较高
	养老保险	—	—	覆盖率90%	参保率较低	覆盖率约50%

资料来源：作者根据访谈信息整理。

人口方面，城边村及平原村外来人口较多，占常住人口的 50% 以上；山区村外来人口普遍较少。外出人口则相反，平原远郊村及山区村外出人口比例较高，平原近郊村及城边村外出人口较少（图 2）。

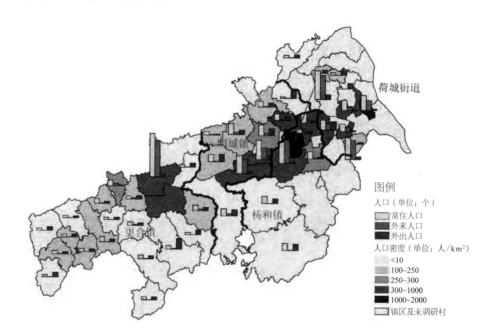

图 2　各行政村人口情况统计图
资料来源：作者根据访谈信息整理绘制。

经济方面，平原近郊村、城边村村集体收入较多，行政村集体收入可达百万以上；平原远郊村收入差距较大，而山区近郊村及山区远郊村村集体收入较少；（高明）区级工业区大部分在平原近郊村和城边村的范围内，少部分分布在平原远郊村及山区近郊村中。

除了直观的经济收入，对于土地资源的利用是影响经济发展的重要方面。可以看出，平原近郊村、城边村有征地的行政村较多，其中全征地的自然村也不在少数；而平原远郊村、山区近郊村及山区远郊村征地较少。对山区远郊村来说，仅有过境公路有征地需求；征地的返还地（指标）多被用来出租建设工厂，而此类工厂多为五金、家具、砖厂、木材加工等类型，工厂的规模较小，年收益较低，创造就业的能力较弱。同时，平原近郊村及平原远郊村集体土地（耕地、鱼塘及山地）外包现象较多，农民自家经营现象较少，山区近郊村及山区远郊村集体土地（耕地、鱼塘及山地）多为农民自家经营，除荷城街道的石洲村外，其余行政村土地外包现象较少，而城边村由于受到工业影响，鱼塘受污染严重，外包现象也较少。

设施方面，主要是公共服务设施覆盖存在差距。体育设施相对较为完善，除山区远郊村之外，基本每个自然村都建有篮球场；而文化设施建设相对滞后，平原近郊村及城边村每个行政村村委会处都设有农家书屋及老年活动室，而其它类型的村庄还无法实现文化设施在行政村的全覆盖。

社会保障方面，平原村及城边村因其村集体收入有一定规模，可以为村民承担医疗保险的费用，而山区村则有较大部分自然村需要村民自己支付一定的费用，从而参保率略微偏低。

2.3 解释框架

从各村的调研结果可看出平原村的发展水平要高于山区村，近郊村的发展水平要高于远郊村。从各类村庄的比较可看出：外来人口多的村基本都有成规模的工业区或工厂；村域内有工厂或村域内有大量国家征地的村庄，以及村集体土地外包规模较多的村庄，其经济收入相对较高；而经济收入较高的村其建设情况及社会福利相对较好。

可以看出，由于农业及第三产业给村庄带来的收益微乎其微，高明区的农村经济更多地依靠土地出租或国家征地来获取资金，空间区位、地形要素、工业发展及资源条件等要素对于高明区农村发展的作用相对明显，其对各村镇的征地情况、人口结构、土地生产方式、基础设施建设及公共服务配给产生了较大的影响。

上述各因素对村庄发展的影响可以归纳为图3所示。

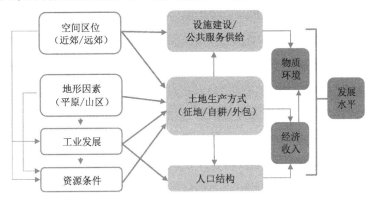

图3 农村发展情况及影响因素关系图

各因素对村庄发展的影响不是单一的线性作用，而是相互交织且相互影响地作用于村庄的发展。总结各项影响要素，可以认为：在高明区特定的发展模式下，土地生产方式的差异是影响村庄发展的最核心因素，而空间区位、地形因素、工业发展和资源条件都是通过土地资源的使用来产生影响，从而作用于各村庄的发展，最终产生差异。

◆ 3 村庄发展差异的影响因素

3.1 空间区位：城边村和近郊村有较多发展机会

空间区位对村庄发展的影响主要在于国家征地、公共设施的覆盖及人口结构，并通过这几个方面间接影响农村的物质环境和经济收入。

高明区工业区的布局现阶段是以高明大道为骨架，呈带状分布，基本都是以城镇周边为起点，向外扩张，同时，工业区的选址、扩张、城镇外拓以及（区域层面）大项目的落地会产生较多的征地需求；在城边村和近郊村的访谈中，各村的征地规模都很大，有不少村庄为全征地。从各村的比较来看，被征地村的村民比其他村村民更富裕。

近郊村由于靠近城镇建成区，有相对便利的交通条件，还能便捷地享受到较多的基础设施及公共服务，如教育、养老和医疗服务等，也容易吸引大量外来人口进入。比如在荷城街道的辐射下，城边村和近郊村有较多的发展机会；而杨和镇和明城镇的经济辐射能力较为有限，其近郊村发展水平也就相对较低；更合镇交通条件最弱，其近郊村发展水平更低。

3.2 地形特征：山区可用地较为零散，影响农地外包

地形因素对于村庄影响较大，主要在基础设施建设和土地生产方式方面，比如在云南、青海等山区或高海拔地区，较大的地形变化与相对恶劣的地理环境对于基础设施建设造成了极大的影响，从而严重阻碍了村庄的发展。而对于高明区来说，地形的变化相对较小，山区基础设施的建设相对比较容易，因此地形对于高明区农村发展的影响主要在于土地的生产方式。平原地区土地平整，建设成本低。因此在项目选址过程中，往往更倾向于平原地区，山区获得征地的机会较小。

由于地处经济较为发达的广佛大都市区，就业机会相对较多，高明区大部分本地村民已经不再或很少从事农业活动，农地集中成片外包成为常态，并且也是村民稳定收入的主要来源之一。平原地区的村庄有相对成规模的耕地、鱼塘，可集中外包的土地面积相对较多，在方便生产的同时也能产生较多的集体收入。

山区的村庄耕地面积相对较少，土地较为破碎，农业生产的地块规模较小，农地成

规模的外包现象较少，在一定程度上减少了村集体经济收入。并且由于早年高明区追求短期经济效益，大量种植桉树，导致了一定程度的生态破坏，山地（种植的经济价值低）的出租受到较大的影响。

3.3 工业发展：工业园区征地，工厂缴纳地租

工业发展使村庄发展产生分异。高明区的工业发展吸收了其他地区的经验和教训，并没有采取"村村点火、户户冒烟"的就地型、分散型工业化模式，而是选择工业向园区集中的发展模式，高明区不允许各村兴办集体企业。村域范围内的工业区直接受高明区政府的管理，税收直接上缴区政府，与所在村庄没有直接的经济关系。因此工业区对村庄发展的影响主要在于为所在村带来被征地的机会，以及提供就业岗位，为失地农民提供经济收入。

访谈得知，当地村民在工厂打工，月收入平均为 2000～4000 元，比务农收入要高出许多，同时工业区距离村庄与城镇都比较近，村民可以选择在镇上买房，也可以选择在农村自家居住，生活上较为便利，且居住成本较低。同时工业区能吸引大量外来劳动力，间接带来其他就业机会，比如房屋出租，日常商业服务等。据调研了解，工业区中有许多工厂没有提供员工宿舍或员工宿舍无法满足需求，加之镇区的房租比农村房租贵，因此在村里租房便成为许多外来打工者的现实选择（布练村的村集体组织的房屋出租，每年收入约为 30 万元）。

除了集中的工业区外，少数村也会利用国家征地的返还地，出租给一些中小规模的工厂，除了随劳动力而来的经济收入外，工厂向村庄缴纳的地租是影响农村集体收入的主要因素。但工业区的发展不可避免地会对所在村庄造成环境污染。最直接的体现便是工厂对于村域范围内的鱼塘产生的污染，导致了可外包鱼塘的数量逐年减少，这直接使得村集体收入呈减少态势。

3.4 资源条件：特色资源和土地生产能力影响村集体收入

工业化已经不是村庄未来发展的路径，如今越来越多的村庄开始依仗相对较好的生态自然资源，大力开发以种植物生产以及旅游业为主的产业，来促进村庄发展。

而对于高明区而言，其并没有特别突出的山水资源，旅游业的开发还未形成完整体系，乡村旅游资源除了自然景观外，古民居、古街道等人文资源基本没有得到开发，而自然景观资源的开发受镇政府主导，与所在村庄亦没有直接的经济关系；现阶段自然景观资源对高明区的村庄带来的影响仅为餐饮、农产品销售等初级产业，仅有少量有条件的村率先通过种植并出售特色农产品（如更合镇的粉葛）而使收入有所提高。

因此资源条件对于村庄发展差异的影响主要在于土地的生产能力的不同。高明区的

调查表明，拥有完整的、成规模的土地或鱼塘，并且其生产能力并未出现下滑的农村（不论是平原村或山区村），有更多的机会对外承包农地（鱼塘），从而获得收益；而有的近郊村或城边村因受工业污染影响，土地的生产能力下降，渔业养殖受冲击，农地无法外包，村集体便无法通过这种方式获取经济收入。

3.5 小结：各影响要素共同作用于土地生产方式

上述各因素最终都涉及到农村土地的生产方式，对于高明区的村庄发展模式来说，征地以及农地外包是影响村庄发展最直接的因素。

由于城镇建设、工业区建设、区域基础设施建设以及区域重点项目建设的需要，政府需要对村庄征地。从调研的结果可以看出，征地对高明区村庄发展的影响较为直观，其主要体现在征地补偿以及对农村土地使用方式的改变。

首先，被征地的村庄能得到一笔征地费用，高明区的征地款平均约为 20000 元 / 亩（2014 年之前），征地费用对于村集体来说是一笔不小的收入，可用于村民分红及一些村庄设施的建设修缮；访谈表明，征地后农民生活水平有明显的提升。

其次，高明区政府对被征地的村庄提供征地面积 10% 的土地出租指标，俗称"征地返还地"，村集体可选择不同的发展用途。但各村基本都将土地用于出租，向企业收取租金；还有少数村庄（如布练、良村），在征地返还地上建设新房，推行类似"新农村"建设的方式，以改善村民居住环境。

相对而言，近郊村和平原村因其空间区位及地形优势，有更多的发展机会。但从另一个方面来说，征地的同时也减少了村庄的耕地面积，进而减少了可外包的农地面积，减缩了农业生产规模。

土地使用方式的改变在于外包或自耕。高明区大部分的本地村民已经不再从事农业生产，而是将农地承包给外来人口。少量的本地老年人仍然在耕种土地，但目的已然发生改变，主要是自给自足，闲时娱乐，而不是为了生产增收。

◆ 4 发展趋势及延伸探讨

4.1 现实困境：发展水平滞后，缺乏特色；土地生产方式造成发展差距，可持续性较差

与广佛大都市区的其他农村相比，高明区农村经济陷入困境，总体处于一种相对停滞的状态。受制于地形，一产没有（也难以）形成规模，粮食作物的生产仅满足农民家庭食用，经济作物也没有形成品牌向外推广。二产的发展与村庄的关系并不密切，不允

许村庄自己发展工业，工业区直接受镇或区政府管理，向镇或区政府交税，对所在村庄的影响仅通过征地补贴及少量的政府临时拨款来体现，并且工业区的存在难以避免地会对所在村庄环境造成一定程度的污染和破坏，但总的来说，工厂务工仍是村民稳定收入的主要来源之一。三产发展基本局限在初级零售业，虽然有部分村庄的外来人口较多，但其相应的服务配套没有跟上；即便有些村庄地域有相对优良的生态资源，但政府并没有进行系统的整理与推广，这使得高明区的旅游业没有太多起色，对村庄的发展也没有起到带动作用。

虽然山水资源是高明区主打的发展优势，但与珠三角外围的城市（如云浮、江门等地）相比，高明区的山水资源优势并不明显，且缺乏明确的开发方向和特色塑造。同时农村的发展也还未探索出诸如"一村一品"的特色发展道路，村庄发展依旧被动。

受制于特色开发的缺乏，现状高明区农村发展过于依赖地租（征地、耕地、鱼塘等），此种模式受区位因素和地形因素制约较大，因此导致了村庄之间经济收入的较大差距。平原村庄集体收入明显高于山区村庄，城边村和近郊村的收入明显高于远郊村，有征地的村庄集体收入明显要高于没有征地的村庄，有集体土地外包的村庄集体收入明显高于没有土地外包的村庄；而经济收入的差距直接导致了村庄发展的差异。这种依赖于土地的发展模式并没有产出新的产品和价值，长期来看是不可持续的。

4.2 城镇化：留守人口乡土粘性强，镇区建设滞后制约了农村城镇化

353份村民问卷调查了村民的定居意愿。统计显示，愿意迁出农村的仅占24%（图4）。从差异性来看，山区远郊村的村民愿意迁出的比例略低，而山区近郊村的比例略高。

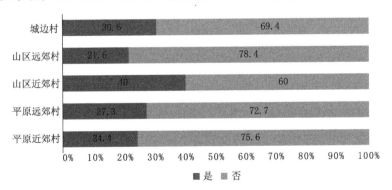

图4 各类农村搬迁意愿统计
资料来源：村民问卷分析结果。

从外出务工人数的分析来看，有外出务工人员的家庭占到了问卷总数的74%，其中67%家庭其外出务工人员在2人及以上。这表明了虽然村民较为依赖农村生活，但村庄自身并不能满足村民的生活需求，村民仍需外出打工来维持生计。对于农村留守人口

而言，有 50% 的村民选择农村为理想居住地。这些数据说明，即使在村庄发展程度较低的情况下，高明区的村民仍旧希望在农村居住，留守村民对于本地农村的情结较深。

有 25% 的村民选择荷城街道为理想居住地，高于本镇区（19%）。这点可以看出，虽然城区在空间距离上离多数村庄较远，但相比于镇区，村民还是更倾向于在城区定居。得益于高明区相对较便利的道路交通系统，村庄距城区的（私家车）距离一般在一个小时以内，但是调查结果也从侧面反映了高明区镇区建设的滞后，还难以起到吸纳农村人口、带动农村发展的作用（图 5）。

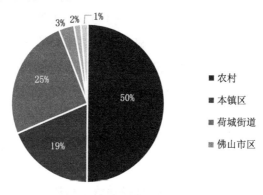

图 5　村民理想居住地统计
资料来源：村民问卷分析结果。

4.3　未来建议：培育特色，差异化引导

由于本地生态环境等因素，高明区并没有像周边的南海、顺德地区一样，大力发展村办企业。出于历史原因，高明区所在的广东省农村的民主和自治的意识较高，总体上处于"强集体，弱政府"的状态，因此由强势的政府主导农村居民点迁并和产业发展的"昆山模式"在高明区及珠三角较难施行。现状高明区农村经济主要依靠土地出租获取收益，虽然有些行政村集体收益总量较大，但经过分红之后，不仅每个村民拿到的分红金额较少，剩余的资金也无法用来推进村庄的各项建设。因此，高明区要摆脱村庄发展的现实困境，应寻求新的出路，脱离以地租收益为主导的传统发展模式。

高明区村庄发展过程中产生的差异是多种因素引起的，但归根结底是发展模式的单一与不可持续。借鉴其他农村地区的发展经验，村庄发展需要有其自身特色，虽然很大程度上有赖于村庄自身资源条件的限制，但更多的还是需要政府决策者的准确定位与把控，高效组织盘活现有的自然生态资源与历史人文资源，实现村庄的特色化发展。

为了促进各村未来的健康发展，除了要改变原有的单一发展模式之外，还需针对各类村庄的不同情况，顺势而为，制定差异化的发展对策。对于城边村来说，由于紧邻城区，甚至部分已在城区内，可以考虑直接并入城区，通过"村改居"的形式，把农村人口转变为城市人口，并通过一定的政策设计解决村民失地之后的生计问题，实现城乡一体化发展。对于平原近郊村和山区近郊村，应该顺应城（镇）区的发展态势，整治提升村容村貌，营造农村田园特色，提高设施配套和服务水平，重视镇区建设，逐步实现镇村一体化发展。对于平原远郊村，应该充分发挥其远离建成区，征地较少，农地较多的优势，通过村集体把可耕地整合起来，发展规模农业、特色农业和现代农业，以水产养殖、花卉以及经济作物种植为主，可通过土地外包给大型农产品生产企业或种田大户，之后再返聘村民进行耕种，这种模式既可以提高农民收入，又能优化农村劳动力结构，推动农业的集约化发展。对于山区远郊村，其地理位置过于偏远，交通不便，村庄空心化、老龄化现象更严重，宜通过政策引导，逐步将部分人口迁出，推动山区人口的异地城镇化，同时适度和适量开发山区的休闲度假、养老、养生等产业，为山区人口提供新的就业机会。

在村庄发展机制方面，可以借鉴韩国"新村运动"的经验，政府提供支持，激发民间力量，上下结合来提升农村发展水平；通过建设区域化的农村网络服务体系，培养农村能人，带动村庄发展；通过农村环境整治，提升村民的家乡意识[6]。总之，大都市外围地区村庄发展的差异性与其背后的影响机制有紧密关系，政府在指引村庄发展的过程中，应宏观政策和因地制宜相结合，通过组合的政策指引推进村庄的全面健康发展。

◆ 5 结语

广佛大都市外围地区的村庄发展呈现出明显的差异性，但也有共性。本文从空间区位、地形特征、工业发展和资源条件四个方面建立了解释框架，这四个方面以土地使用为媒介影响村庄的发展。相比于其他地区，大都市外围地区的农村发展与土地的关系更加紧密，其土地是否被征用，以及是否做非农使用等，极大地影响着村庄的发展。这一特征在京津冀城市群、长三角城市群和成渝城市群等地区也呈现出基本一致的现象[7]。相比较而言，靠近中心城市或者地形平坦区域的村庄发展机会要多一些，而山区和远郊的村庄发展会相对艰难。这些差异性特征提示政策制定要因地制宜。

除了本文探讨农村发展的差异化特征及其影响因素外，大都市外围地区留守人口的行为选择，家庭的城乡联系，外出人口的返乡意愿等都可能与其他地区有所不同，这需要我们在后续工作中予以深入探究。

注：本文所使用的照片、图表全为作者本人拍摄、绘制。

致谢：感谢同济大学赵民教授和上海同济城市规划设计研究院王颖、郁海文为本研究提供的调研支持，感谢博士后陈旭，研究生何莲、朱金和徐樑，以及2014届城市规划本科毕业班同学的调研工作。

参考文献:

[1] 曾祥麟,李盼.我国农村发展模式的比较分析 [J].中国商界 (下半月).2010(05): 166-167.

[2] 杨忍,刘彦随,刘玉.新时期中国农村发展动态与区域差异格局 [J].地理科学进展.2011(10): 1247-1254.

[3] 纪韶,饶旻.城市群农村劳动力净迁移率与区域经济发展互为影响因素研究——对全国第六次人口普查长表数据的分析 [J].经济学动态.2013(06): 39-46.

[4] 刘学功,万年庆.区域二、三产业增长与农村劳动力转移之比较研究——中原城市群发展对农村劳动力转移就业的影响分析 [J].农业经济.2009(11): 53-55.

[5] 刘洪波.长株潭城市群郊区农业发展方向探讨 [J].广东农业科学.2009(06): 252-255.

[6] 朴振换（潘伟光等译）,2007.韩国新村运动 [M] 北京：中国农业出版社,2005.

[7] 张立,2015,我国农村人口流动与安居型研究 [R].

[8] Gajendra S.Niroula, Gopal B. Thapa. Impacts and causes of land fragmentation, and lessons learned from land consolidation in South Asia [J] Land Use Policy, 2005, 22(4), 358-372.

[9] 韩松.新农村建设中土地流转的现实问题及其对策 [J].中国法学,2012(01):19-32.

[10] 李汉飞,冯萍.经济发达地区村镇规划管理思考——以《佛山市村镇规划管理技术规定》为例 [J].规划师,2012(04):84-87+93.

[11] 肖红娟.珠江三角洲地区乡村转型及规划策略研究 [J].现代城市研究,2013(06):41-45+50.

[12] 许世光,魏立华.社会转型背景中珠三角村庄规划再思考 [J].城市规划学刊,2012(04):65-72.

[13] 杨国永,郑碧强.福建新农村建设差异化战略思考 [J].福建农林大学学报 (哲学社会科学版),2009(05):28-30.

[14] 杨廉,袁奇峰.基于村庄集体土地开发的农村城市化模式研究——佛山市南海区为例 [J].城市规划学刊,2012(06).

[15] 朱介鸣.城乡统筹发展：城市整体规划与乡村自治发展 [J].城市规划学刊,2013(01):10-17.

[16] 陈世栋,邱加盛,袁奇峰.大都市边缘区城乡统筹发展路径研究——以佛山市高明区为例 [C].中国城市规划学会年会论文集,2012:10.

[17] 董立彬.我国新农村建设的思考——基于韩国新村运动的经验 [J].农业经济,2008(08):11.

[18] 耿虹,罗毅.以小城镇建设为基点促进新农村建设发展——以武汉市汉南区新农村建设规划为例 [J].城市规划,2006,12:33-39.

本文刊发于《小城镇建设》2019 年第 2 期 15-23 页，作者：林楚阳，张立。

城市群外围地区农村发展困境及规划应对

引 言

随着我国城镇化的快速推进，在"城镇偏向"思想的指导下，乡村地区成为转嫁城镇化制度成本的隐性场所，其经济、社会和空间等方面的问题日益突出，传统的乡村社会渐趋"解体"。虽然一般认为解决我国农村问题的关键在于推进城镇化，但是仅有城镇的现代化而缺失乡村的现代化，难以真正实现国家的全面现代化。然而，由于我国长期以来存在的城乡发展政策的差异性，导致农村公共服务供给长期滞后，供需矛盾显著，这与财政体制、人口流动和经济发展等方面有明显的相关性，尤其在教育、医疗等设施的"效率"与"均等"方面出现了更为显著的矛盾。与此同时，农村住房大量空置，"空心村"已然是普遍现象。虽然为了实现村庄的集约发展，各地进行了迁村并点的实践，但是大部分地区实施效果并不理想。

越来越多的学者对农村发展的诸多困境开展了讨论，为后续研究奠定了良好基础。值得注意的是，多数研究仍笼统聚焦于珠三角、长三角或京津冀等城市群的核心区域，如广州、佛山、苏南、浙北、上海和北京等地区，而对于城市群区域内部比较均质化的外围地区较少关注。实际上，这些区域的农村发展与城市群核心区域的农村发展面临的问题有很大不同。例如，苏南地区的农村在城镇化的快速推进中，农村土地的隐性价值很容易显现，迁村并点相对容易实施；城市较强的经济实力、较大的城市规模，也使得基础设施很容易延伸到农村；农村人口大多不再务农而进入邻近城镇务工，且因为本地就业岗位相对充足、交通设施完善，这些所谓的"农民"在城乡之间可以实现城镇工作和农村居住的统一。然而，这些看似很健康的城乡关系在城市群外围地区则呈现出一种完全不同的景象。

基于上述认识，本文以长三角城镇群外围的苏中地区为例，从公共服务、住房建设、农村家庭结构三个方面考察其农村发展的现实矛盾及其背后的内在成因，继而结合对苏中地区农村未来发展趋势的判断，提出相应的规划策略。

在研究方法上，区域层面的分析主要采用宏观统计数据，并借鉴已有的研究文献；微观层面的分析则采用 2013 年对苏中地区海门市若干村庄进行田野调查的数据，主要包括村级人口数据、面对面的专业访谈和问卷统计资料等。课题组获取了海门市 Y 镇 × 村 2013 年的人口信息表，包括 2782 位户籍村民的户籍、性别、年龄、居住地、务工地、收入和社会保障缴纳等详细信息，并对其中 5 个村民小组的 105 户村民进行了深入访谈，引导①完成了调查问卷。此外，课题组还对 28 位在上海从事建筑业相关工作的海门籍工人（其中 15 位为 Y 镇村民）进行了访谈和问卷调查。这些资料是本文研究的重要依据。

◆1　苏中地区农村发展的若干现实矛盾

苏中地区位于长江以北地区，包括江苏省南通、泰州和扬州三座地级市行政辖区范围。2013 年苏中地区户籍人口为 1734 万，常住人口为 1640 万，城镇化率为 59.7%，略高于全国平均水平 (53.7%)；人均 GDP 为 6.9 万元，是全国平均水平的 1.6 倍，农民人均纯收入 1.44 万元，高于全国平均水平 (0.55 万元)。根据第六次人口普查数据，苏中地区农村 65 岁以上人口占比达 14.8%，老龄化程度较高，农村人口流出与流入并行。

1.1　公共服务设施配置的均等化与高服务质量矛盾

随着经济社会的发展，苏中农村的公共服务水平在不断提高，但设施配置和使用情况发生了结构性的变化，在均等和效率方面存在着一定的矛盾。农村地区的居住空间呈现分散布局的形态，与城镇地区集中规模化配置方式相悖，是农村集约发展的难点问题之一。以下笔者主要从苏中村镇地区②的教育和医疗设施配置展开讨论。

苏中村镇公共服务设施配置在空间上呈现向镇区集聚的趋势，大量位于农村地区的设施被撤并。在教育设施方面，2002～2013 年，苏中三市小学数量减少到原来的 1/4，中学数量减少到原来的 2/3，被撤并的学校绝大部分位于村镇地区。从海门市的情况看，2013 年全市 22 个乡镇③撤并为 6 个乡镇（不含原城关镇），基本上每个乡镇仅在镇区设有 1 所初中和 1 所小学（部分撤制镇的镇区仍然保留了小学），传统的村办小学和农村中学已经几乎被撤并完毕。在医疗设施方面，苏中村镇地区绝大部分行政村均已配置村级卫生室，而乡镇卫生院随着乡镇合并工作的推进也逐步撤并。2004～2013 年，苏中三市乡镇卫生院的数量从 527 个减少至 310 个，传统上一个集镇配置一所卫生院的模式开始向多个集镇共用一所卫生院的模式转变。

撤并有效提升了设施的运营规模，规模经济推动了设施服务质量和水平的提升。在教育设施方面，2002～2013 年，苏中三市各学校师生的规模显著上升，农村学校生源不足、师资缺乏现象得到有效缓解。经历大规模的撤并，海门市村镇地区学校的教学质量明显提升，班级规模和师生比与城关镇学校已经相差无几（图 1，图 2）。在医疗设施方面，2004～2013 年，苏中农村乡镇卫生院床位总数有所缩减，然而由于乡镇卫生院撤并力度较大，平均每院床位数反而有所上升。从海门全市情况看，2000～2013 年乡镇卫生院的硬件设施数量和技术人员数量均有显著提升（图 3）。公共服务设施的集聚有利于提高服务质量，减少重复投资，但也造成了服务半径过大等弊端。以海门市为例，全市乡镇经历过多轮撤并，辖区范围已经变得较大。每个乡镇采用的设置 1 所初中、1～3 所小学和 1 所卫生院的布局方式，使得公共服务设施的半径变大，如各乡镇小学服务半径已经扩大到 3～4km，初中和卫生院的服务半径达 4～5km，服务半径的扩大导致村民使用设施时需要付出的时间、交通等经济成本和交通事故等的风险成本上升，这对于农村居民尤其是大量日常通勤的农村学生来说，是需要重视的

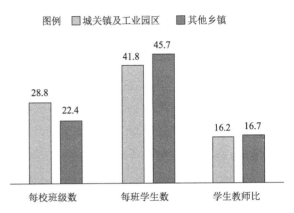

图 1　2013 年海门市城乡小学情况比较

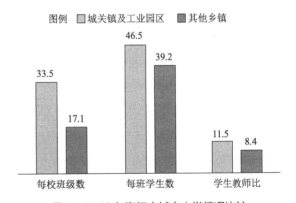

图 2　2013 年海门市城乡中学情况比较

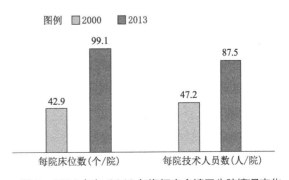

图 3　2000 年与 2013 年海门市乡镇卫生院情况变化

问题。

1.2 农房建设与空置并存，集聚导向的村镇规划失效

得益于外出务工的收入，苏中农村居民的居住条件得到大幅改善，农村大规模的楼房 (以二层为主) 建设已经接近尾声。南通、扬州和泰州三市的农村人均住房面积在近 10 年内持续增加，已接近 $50m^2$ (图 4)。从微观层面看，海门市的农村问卷调查表明，农村家庭的住房面积普遍较大，61％的受调查者的住宅建筑面积大于 $200m^2$ (图 5)，且 84％的受调查者的家庭住房为二层及以上楼房。

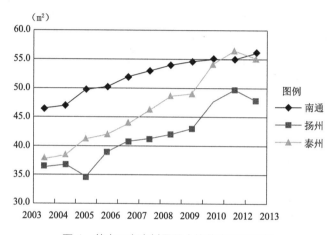

图 4　苏中三市农村居民人均住房面积变化

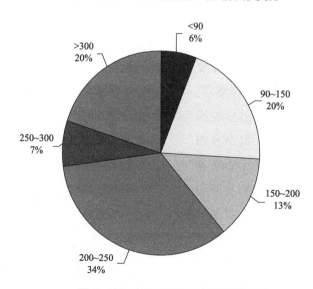

图 5　海门农村受调查者住房建筑面积

虽然苏中地区农村住房建设水平已经相对较高，但是人口的大量外出使得住房空置率也较高。根据所调研 Y 镇 x 村的人口信息表，全村 1147 户中有 11％的住房处于完全

空置状态，48％的住房处于部分空置状态。在进一步的访谈信息统计中发现，有38％的农村家庭仅有1人常住，大量的楼房只有底层得到了有效利用，二层和三层基本处于闲置状态。

针对农村住房面积持续增加和空置并存的现象，江苏省于2005年统一组织编制了覆盖全省的镇村布局规划，希望促进村庄集聚和设施集约配置。然而，经过多年的实施，镇村布局规划的实施效果并不理想。以海门市Y镇为例，该镇规划规定至2020年将镇域所有农村居民集中至31处聚居点居住，但是截至2012年底，全镇仅有4处聚居点部分建成，而规划的其他28处聚居点则几乎没有启动建设。根据Y镇各村的访谈，农民聚居点建设现已基本停滞。

1.3 收入水平相对较高，但付出了"家庭解构"等社会代价

苏中地区农村居民的整体生活水平较高，产业发展也有一定基础，但"离土不离乡"的本地城镇化模式并未成为主流，仍有较多农村人口流出，进入更发达的地区就业。2013年苏中农村居民人均纯收入达到1.44万元，远高于同期全国平均水平(0.89万元)，同时苏中12县(市)中有9县(市)进入全国百强县，无论是本地经济发展还是居民收入都处于相对较高水平。然而，在苏中地区的15个县、市、区中，除三大地级市市区和靖江市外，其他县(市)均为人口净流出地区，大部分县(市)的人口净流出比重为10％～20％，由于各县城关镇和市区集聚了较多产业及人口，苏中地区一般村镇的人口外流比重显然要高于全县(市)平均水平。以海门市为例，其下辖一般乡镇(不含城关镇和工业园区)的净流出人口占户籍人口的比重达25％～30％。考虑到劳动年龄人口比重和男女比重后，实际上农村大部分的劳动力已经流出。

人口大量流出的背后是明显的"家庭解构"现象，苏中地区农村家庭以"青壮年男性外出、其他家庭成员留守"和"青壮年男性和女性共同外出、其他家庭成员留守"两种形态为主。从县市层面看，与苏南地区形成鲜明对比，苏中地区各县市常住青壮年人口性别比普遍小于100％，而村镇地区的男性常住人口比重更低，外出比重更高，如海门市各乡镇外出人口中男性数量一般为女性数量的两倍。与男女性两地就业特征相呼应的是农村人口的就业结构：与苏南地区以工业为主、苏北地区以农业为主的就业结构不同，苏中地区呈现农业、工业和建筑业就业三者并重的特点；在外务工经商的村民主要为青壮年男性，且主要从事建筑业，而在海门市内和本镇内务工经商的村民主要为女性和中老年人，且主要从事工业(图6)，同时兼营农业，中老年女性则是农村务农和养育留守儿童的主力。

借鉴张一凡等人提出的"耦合型家庭"和"离散型家庭"概念[④]，可以判断苏中地区大部分农村家庭呈现出独特的"城、镇、村三地离散"状态，这一离散状态的形成与

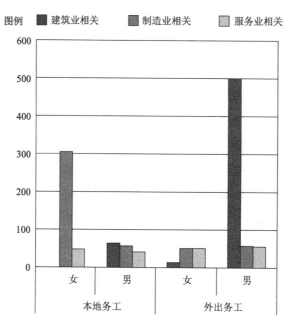

图6 村民分性别和地点的非农就业形式

家庭各成员在进行居住、就业和享受公共服务三类家庭活动时，对不同空间的区位选择紧密相关。部分农村家庭成员选择进入离家较远的城市就业（以获得更高收入），居住在城市，享受城市公共服务；部分家庭成员选择进入离家较近的城镇就业（兼顾家庭和收入），享受城镇公共服务，每日往返于农村居住地与城镇就业地之间；还有部分家庭成员选择在农村就业和居住，同时也享受城镇公共服务。在一个家庭单元内可能综合了"离土又离乡""离土不离乡"和"不离土不离乡"三种城乡就业居住状态。

两地分居的家庭生活模式的社会代价较高，既不利于家庭生活，也不符合伦理要求。例如，农村留守儿童与父亲相处时间有限，在生活中缺失父亲的关爱和教导；留守妇女与丈夫长时间异地分居，导致感情疏远甚至关系破裂；农村留守老人不仅需要生活自理，还往往要承担沉重的农活和照顾孙辈的责任等。家庭成员日常生活的离散化对维系中华传统人伦、支撑农村社会发展的基本细胞（家庭）造成了冲击。

◆ 2 苏中地区农村发展矛盾的内在成因

苏中地区农村社会发展受到多方面因素的影响，需要从多角度探析上述矛盾形成的内在原因。

2.1 对高品质公共服务的需求，使村民接受通勤成本的上升

农村家庭成员进城务工所带来收入的大幅提升，使得村民对高层次生活消费性公共

品的需求增加，对高品质的医疗保健、教育及公共安全等公共品和服务的需求愈发迫切。在政府公共财政硬约束下，通过撤并农村地区的公共设施以实现规模经济，提升公共服务质量已被证明切实可行。而对于村民而言，为获得高品质的公共服务，付出较高的通勤成本也符合其自身需求。因而，撤并公共设施总体上是符合村民诉求的理性措施[5]。

就苏中地区而言，部分人口外出务工和本地务工使村民收入水平逐年快速提升，且远远领先于全国平均水平；同时，苏中地区农村居民的恩格尔系数持续下降，由 2004 年的 43.1％下降至 2013 年的 34.6％。在这样的变动趋势下，村民对高品质公共服务的需求逐渐增强，对农村公共服务设施采取的减量提质措施基本得到村民的认可。在教育设施方面，课题组在海门市两镇各选择了 1 个离镇区较远 (5km 左右) 的行政村进行调研，以考察处于不利区位的村民对学校撤并的接受度。调查情况表明，9 位学生家长中有 8 人认为撤并学校对上学影响不大，9 位被访者都认为不应该恢复被撤并的学校。总的来说，村民对学校撤并的支持度比较高。通过进一步访谈发现，村民普遍认为集聚学校资源可以提升教学质量，比上学方便更为重要，但也普遍希望学校采取相关措施来减少因通勤距离过远而带来的不便。在医疗设施方面，村民对高水平医疗服务的需求愈发旺盛。问卷调查显示，在一般伤病情况下，海门市农村 34％的受访者选择在镇卫生院及市级医院就医；在患重疾时，70％的受访者选择去市 (县) 级医院就医，仅有 4％的受访者选择在乡镇卫生院就医。空间距离显然不是农村居民在就医时首要考虑的因素。虽然海门市乡镇卫生院已经被撤并，但是村民仍对村镇地区现有医疗设施的服务水平不满意，这也导致海门市城乡医疗设施使用出现失衡，集中在市区的综合医院处于超负荷运行状态，而乡镇地区卫生院的医疗资源则较多被闲置。

2.2 有效需求不足加之制度瓶颈，导致村庄布点规划失效

实施农村聚居点建设或者"迁村并点"工程的成本主要包括两个方面，其一是住房和基础设施的建安成本，其二是农村土地产权调整带来的交易成本。Y 镇 4 个 (部分) 建成的集中居民点的平均户数为 22.5 户，户均建筑面积为 217.5m²，政府总计投资 1360 万元。从政府投入看，户均 15 万余元的投资是一笔不小的开支；同时，聚居点建设所带来的土地产权调整成本也很高。在农村土地归集体 (村小组) 所有的土地产权制度背景下，鼓励宅基地向个别村民小组集中以实现规模经济就必然面临以下困境：聚居点所在小组内的村民不同意外组村民无偿获得宅基地[6]。突破这一困境的关键在于对聚居点所在小组及其成员实施货币或土地补偿。在政府支持资金有限、跨组土地权属调整难度极大的情况下，两种补偿方式都难以大面积实现。

此外，苏中地区农村翻新房屋的建设高潮 (2000 年前后) 已经过去，虽然农村住房仍在持续增加，但是需求的释放相对均匀地分布在不同年份之中，且在逐年减弱。扬州、

泰州两市 2013 年农村人均居住面积相对 2012 年出现下降，而南通市的增速也十分有限。由于村民用以规避建安成本的自建聚居点的建设短期内难以形成规模，聚居点的吸引力较低，从而导致聚居点建设 (规模小导致相关设施配套成本高) 出现恶性循环。以 Y 镇为例，全镇约 1.9 万户村民，2012 年全年申请翻新住宅的总计 80 户⑦，占比仅 0.4%；而 × 村 1142 处宅基地中有 1036 处已经建好了 2 层或以上的楼房。未新建住房的多为农村老年人口家庭，对新建住房的需求有限，2012 年全村仅有 1 户老年人口家庭进行翻建。

2.3　追求家庭整体收益最大化，导致"离散型家庭"的出现

根据林燕提出的二元背景下的非家庭化迁移理论模型，农户家庭可视为一个利益整体，追求包括工资性收益、财产性收益、公共服务性收益和家庭团聚收益在内的收益最大化，其成员的迁移决策由家庭商量决定。一方面，由于城市与地区之间存在显著的工资差距，农户家庭便派出劳动力到城市工作以获取高工资；另一方面，由于目前农村财产和公共服务是非流动性的，家庭中的非劳动力便担负起照顾家庭住房、承包地，并获取户籍地政府提供的公共服务的责任。"离散型家庭"降低了村民在城市的生活成本，也增加了家庭在农村的收益，还为进入城市的成员提供了回来的保障，这符合家庭效用最大化原则。在目前的制度背景下，农户的家庭团聚目标与收入最大化目标存在内在的冲突，家庭选择了"劳动力个人外出，非劳动力留守"的非家庭化迁移方式。

由于我国当前城镇经济水平仍不够高，进城务工人员难以获得足够高的收入以支撑举家迁入城镇；同时，在现行的农村承包地、宅基地制度和城乡差异化的公共服务制度约束下，农村家庭必须有成员留守当地才能获取相应收益。此外，家庭离散带来的工资性收益、财产性收益和公共服务性收益的上升远超过其带来的家庭团聚收益的下降，因而大量的家庭成员选择城乡两地分居。

对苏中地区而言，与"中部地区乡镇工业化发展面临重重困难"的情况不同，近年来苏中地区各乡镇工业发展迅速，工业企业主要集中在乡镇驻地附近，并没有形成"村村冒火、家家冒烟"的农村工业化景象，仍然以农耕为主。在此背景下，苏中地区农村居民以家庭为单位，青壮年劳动力迁出，进入离家较远的大中城市从事非农行业 (主要是建筑行业)，以获取较本地务工高出不少的工资；而部分中、青年妇女并不适合从事建筑行业，便留守在本地工农兼业，也能获得可观收益；劳动能力较差的老年人选择留守在农村务农和照顾孙辈，不同特质的劳动力达到了"人尽其用"。总的来说，两地分居的家庭成员尽可能地享受到了农村提供的公共服务和居住场所带来的效用，家庭整体效用最大，符合经济学中的"理性个体"假设。

◆ 3 城市群外围地区农村社会发展趋势及规划应对

基于上文对于苏中地区农村社会发展的现实困境及其成因的探析，笔者接下来推论城市群外围地区农村社会发展的若干趋势，进而以"城市时代"的农村人居环境提升和村民生活质量提高为指向，讨论相应的规划应对策略。

3.1 集聚设施向镇区，延伸服务向农村

随着城镇化的推进，受中心城市的辐射拉动，城市群外围地区农村人口将会持续减少，农村人口结构的老龄化现象将更加明显。因此，村镇地区的各项公共服务应以"设施集聚"和"服务外延"为指导思想，加强公共服务的空间覆盖面，实现服务覆盖的均好，而不是设施覆盖的均好。

在政府财政硬约束的条件下，应通过设施的集聚来提升公共服务的使用效率和服务质量。在教育设施、交通服务设施和道路基础设施等方面确保村民能够方便使用的前提下，村镇地区的教育设施应当合理集聚以提升教学质量。在医疗设施方面，现有的村镇地区的两级医疗服务质量均差强人意，应适当集聚乡镇一级医疗设施，提升乡镇卫生院的医疗水平，使其截流部分村民的进城就医需求，缓解城市级医疗设施的运行压力；同时，也要明晰城市医院和乡镇卫生院的职能分工。

针对设施集聚带来的服务半径增大的弊端，应当通过加强上门服务等方式缓解这一难题。例如，在基础教育方面，使用校车接送学生可以避免学生通勤时间过长，可以尝试农村公交和校车错时运营，以节约成本。在医疗方面，加强"小病上门问诊、大病车辆输运"等服务，可解决部分困难人群的就医难题。农村地区公共服务的提质需要一定的财力作为支撑，而城市群外围地区青壮年人口外出就业，为就业地政府创造税收，同时将家庭中的弱劳动力和非劳动力留在农村，享受流出地政府提供的公共服务，这对城市群外围地区的政府并不公平，也给其带来不小的财政压力。因此，应当探索跨区域的转移支付方案，建立财政转移支付与农业转移人口市民化挂钩机制[⑧]，缓解城市群外围地区地方政府的财政压力。

3.2 简化村镇体系，以镇区为服务农村的支点

根据2010年住房城乡建设部颁布的《镇（乡）域规划导则（试行）》，村镇地区应当按镇区（乡政府驻地）、中心村和基层村三个等级配置公共设施。苏中地区一般村镇地区具有其特殊性，其村镇体系应当有所简化。具体而言，苏中地区一般乡镇下辖的农村社区的发展呈现出明显的均质化倾向。除镇政府驻地村外，其他村庄一般为典型的农业主导型村庄，并无特殊产业基础；在村庄形态方面，苏中地区农村大多呈现均质和散布的

条带状，各村人口规模差异较小。同时，村镇地区的高等级公共设施如中学、小学、幼儿园和卫生院都已经向镇区聚集，而低等级公共设施，如村卫生室、村文化站和给水、电力等基础设施均已覆盖各镇所有的行政村。在此种情况下，传统的"镇区—中心村—基层村"三级体系中的中心村的设置必要性已经不复存在。而随着苏中地区撤乡并镇工作的进一步推进，除将镇区作为全镇的公共服务中心外，部分建设条件较好、服务半径合理的被撤并乡镇的原镇区也应成为服务农村社区的重要支点。与苏中地区类似的京津冀外围平原地区等，也宜以镇区作为服务农村的核心支点。

3.3　整治农村环境，高效利用闲置资源

农村居民建房主要出于传统的置业观念。虽然农村家庭中的留守人口确有农村居住条件改善的需求，但是其难以充分利用动辄数百平方米的楼房。在人口大量外流的背景下，农村众多住房处于低效利用，甚至是空置或者废弃的状态，且随着楼房（二层、三层）建成比例逐步增加，村民的建房需求也日趋减少。针对现有住房格局的基础设施建设已经基本完善，给水、供电和硬化道路等设施建设基本完成。

在此背景下，苏中地区村庄的规划和建设应当面向实际需求。对于一般村庄而言，应当以村组内部的环境整治为主；同时，进一步维护和完善农村道路、水利和环卫等基础设施，为未来一段时期内的留守人口以及部分回流人口提供良好的生产和生活环境。

除村组环境整治外，更为重要的是如何引导村民高效利用闲置的住房和集体资源（集体经营性用地及其地上附着物）。在现实法规等制度条件约束下，宅基地的有偿退出机制以及集体经营性用地的自由流转在短时间内尚无法实现[⑨]。但实际上，苏中地区的农村有大量的住房和集体建设用地上的用房空置或部分闲置，应积极引导农民高效利用这些沉淀的不动产资源。近些年，在我国浙江省和苏南地区已经有了很多"民宿经济"的尝试，政府通过政策的引导，激发农民经营自己的闲置住房，达到物尽其用，同时也实现了家庭收入的增长；上海等地的农村集体经营性建设用地入市也在不断地探索中。更为重要的是，农村闲置不动产的高效利用能够促进城乡要素的流动，为衰败的农村社区带来活力。

3.4　差别引导人口外出和返乡，耦合农村家庭

虽然在发达地区产业结构调整的大势下，中西部落后地区会有一定规模的农民工回流，但是地处城市群外围的苏中地区，其城镇工业化发展前景良好。在比较利益驱动下，苏中地区现有外出务工人员并不会出现大规模回流；相反由于地缘优势，会有更多年轻村民进城务工。此外，虽然现有的外出务工人员近期并不打算返回家乡就业，但是大多数人仍期望年老之后返回家乡养老。从对海门籍上海建筑工人的问卷调查和访谈情况看，

近90%的受访者并不打算近期返回海门地区就业；但是，92%的访谈者选择未来回海门地区养老；在未来定居地的选择中，46%的受访者选择返回农村老家，各有23%的受访者选择在海门市区和镇区定居。

鉴于此，苏中地区未来的农村将会出现年轻一辈持续外出务工，而老一辈农民工逐步返回农村养老的人口对流现象。而女性由于其在劳动力市场的劣势，将更多地留在农村地区以工农兼业方式就业。因此，在我国城镇经济效益尚未大幅提升，现有城乡住房、公共服务和社会保障等制度不发生根本变化的情况下，由于城市群外围地区的区位特点（主要是往返家庭和就业地相对方便），以"家庭分居"为特点的城乡两地就业方式仍将持续。正视城乡两地就业的长期存在，并不意味着承认该状态的理想，在新的时期，经济建设与社会转型应当受到同等重视，在制度建设和政策设计上仍应以家庭城乡"耦合"为基本导向，在多个方面应当有所突破和创新：①推出鼓励新一辈和部分老一辈外出务工人员进入城镇定居及家属随迁的政策；②在输入地和输出地建立针对外出务工人员的统一的社保账户，以避免回乡养老村民失去退休保障；③针对性地强化对留守村民的就业培训，以适应本地的产业发展等。

◆ 4　结语

在"城市时代"的背景下，城镇和农村如何健康协同发展是新型城镇化的重要议题。我国各地农村发展状况差异极大，笼统地讨论农村发展无较大现实意义。因此，笔者选择城市群外围地区作为研究对象，以具有一定趋同性的苏中地区作为研究案例，探讨这一地区农村社会发展面临的挑战。

随着城市群经济发展水平的不断提升，其外围地区的农村对高品质公共服务的需求将会愈发旺盛，在政府公共财政硬约束的前提下，村镇地区的公共服务设施向镇区集聚和公共服务向农村延伸是可行的应对策略；在乡镇撤并和设施集聚的前提下，宜将中心镇区和部分被撤并镇区转化为服务农村的重要支点；城市群外围地区农村基础设施和住房建设状况相对良好，加强对现有设施的维护是村庄建设的重点，同时也要高效利用闲置的农村不动产资源；在城市群外围地区未来的发展中，如果户籍、社保等社会制度没有较大变革，城乡两地就业模式仍将长期存在，在充分评价其积极意义的同时，也要正视其弊端。以"家庭离散"为基础的发展模式终将不可持续，政策引导应以促进流动人口的"完全城镇化"为价值取向。

感谢赵民教授在本文写作过程中的指导！

注释:

① 农民的理解力与市民有差异,需要调查人员引导解释,方能完成问卷调查工作。

② 由于农村居民使用的村镇两级的公共服务设施较为频繁,公共服务设施在村镇地区形成一个完整的体系,因此本文论述的公共服务设施不局限于布局在行政村一级的设施,也包括布局在镇区的设施。

③ 22 个乡镇中有 7 个在 2000 年左右由 2 个乡镇合并而成,因此加上被撤并乡镇,实际上共有 29 个规模较大的镇区。

④ 即能够实现家庭内所有成员在职住两地当日往返的家庭为"耦合型家庭",否则为"离散型家庭"。

⑤ 本文的主要结论主要来自于对平原地区的研究。实际上,山区的情况和平原地区的情况有很大差别,笔者将另撰文阐述。

⑥ 即使有偿的话,目前的政策法规也不允许。

⑦ 据 Y 镇规划办工作人员介绍,2012 年全年全镇申请新建住宅户数为 80 户,不排除有部分农村没有申请私自建房,但新建住房总数不会超出申报数太多,因为本地政府对农村住房建设的管控比较严格。

⑧ 2013 年 12 月 12 日至 13 日举行的中央城镇化工作会议公报中提出,推进城镇化工作的主要任务之一是"建立多元可持续的资金保障机制""要完善地方税体系,逐步建立地方主体税种,建立财政转移支付同农业转移人口市民化挂钩机制"。

⑨ 2015 年两会期间,中央农村工作领导小组办公室主任接受新京报记者采访时指出,农村宅基地入市,不仅无法让农民进城安家,反而会有更多城里人购买农村宅基地。这在一定程度上表明,农村宅基地有偿退出机制牵涉到多方利益,其建立仍然是一个漫长的过程。在集体经营性建设用地流转方面,各地正积极实践,但改革力度和前景并不明朗。

参考文献:

[1] 陶红,杨东平,张月清. 基于人口流动的义务教育资源配置 [J]. 上海教育科研,2010(11): 4-7,18.

[2] 马红旗,陈仲常. 省际流动人口、地区人口负担及基于人口负担的均等化转移支付方案 [J]. 经济科学,2012(4): 91-104.

[3] 段成荣,吕利丹,郭静,等. 我国农村留守儿童生存和发展基本状况—基于第六次人口普查数据的分析 [J]. 人口学刊,2013(3): 37-49.

[4] 赵民,邵琳,黎威. 我国农村基础教育设施配置模式比较及规划策略—基于中部和东部地区案例的研究 [J]. 城市规划,2014(12): 28-33,42.

[5] 刘彦随,刘玉,翟荣新. 中国农村空心化的地理学研究与整治实践 [J]. 地理学报,2009(10): 1 193-1202.

[6] 龙花楼，李裕瑞，刘彦随．中国空心化村庄演化特征及其动力机制 [J]．地理学报，2009(10)：1
203-1213．

[7] 张立，何莲．村民和政府视角审视《镇村布局规划》及其延伸探讨 [J]．城市规划，2016．

[8] 赵虎，王兴平．基于城乡统筹理念的村镇规划改进措施探讨—以江苏省为例 [J]．规划师，
2008(10)：10-13．

[9] 张一凡，王兴平，周军．由"离散"向"耦合"的农村家庭城镇化路径探讨—基于如东县西部城
镇的案例研究 [J]．城市规划，2014(12)：101-109．

[10] 韩清轩．农村公共产品需求结构研究 [J]．山东经济，2007(1)：8-15．

[11] 张立．新时期"小城镇大战略"—试论人口高输出地区的小城镇发展机制 [J]．城市规划学刊，
2012(1)：23-32．

[12] 国务院人口普查办公室，国家统计局人口和就业统计司．中国 2010 年人口普查分县资料 [M]．
北京：中国统计出版社，2012．

[13] 海门市人口普查办公室．江苏省海门市 2010 年人口普查资料 [M]．北京：中国统计出版社，
2012．

[14] 海门市统计局．海门统计年鉴 2013 年 [M]．北京：中国统计出版社，2014．

[15] 江苏省统计局．江苏省统计年鉴 2002—2014[M]．北京：中国统计出版社，2014．

本文刊发于《规划师》2016 年增刊第 32 卷，230–236 页，作者：黎威，张立。

关于农村小学撤点并校的思考

由于城乡人口的流动和农村生源的逐步减少，为优化教育资源投入和提高乡村教学质量，20 世纪 90 年代我国农村开始了一轮大规模的农村小学布局调整。农村小学从 2000 年的 44.0 万所下降到了 2010 年的 21.1 万所，一些农村流动教学点被撤销。这一大规模的农村小学布局调整，优化了乡村教学资源，但也带来若干社会问题。2015 年 7 月至 11 月，住房城乡建设部支持同济大学牵头安徽建筑大学、长安大学、成都理工大学、华中科技大学、内蒙古工业大学、山东建筑大学、沈阳建筑大学、深圳大学、苏州科技学院及西宁市规划设计研究院对全国 13 省 480 个村的人居环境进行调查，虽然调查目的并非针对农村小学布局，但在调查的过程中涉及对这一问题的若干访谈和考量，因此形成相关的思考与大家分享。

◆ 1 农村小学撤并的原因探析

1.1 客观选择：农村生源的急剧减少，导致乡村教育资源低效使用

2000 年以来，全国农村适龄入学儿童的数量呈现逐年减少的趋势，适龄入学儿童从 2000 年的 1259 万人锐减到 2010 年的 773 万人，这主要有三个方面的原因。首先，农村儿童出生率逐年下降，2010 年同比 2000 年从 14.0% 下降到 12.1%。其次，城镇化的快速推进导致农村人口大量迁出，也包括部分随迁儿童。最后，部分农村家庭生活愈发富

裕，为追求更高的教学质量，选择送子女在集镇或县城就学。

多种因素共同作用，使农村小学的生源愈见减少，教育资源使用低效，部分曾经上百学生规模的村小，如今学生数甚至不足十人。综上而言，乡村学校的撤并，成为基层政府基于现实考量的客观选择。

1.2 内在动力：县域经济不发达，导致农村教育经费不足

经济理性追求的规模效益，是引发农村小学大规模撤并的主要原因。2001 年，国务院对农村义务教育管理体系进行调整，从原来乡镇政府负责为主的分级办学模式变更为"地方政府负责、分级管理、以县为主"的体制。县级政府成为农村义务教育的统筹主体，一定范围内缓解了乡镇分管冗杂的现象，一定程度在经济上确保了乡村小学的正常运转（县的财政能力一般大于乡镇）。但 1993 年实行分税制后，部分经济薄弱县（集中在中西部省区），自身有限的财政无力承担庞大的乡村基础教育经费开支，加之 2001 年后农村税费减免政策取消了早先占教育投入 30% 来源的农村教育集资和农村教育费附加 [1]。为了减少教育经费投入，提高资源利用效率，农村小学的撤并调整有了内在的经济动力。

1.3 宏观动因：农村生活水平的提高，导致对教育质量的需求也在提高

中华人民共和国成立后，农村小学的布局是依据人口分布情况，以行政村或聚居点为单位设立的。即使在人口稀少的偏远地区，也建有简易的复式学校或乡村办学点。这些小规模学校往往办学条件差，师资力量薄弱，课程设置单一。随着城镇化和农村现代化的快速推进，这些传统的农村教学点已越来越难以满足农民对优质教育的需求。农村学校布局的调整，能够优化教育资源分配，保障教育质量的提高。在对有限教育资源进行整合时，教育经费会优先投入给生源多且质量好的农村学校，用来改善办学条件，提高教师待遇。相应地，部分偏远而分散的村小，由于生源无法保障，政府投入无力顾及，逐渐被淘汰、归并。

因此，从客观现实（生源）、内在动力（经济）和宏观动因（质量）三个层面探析，基本可以解释农村小学撤并的原因，或有其必然性。然而，上述三个层面的原因，主要是在经济层面或效率层面而言的。实际上，农村基础教育是一个重要的社会问题，需要有更全面的价值衡量。

◆ 2 农村小学撤并的社会考量

不可否认，农村小学布局调整之后，平均班额增加，教师结构优化，师资和生源得

到整合，教育经费得以集中使用，资源利用效率提高。与此同时，带来的社会问题也不容小觑。

2.1 规模效益实际上部分由"家庭教育投资成本"转移支付

农村小学撤并立足的最基本假设是，将农村教育资源集中起来，可以节约成本，产生规模效益。但从发达国家的经验看，学校合并产生的效益没有想象中的来得大，反而由于交通的不便利及庞大的教育机构，新增了一定的隐性成本 [2]。

规模效应虽然看似可以节省国家投入，也就是社会公众承担的公共教育成本，但在客观上却造成教育设施和服务在空间上的分配不公平。通勤距离的增加，直接导致学生及其家长通勤时间的螺旋上升。对于居住较远的家庭来说，如果学生不住校，则距离上学带来的通勤成本是不可避免的，尤其是在偏远和山区，这直接导致农户的劳动时间被占用。如果家长陪读，更会导致农户实际劳动力的减少。无论哪种方式，都是以家庭经济成本（表现为时间成本或是时间成本和经济成本之和）的支出为代价的。在对山区、偏远地区、牧区的农村调查中，村民有着非常清晰的反馈。

无论是时间成本还是经济成本，这些都是农村家庭需要额外支付的成本。可以说，学校布点调整所带来的规模效益，实际上是由学生家庭额外的教育投资成本转移支付的。这引出了下一个问题，不同家庭承担的教育成本是否公平、合理。

2.2 "较不利者"的实际利益在学校撤并中更易受损

罗尔斯在《正义论》中的陈述认为，"社会基本善"的分享份额不占优势者为"较不利者"。在现实的社会合作中，"社会基本善"因为每个人的家庭背景、社会阶层、自然禀赋等社会与自然偶然性因素的不同而分配不均衡。农村基础教育设施布局的区域差异性很大，不同地理区位、经济水平及父母教育水平的群体对基础教育服务供给的可承受度有很大不同，其中"较不利者"往往具有两大特征：一是多位于偏远地区、牧区或山区，交通不便；二是群体社会地位低，经济条件差。

对于基础教育而言，正是这些在自然与社会等偶然性方面处于不利地位的人群，在教育成本付出和教育质量获得中最不成正比，不但没有获得补偿，其自身应得的利益反而会被剥夺。

实际上，这些较不利的农户家庭普遍是社会弱势群体，对基础教育的需求是刚性的。社会学家哈维格斯特指出，随着社会的不断进步，教育将成为个体向上流动的主要途径，所带来的社会流动机会可以弥补这些群体自身客观的"偶然欠缺"。因此，从促进社会阶层流动而言，农村小学撤并以规模效益为单一追求，反而使农村弱势人群更加远离了优质的教育资源。

　　理解这一点，可能有点难度。如前文所述，农村小学撤并会导致农村家庭教育支出的增加，这对农村富裕户而言并不是大问题，但对农村贫困户或弱势户而言，这就是难以承受之重。家庭为了平衡子女远距离就学的时间问题，出现家长接送、同住陪读的现象，导致劳动力或者劳动时间减少。13省的调查涉及了很多偏远山区、牧区和山区的农户，他们虽然认可村小撤并带来的教育质量的提高，但对贫困户而言，其对教育质量并不敏感，对教育的改善需求依旧集中在基础硬件设施层面；相反，他们对家庭劳动力（或劳动时间）的减少更加敏感。同时，当农户简单地认为教育负担和成本支出不成正比时，过于贫困的家庭会选择让孩子退学务农，或者努力偿还上学费用，导致儿童承担着生理和心理的双重压力。甚至说，在少数地区的偏远农村，小学生辍学依然有一定的比例。

　　此外，教育的高成本问题依旧严峻。调研中，子女就学费用排在家庭开销的第三位（15.8%），仅次于日常吃穿用度及看病就医费用，对于教育的超比例投入，也有可能会导致农户陷入"越读书越穷"的新型教育—贫困陷阱①。

2.3　学校的剥离，加剧乡土社会的文化式微

　　农村小学对于乡村而言，不仅是教书育人的教育场所，而且在乡学私塾和乡村互融中逐渐演化成乡村文化与教育的象征性空间。如今，在城镇化和现代化的浪潮下，西方化或者说城市化的教育模式被简单地移植到农村，乡土文化和农村教育的特殊性与独特性正消失殆尽。正如熊春文教授所言："这种与百年来中国教育现代化的过程以往下渗透普及或者'文字下乡'相反的'文字上移'的乡村教育新趋向，对于农村儿童与村落社会的影响都是巨大的。"②农村小学作为乡村地区仅有的"大型"公共设施或公共物品，除了承载基础教育功能外，也不应忽视其为乡村文化和社会功能的传承载体。

　　西方国家比我国发展早几十年甚至上百年，现今其乡村学校已经成为乡村活化或乡村复兴的重要触媒③，通过乡村学校的更新改造或者功能重置，将村民再次集聚，唤醒其乡土情怀、故乡留恋。当村民的记忆载体被活化后，乡村文化主动觉醒并进行自我的乡村复兴也就不远了。

◆ 3　结语

　　我国教育资源的区域空间分布不均衡，在市场化进程中，"效益优先，兼顾公平"从20世纪90年代开始一直主导着我国基础教育设施的布局调整，积极意义不容否定，但这一价值取向给农村基础教育造成的消极影响也逐渐表征出来。山区、偏远地区和牧区等地区的弱势农户或贫困农户在优质教育资源的竞争中愈加边缘化，社会流动的通道愈加狭窄。实际上，农村基础教育的现实问题所体现的深层次问题是，我国地域之间、

城乡之间、人群之间教育资源分配的结构性矛盾，是目前追求教育资源公平和追求教育投入效率这一尖锐矛盾面的根本原因。

在我国"十三五"全面奔小康的道路上，农村还有5000万贫困人口（主要在山区、偏远地区和牧区），发展教育是减贫脱贫的关键之举。本次全国乡村调查所反映的乡村教育公平性问题需要予以重视，偏远地区、山区和牧区是贫困人口聚居地区，农村小学及农村流动教学点的撤并需要谨慎。

当下，我国国力日渐强盛，应逐步转变乡村教育设施布局的根本理念，转"效率优先，兼顾公平"为"公平优先，兼顾效率"。一个富强民主的现代化中国，其教育的繁荣不仅要看城市或高等教育资源的世界领先性，更要看乡村基础教育的全覆盖性、高质量性和公平性。

感谢21世纪教育研究院院长、北京理工大学杨东平教授和东北师范大学邬志辉教授促成笔者对本文内容的深入思考，感谢冯雯雯女士对本文的贡献。

注释：

① 所谓"贫困陷阱"，是指由于经济中存在恶性循环，导致处于贫困状态的主体单元不断地再生产出贫困而不能自拔。传统观念认为，教育投资带来的收益是导致脱贫的重要环节，无法接受教育的儿童将陷入教育—贫困陷阱。但挪威Fafo应用国际研究所的学者Huafeng Zhang认为，由于教育供应端形成"低收入—低资本形成—低产出—低收入"的恶性循环，高等教育扩张带来低教育质量和高失业率，贫困家庭通过支付高额教育费用以期子女带来长期回报的投资设想无法全部实现，其中多数在摆脱传统贫困陷阱的同时，会陷入新的教育—贫困陷阱。

② "文字上移"是与"文字下乡"相对的一个概念。"文字下乡"是费孝通在《乡土中国》中对20世纪二三十年代教育现代化趋势的一种概括，他认为一批乡村社会工作者通过农村学校尤其是小学的创办来普及农村教育或"文字下乡"的理念和事业，历经百余年的现代化进程，使得文字终于扎根于中国乡土社会的每一个角落。从20世纪90年代中后期，特别是21世纪以来，我国农村教育发展所表现出的新进程不同于百年来以"文字下乡"为特征的教育现代化过程，这一改革改变了中国"村村有小学"的原有面貌，每天都有大量的村落学校在消失，进程比"村落终结"的速度还要快，很多地方已经达到"一个乡镇一所中心校"的格局，可以认为是一个相反的"文字上移"的新趋向。

③赵民，张立.东亚发达经济体农村发展的困境和应对—韩国农村建设考察纪实及启示（一），载于《城镇化》，江苏人民出版社，2015。

参考文献:

[1] 邬志辉，史宁中 . 农村学校布局调整的十年走势与政策议题 [J]. 教育研究，2011（7）.

[2] 谭春芳，徐湘荷 . 大就好吗—美国小规模中小学校（学区）合并问题研究 [J]. 外国中小学教育，2009（2）.

本文刊发于《中国教师》2016 年 6 月下半月刊 11–15 页，作者：张立，承晨。

基于"年龄"视角的农村留守人口与外出人口的城镇化意愿研究

引 言

2014 年，国务院发布《国家新型城镇化规划（2014—2020）》，明确提出，至 2020年，要努力实现 1 亿左右的农业转移人口和其他常住人口在城镇落户。2015 年年底，我国城镇化水平达到 56.10%，流动人口数量已经达到 2.47 亿，比 2000 年增加了 1.38 亿。然而，流动人口的城镇化进程并不顺利，一方面有人口流入地的政策阻力，另一方面也有流动人口自身的意愿不足等原因。以浙江省嘉兴市为例，该市本地户籍人口为 250 万，但 2010 年流动人口（新居民）有近 200 万，2010 年，嘉兴市政府对本市 32 万新居民的调查结果显示，只有 31% 的新居民有意愿在嘉兴长期居住，仅有 18.4% 的新居民愿意将户籍迁入嘉兴[1]。笔者于 2015 年组织的全国 13 省 480 村 7576 户村民的调查（从留守人口的视角）显示，72% 的留守人口希望继续在农村生活[2]。显然，这么低的城镇化意愿与当下的国家新型城镇化战略导向相悖。因此，剖析这背后的深层次原因，厘清未来城镇化进程中人口流动的趋势就显得非常有意义。

第一，研究流动人口的城镇化意愿不能只关注农村流出的人口，也要关注农村留守人口。流出人口与留守人口通过家庭纽带紧密结合，其定居决策是家庭综合考量效用最大化的结果[3, 4]；第二，农村留守人口和流出人口的年龄结构有其特殊性，与总人口的年龄结构有差别（图1），且不同年龄段人口的人生经历和个体特征不同，其城镇化决策的影响因素也不相同[5-8]。

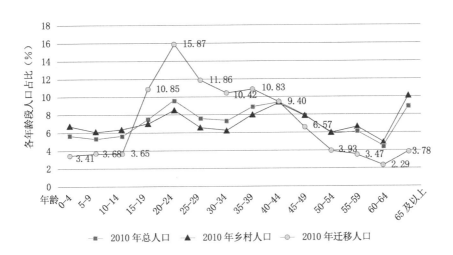

图1　2010年不同年龄段下的总人口、乡村人口及迁移人口年龄结构

注：乡村人口数基本等同于留守人口数，迁移人口数包括了城城迁移。

资料来源：笔者根据第六次全国人口普查数据整理绘制。

　　一般来说，18～35岁的劳动力比18岁以下和35岁以上的劳动力更愿意流动[9]。受过较好教育的年轻男性劳动力在迁移过程中具有一定的优势，因而流动倾向较高[10, 11]。而随着年龄逐渐增长，流动人口外出的概率会逐渐下降，返乡的倾向会逐渐加强[5, 8]。何军[12]的研究表明，年龄每增加1岁，流动人口外出打工的概率将下降9.8%；蔡昉和都阳[11]在2000年通过对4个贫困县、市的农户作随机抽样调查，发现较高的受教育程度和工作技能会对迁移产生正向影响，但年龄的增长将不利于人口迁移；李强[5]基于在北京所作的流动人口个案调查，将农民工的"生命周期"（即一个人一生中形成的生活阶段与生活模式）简化为两个阶段：年轻时外出打工，年龄大了回乡务农、务工或经商。而农村推力与城市拉力都只能在特定的生命周期阶段正常发挥作用，否则就会失效。比如在城市和农村推力和拉力都没有变动的情况下，那些50～60岁的农民工一般会（按照预期）回到农村；章铮等[7]的研究认为，农民工在城市定居与其年龄及在城市工作的年限有关，并受到青年农民工供求关系的影响，青年农民工如果长期供不应求，会提升农民工在城市的就业率，进而增加其在城市定居的概率；汤爽爽和黄贤金[13]通过对江苏省城镇暂住人口的研究表明，住房、就业和社会保障是进城农民愿意放弃土地的关键因素。此外，进一步研究发现，性别、受教育程度、工作单位性质、对居住条件的满意程度、对城市青年的态度和户籍制度对新生代农民工定居城市的意愿有显著的影响[14]。

虽然大量研究成果表明，年龄是影响农民工迁移决策的重要因素，但对其"生命周期"效果的研究尚不深入，且既有研究往往只关注农民工群体，较少研究留守群体，因而缺少对农村（留守和流出）人口未来城镇化趋势的整体把握。实际上，农村留守群体也存在迁移选择的差异，且与城市农民工群体的最终迁移选择有紧密联系，这种联系与人所处的生命周期，即不同年龄阶段密切相关。因此，本文从年龄差异的视角研究农村流出人口和留守人口的城镇化意愿差异，继而为当下的新型城镇化路径提出若干思路。

◆ 1 理论基础与研究方法

1.1 理论基础

生命周期是生命科学的术语，指人从出生、成长、成熟、衰退到死亡的全过程，后来，该理论延伸到经济领域，被广泛应用于产品销售、消费等领域。雷蒙德·弗农于 1966 年在《产品生命周期中的国际投资与国际贸易》中提出，制成品和生物一样具有生命周期，会先后经历创新期、成长期、成熟期、标准化期和衰亡期五个不同的阶段。该理论同样可以应用于人口迁移领域，即人的迁移具有生命周期特征，不同年龄阶段的人口迁移选择存在差异。不同年龄段的人口会根据各自的成长阶段和生活状态而设定不同的未来目标，从而形成不同的城镇化选择 [15]。因此，从年龄的视角考察当下人口流动的选择机制，对新型城镇化相关决策的制定具有重要的现实意义和理论意义。

1.2 研究方法

本文采取半封闭式问卷调查和开放式访谈为基本研究方法，并结合相关统计数据对研究对象展开深入的分析。问卷全部为调研员（教师和学生等）亲自发放并解释，以一对一问答的形式填写，确保了问卷信息的质量。在发放问卷的同时，研究团队对填写者进行了访谈。

留守人口（以老人、妇女为主）和外出人口（青壮年群体）的群体特征存在差异，并具有不同的城镇化需求，他们的城镇化决策机制代表了农村人口家庭决策的一个片段。因此，我们将研究对象划分为留守人口和外出人口两大部分。结合相关课题，把江苏省海门市悦来镇和正余镇作为留守人口的调查样本对象，把上海市和佛山市作为农民工群体的调查样本对象。在悦来镇和正余镇发放并回收的农村村民有效问卷共计 105 份；在上海市访谈了海门籍农民工（大多为建筑工人，海门市超过 60% 的农村外出人口从事建筑行业）28 名，在佛山市高明区访谈了 105 名企业员工，并进行问卷调查。

1.3 调研样本的代表性

第六次全国人口普查数据显示，2010年，海门市乡镇外出半年以上的人口数量为19.41万，占乡镇户籍人口的25.82%。正余镇和悦来镇的外出人口占户籍人口的比例分别为24%和27%。因此，两镇的留守人口情况具有一定的代表性。上海市是长三角地区的中心城市，佛山市是珠三角地区的中心城市之一，两市外来人口众多，非本地户籍员工的访谈和问卷调查可以反映农村外出人口的基本特征。

◆ 2 基于"年龄"视角的农村外出人口城镇化意愿研究

2.1 调研概况

在海门调研村组的105户家庭中，外出务工人口总计为109人，年龄在30～50岁的群体居多。在佛山和上海接受访谈的农民工，其年龄结构与海门调研村组中外出人口的年龄结构基本一致（图2），且被访对象的职业也与海门市的外出务工者基本接近，均从事建筑、装修或建材行业。因此，农民工样本基本能够与海门市外出人口的年龄结构相匹配。

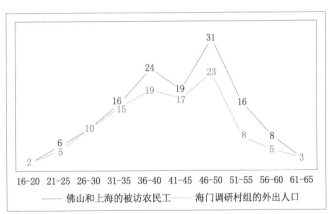

图2 佛山和上海接受访谈的农民工与海门调研村组外出人口的年龄结构分布图
资料来源：笔者根据三地调研数据整理绘制。

2.2 外出人口的"年龄段"与城镇化意愿的差异

相比留守人口，外出务工人口较为年轻，因此我们将其划分为三个年龄段：中老年务工者（40岁以上）、中青年务工者（31～40岁）和青年务工者（30岁及以下）。

2.2.1 中老年务工者在打工地的定居意愿弱，返乡意愿强

大量研究已经证明，经济是影响人口流动的重要因素，城乡间的巨大收入差距是农

村劳动力外出务工的核心推动力 [5, 16]。调研数据显示，有外出务工成员的家庭年净收入高于无外出务工的家庭。外出务工家庭的年净收入明显高于以务农、种植业及养殖业为主要收入的家庭。李强 [5] 的研究表明，随着年龄逐渐增长，流动人口的流动决策由外出务工转向回乡务农、务工、经商或养老；吴兴陆和亓名杰 [17] 的调研发现，只有 36.4% 的被调查对象打算在打工的城市定居。

海门市年龄在 40 岁以上的外出人口已在外务工二三十年，且多数从事建筑行业，长期在外漂泊使得其渴望"落叶归根"。在访谈中，几乎每一个受访的海门工人都表示"出来是为了赚钱"，虽然半数以上不打算近期返回家乡就业，但表现出强烈的未来返乡养老的意愿，并普遍表示于到 60 岁左右就会回村养老。对未来定居地的选择，46% 的受访者选择返回农村老家，另各有 23% 的受访者选择在海门市区和镇区定居。此外，还有部分在沪受访的海门籍农民工希望退休后随子女到城市生活，其城镇化选择可能向"异地养老"转变。

佛山市的农民工调查也同样反映了这一趋势，所有 40 岁以上的被访者中，只有 14.3% 的人选择未来可能考虑在佛山定居，但全部被访对象均表示考虑在六年以内返乡。因此，这部分中高龄流动人口可能会逐渐从"离乡就业"向"返乡养老"转变。

2.2.2　中青年务工者的定居倾向有分化，未来决策取决于环境条件的变化

31～40 岁年龄段的人口收入高，消费能力强。在沪海门籍农民工的访谈结果显示，31～40 岁的中青年人口中仅有 20% 的人口明确选择回老家村镇定居；佛山市的农民工调查数据显示，47% 的受访者希望回老家村镇养老。但与此同时，被访对象普遍反映，一方面，老家镇区发展滞后，无法提供理想的工作岗位及工资，更无法满足其日常生活开销；另一方面，打工地的住房价格太贵，他们无法负担。因此，这部分中青年人群的城镇化选择将出现一定程度的分化，其最终的定居决策取决于环境的变化，比如家乡条件转好，其可能返乡就业、定居，如果打工地政策条件放宽或福利、收入变好，其可能选择在此定居。

2.2.3　青年农民工对城市生活有很大的黏性 [1]，返乡概率小

30 岁以下的青年被访群体多为 1980 年后出生的新一代农民工，相较于老一辈农民工，他们受教育程度较高。在观念上，新一代农民工已经不具备在农村生活所需的耕地、

---

1 《中国流动人口发展报告 2015》（46 页）提出，90 后城乡流动群体的社会融合水平偏低，其测量的四大二级指标包括：经济立足、身份认同、社会接纳和文化交融，其中，前两个指标明显偏低。但这可以解释，第一，90 后群体的年龄都在 26 岁以下，到城市时间不长，经济状况一般不会太好；第二，90 后群体的流动时间一般不长，对当地的认同感不是太强，且信息化和互联网发展等都影响其对自身城市人身份的认同。因此，我们的访谈显示的是另外的结果，即 90 后对城市生活有很大的黏性，难以再回到乡村。

砍柴等生活技能，对农村的"家乡情结"基本丧失而向往城市生活。这些新生代流动人口，既少有务农经历，也看不到在农村有任何发展的希望，所以即使在城市找不到出路，他们也不愿回到农村，形成了所谓的"城市无望，回村无意"的两难局面[18]。

这种强烈的代际反差在我们的调研中反映明显，访谈的多位在沪海门籍农民工和佛山市年轻农民工均表示回乡没有任何意义，一方面，在家乡找不到合适的工作，也不习惯于农村的生活方式；另一方面，对目前的生活和工作都较满意，而老家村镇建设落后，即使未来返乡，可能也是回到县城。佛山市农民工的调查统计也表明，随着年龄的下降，农民工对城市的认可度在提高。与李强[6]的研究（1980年以后出生的农民工愿意回老家的比例，比1980年以前出生的农民工低8个百分点左右）相比，我们的调查结果显示，30岁以下的被访者中有45%的人选择以后定居佛山市，而30岁以上的人口中，这一选择比例不足20%（图3）。显然，新生代农民工与老一代农民工的城镇化决策差异在扩大，从8个百分点扩大到了25个百分点。因此，新生代农民工的城镇化选择仍然是"离乡就业"的异地城镇化模式，"返乡生活"的本地城镇化潜力较小。

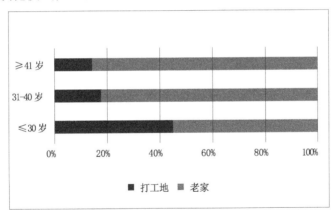

图3　佛山市不同年龄段农民工定居意愿示意图
资料来源：笔者根据佛山市调研数据整理绘制。

2.3　外出人口城镇化意愿差异的成因解释

2.3.1　经济因素深刻影响定居决策，对中青年的影响更明显

无论是对农民工还是对城市原住民而言，住房和工作都是重要的。从对佛山市农民工调查的结果来看，住房作为核心的经济要素，对流动人口的定居选择起到了决定性作用。在受访者中有近一半将住房因素（主要是房价）作为定居障碍，或者说是定居城市的阻力。从年龄差异来看，30～40岁的群体最看重住房，30岁以下和41岁以上的群体次之（图4）。进一步追问"选择不返乡的原因""工作机会和工资收入"，两项结果在各年龄段的占比都超过了50%，但青年人口更看重工作机会，中青年和中老年人口更看

重工资收入（图5）。通过以上研究，我们基本可以概括出：以住房为主的经济因素是流动人口定居决策的主要考虑因素，其对城镇化决策的影响程度占比在50%左右。

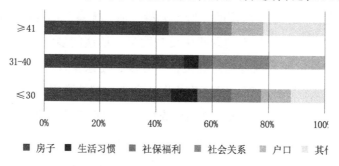

图4　佛山市被访农民工的定居障碍所占比例示意图

资料来源：笔者根据佛山市调研数据整理绘制。

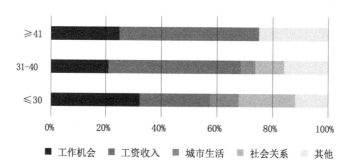

图5　被访者选择不返乡的主要原因所占比例示意图

资料来源：笔者根据佛山市调研数据整理绘制。

2.3.2　社会保障因素影响定居决策，对中青年人口的影响更明显

社会保障因素对农村流出人口的城镇化决策有影响。依据《中国流动人口发展报告2015》[19]，尽管近年来我国流动人口参加各类社会保险的比重稳中有升，但流动人口在流入地的养老保险、医疗保险、工伤保险、失业保险、生育保险和住房公积金（五险一金）的参保率仅为54.5%。从本次访谈中，我们了解到，大多数农民工没有享受基本的社会保障，也没有签订正式的就业合同；部分收入尚可的外出人口选择自行在老家购买养老保险等。几乎所有的被访者都是居住在单位宿舍、工棚或合租房。一方面是受限于务工收入，务工收入是其家庭教育、医疗、日常开销的首要来源，剔除这些开销后的收入无法承受务工城市的高额房租；另一方面是考虑到农村老家有现成的宅基地和房屋，可以用来替代在城镇购房、租房的巨大支出[4]。从佛山市的调研数据统计看，如果把社会福利和户口作为社会保障因素，其对农民工定居决策的影响程度大约占比25%左右，中青年人口对户口更为敏感，这与该年龄段人口须考虑子女的就学问题有关（图4）。

2.3.3 社会资本因素影响定居决策，中青年人群比较敏感

社会融入是在精神文化层面影响流出人口选择返乡养老的重要因素。段成荣[10]的研究发现，流动人口与现居住地其他社会群体的交流不多，社会交往仍局限于原有的亲缘、同乡等社会关系。盛来运[20]的研究表明，80.7%的流动人口当前的工作是通过自己或家人／亲戚／同乡／同学等社会关系找到的。本次调研发现，海门农村外出务工的传统以及在建筑行业的人际网络关系是推动人口外流的重要因素。60%以上农村外流劳动力的从业选择是建筑（装潢）工人。佛山市的问卷数据表明，31～40岁的中青年群体对社会资本（社会关系）最为在意，在影响定居决策的主要原因中占比20%（图5）。相对而言，社会资本对青年群体（30岁以下）和中老年群体（41岁以上）的影响稍弱，可能前者尚未意识到社会资本的重要性，而后者所拥有的社会资本已基本定型。

2.3.4 乡土因素已经不再是主要因素，家庭因素影响定居决策，但不显著

一直以来，人们认为乡土情结是影响农村人口返乡选择[21]的因素。在佛山市的调查数据中，如果把生活习惯作为乡土因素的话，其仅对40岁以下流动人口的城镇化选择有影响（图4）。进一步分析"选择返乡的原因"老家生活习惯和家乡情结两个选项总的占比不及10%。显然，随着现代化发展和城乡信息流通等因素的影响，乡土情结对于流动人口而言，其内涵已经发生改变。流动人口不再像早期那样迷恋故乡[5]，而是更加基于实际的情况作出迁移决策。

李强[6]早期的研究表明，家中有需要赡养的老人会促使农民工倾向于返回老家的农村和县城，其愿意留在城市的概率会降低7.3%。佛山市的农民工调查数据显示，家庭（照顾老人）因素对农民工返乡决策的影响程度大约占比20%，各年龄段差异不明显（图6）。在海门市被访的105户农民家庭中，98%的家庭仍然拥有耕地并进行日常种植，许多外出人口通过留守妇女及留守老人保持着一种"离乡不离土"的半城镇化状态。

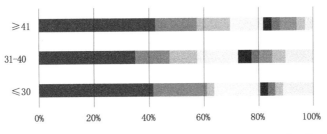

图6 被访者选择返乡的主要原因所占比例示意图

资料来源：笔者根据佛山市调研数据整理绘制。

2.4 小结

对农村外出人口的城镇化意愿考察表明，中老年人口返乡的意愿强；而青年人口在打工地定居的意愿强，但经济阻力大；中青年人口的城镇化决策处于摇摆之中，是政策可以引导的重点对象。城镇化意愿背后的影响因素与过去相比正发生变化，虽然经济因素依然是主导因素，但其构成已发生变化，除了就业机会的影响外，住房成为新的制约因素；中青年人口更看重社会保障（户口、子女就学）和社会资本（社会关系）；家庭因素影响城镇化决策，但程度有限；在现代化和信息化的影响下，乡土情节已经不再像过去那样重要，流动人口的城镇化选择不再过于感性，而是更加务实。

◆ 3 基于"年龄"视角的农村留守人口城镇化意愿研究

3.1 调研概况

海门市地处长三角区域，多年来形成了"劳务输出"的传统。调研村组总计户籍人口为346人，有109个村民外出务工，占调研村组户籍人口的31.5%；该村组70%的家庭有外出务工人口，其中67%的家庭有外出务工人口1人，26%的家庭有外出务工人口2人。

被访村组常住人口为237人，其中60岁以上人口占比38%，老龄化程度已相当高。从性别来看，在劳动年龄段（20~60岁）人口中，男女性别比例失衡，女性人口明显高于男性人口，占到农村留守人口总数的63%，近2/3（图7）。

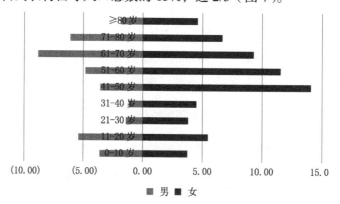

图7 信民村常住人口"金字塔"（2012）
资料来源：笔者根据海门市信民村人口台账数据整理绘制。

调研村组近1/3的劳动力已流入城市地区，实现"异地城镇化"，并呈现为"男性外出，女性留守"的生活模式。大量劳动力的流失直接导致了农村人口的老龄化以及妇女人口比率增高。

3.2 留守人口的"年龄段"与城镇化意愿差异

除儿童外，留守人口的年龄结构相对老化，因此，我们将其划分为老年人口（70 岁及以上）、中老年人口（50～69 岁）和中年人口（50 岁以下）三大类。

3.2.1 老年人口半数以上希望继续留守

在我国农村，70 岁以上的老年人口基本已无日常劳动能力，虽有少部分人仍在从事日常耕种以供餐食，但大部分人基本都已不参加务农活动，主要依靠积蓄、农保或子女的资助生活。其子女一般在 50～60 岁，多是儿媳妇留守在家，儿子在外务工且有返乡意愿。访谈显示，这部分老人普遍愿意继续留守农村，安享晚年；从城镇化意愿来看，受访者中的 55% 选择留守农村，32% 选择在条件允许的情况下去镇区，13% 选择离开农村投奔子女（表 1）。

受访者的未来定居意愿　　　　　　　　　　　　　　　　　　　　　　　表 1

留守人口	未来城镇化选择						合计
年龄	留守农村并在农村养老	留守农村，远期迁居镇区养老院	留守农村，远期迁居镇区	留守农村，远期随子女迁居	留守农村，远期不确定	迁居市区陪读	
70 岁及以上	54.5%	18.2%	13.6%	13.6%	0.0%	0.0%	100.0%
50～69 岁	42.9%	11.9%	11.9%	28.6%	4.8%	0.0%	100.0%
30～49 岁	25.0%	12.5%	12.5%	6.3%	12.5%	31.3%	100.0%

资源来源：笔者根据海门农村调研数据整理绘制。

3.2.2 中老年人口的城镇化可能性略有增加

截至调查时点，多数 50～69 岁的被访者都曾有过外出务工的经历，年老后返回农村，这一方面是受就业竞争力下降等客观条件制约，另一方面也是由于家乡情结、农村生活习惯等主观因素导致的。这部分中老年人口大多会继续留守农村，而对于子女经济实力尚可的中老年人，中、远期则可能迁往海门市区与子女一起生活，实现"异地养老"的城镇化。从城镇化意愿来看，中老年人口中，有 43% 选择留守农村养老，24% 选择远期迁往镇区，29% 选择远期投奔子女。相对老年人口而言，中老年人口的城镇化可能性略有增加。

3.2.3 中年人口城镇化选择呈现多元化

30～49 岁的留守人口主要是妇女，她们大多在家务农、就近兼业，照顾老人和小孩，丈夫则在外务工。这部分妇女的城镇化意愿也是其家庭的意愿，长期两地分居是不得已的选择。这部分中年人口与 50 岁以上留守人口的选择差异较大，只有 25% 的人口选择"未来继续留在农村",另有25%的人口选择迁往镇区。值得注意的是,其中有31%的人口留守家庭,选择为了子女短期迁往市区陪读。中年人口的城镇化选择呈现出多元化的现象。

从留守人口迁移意愿的差异来看,年龄越大,对农村的黏性越强,其城镇化动力越弱;反之,年龄越小,其城镇化意愿越强。值得注意的是,在当下小城镇建设滞后的情况下,留守人口对镇区表现出了一定的接受度(该类人群占比大于25%),这对当下城镇化政策的制定具有启示意义。如果小城镇的建设、生活和就业情况能够得到进一步改善和提升,可能其现实的城镇化吸引力会更强。

3.3 留守人口城镇化意愿差异的成因解释

3.3.1 优越的公共服务是村民城镇化的主要动力,各年龄段有差异但不明显

调研发现,留守人口的城镇化意愿普遍较低,仅有23%的人口表示愿意迁往城镇居住。进一步分析被访村民城镇化决策的影响因素,可以发现,在愿意搬迁的居民中,"生活服务设施充足、就医方便、子女上学便捷"这三项因素分别占到42%、26%和14%,合计达82%(图8)。显然"城镇优越的公共服务"(包括商业设施、医疗设施和教育设施等)是城镇吸引人口迁入的主要因素。相对地,选择"工作方便"的仅占了5%。再结合留守人口的年龄结构和性别来看,就业对于留守人口的城镇化选择而言,并不是主要的影响因素。这与传统的关于人口流动的研究结论有差异(城乡间的巨大收入差距是农村劳动力外出务工的核心推动力)[5, 16]。

留守人口城镇化决策的影响因素具有年龄分化的特征。具体来看,对于70岁及以上的留守老人来说,公共服务设施是其城镇化的首要动力;而对于50~69岁的留守老人,除了关注与切身利益相关的公共服务设施外,城镇的建成环境也是其城镇化决策所要考虑的要素;对于30~49岁的中年人口来说,工作机会是影响其城镇化的因素之一,但影响程度不大(图9)。总体来看,无论哪个年龄段,公共服务都是影响留守人口城镇化决策的最主要因素。

3.3.2 个人因素和经济因素是阻碍村民城镇化的主要阻力,各年龄段分化明显

在不愿意搬迁的居民中,如果把"生活不习惯""不愿意放弃农村土地"归结为个人因素,其占比高达47%;如果把"生活开销大"和"买不起住房"归结为经济因素,其占比高达39%(图10)。显然个人因素和经济因素是制约村民实现本地城镇化的主要因素,且前者产生的影响更大。访谈结果同样验证了上述问卷分析的结果。

从年龄分段来看,留守人口的城镇化阻力因素的分化较为显著。对于70岁以上的留守老人来说,城乡间的生活方式差异是制约其城镇化的首要因素,其次为"城镇较高

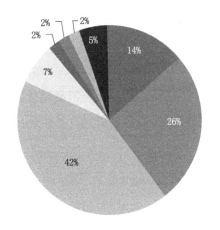

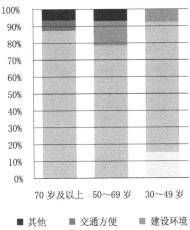

图 8 愿意搬迁至城镇的原因占比示意图

资料来源：笔者根据海门农村调研数据整理绘制。

图 9 不同年龄段人群愿意搬迁至城镇的原因占比示意图

资料来源：笔者根据海门农村调研数据整理绘制。

的生活成本"以及"年龄大，不愿意挪动"；对于 50～69 岁的留守人口以及 30～49 岁的留守人口而言，制约其城镇化的因素依次是"城镇较高的生活成本""生活方式"以及"土地财产"（图 11）。由此可见，留守人口的"城镇化阻力"会随着年龄的变化而出现分化，具体表现为：年龄越小，对乡村生活的黏性越少，经济因素（年轻人更倾向于消费）的制约性则有所增加，即越年轻，对经济因素的考量越多。

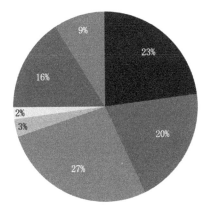

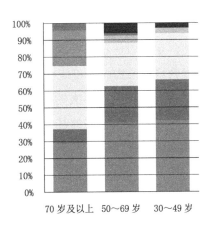

图 10 不愿意搬迁至城镇的原因占比示意图

资料来源：笔者根据海门农村调研数据整理绘制。

图 11 不同年龄段人群不愿意搬迁至城镇的原因占比示意图

资料来源：笔者根据海门农村调研数据整理绘制。

3.4 小结

从年龄视角看，留守人口的城镇化意愿表现出与流出人口的差异性。留守人口的年龄结构偏大，其对乡村生活的黏性更强。留守人口之所以选择留守，是出于对家庭因素的综合考量，就业机会或者工资收入等对其城镇化决策的推动并不大。但城镇优越的公共服务是其所看重的，而个人化的乡土情结和对土地要素的依赖也成为其城镇化决策的阻力。

◆ 4 结论与政策启示

人口流动带来的城镇化，对于个人、家庭和地区的意义各不相同，有时甚至是互相矛盾的。"人口流动"作为一把双刃剑，在推动我国城镇化发展的同时，也导致了农村的"三农"和"三留"等诸多问题。流动人口的"半城镇化"推动了其务工所在城市的发展，也提升了每一个务工者家庭的生活水平。我们的研究再次证实，留守和流出两部分人口对城镇化决策的考量因素有很大差异，且城镇化选择具有生命周期的显著特征，不同年龄的人口根据所处生活阶段与生活方式而设定不同的生活目标，从而产生不同的城镇化决策。

从城镇化人口的来源看，无论流出人口还是留守人口，年龄越低，城镇化潜力越大，反之亦然。对于中年留守人口和外出人口来说，其城镇化意愿较为多元，是可以争取的潜在城镇化人口。政府可以通过优化相关制度（如宅基地退出补偿机制等），在镇区、县城或城市郊区提供集中住宅，或提供完善的老龄化服务来推动这部分人群的就地城镇化。当然，定居农村也是一种低碳的生活模式，可以节省城市为其新建住房的成本，且有助于提升乡村活力，但可能会增加政府的公共服务支出。

从城镇化策略看，本文的研究表明，留守人口的城镇化决策更加看重城镇的公共服务以及与个人或家庭相关的社会福利、土地等生活、生产要素，流出人口更看重就业机会。因此，就地城镇化的推进需要区别对待这两部分人口，增加就业岗位的同时，也要加大力度提升城镇的人居环境。

从访谈和问卷统计结果看，留守人口和流出人口对小城镇有一定的接受度，所占比例超过25%。这为当下小城镇制定战略提供了支撑。如果小城镇的人居环境和公共服务得到大幅改善，不仅能够吸引留守中年和老年人口，也能够吸引返乡的中老年人口。小城镇将可能成为新型城镇化的重要增长极。

从现实趋势看，由于大部分乡镇的经济社会发展滞后（相较于城市），在就业机会、区位优势、历史传统、社会资本等多项外部因素的拉动下，在村民较低的文化程度、观念保守等内部因素的推动下，农村的劳务输出仍将持续。但同时，农民工返乡也将同步进行，尤其对 40～60 岁的外出务工者而言，其返乡的意愿最为强烈。按照时间推算，这些人口将在 2030 年左右完成回流，届时，农村的老年人口可能出现急剧增加。考虑到新一代年轻劳动力的继续外流以及较低的返乡意愿，农村在吸纳"老年回流大军"后将步入加速老龄化的状态。相应地，农村地区的老龄人口服务将是农村规划需要面对的重要问题。

另一方面，在人口低出生率和高流出率的大趋势下，农村的老龄化将成为常态，且会进入到深度老龄化的状态。2014 年发布的《国家新型城镇化规划（2014—2020）》为我们提供了发展指引，但也要求我们继续思考城镇化模式的差异性，而基于生命周期的城镇化决策差异化的特征是今后制定相关政策必须考虑的重要因素，相关的研究需要更加深入地展开。

感谢赵民教授对本文初稿提出的宝贵意见。

参考文献：

[1] 肖建，邢磊 . 嘉兴新居民定居城市意愿与影响因素分析 [J]. 嘉兴学院学报 ,2013(2):44-47.

[2] 同济大学课题组 . 我国农村人口流动与安居性研究 [R].2015.

[3] STARK O. Research on rural-to-urban migration in less developed countries: The confusion frontier and why we should pause to rethink afresh[J]．World development,1982,10(1):63-70.

[4] 赵民，陈晨 . 我国城镇化的现实情景、理论诠释及政策思考 [J]. 城市规划，2013，37(12):9-21.

[5] 李强 . 影响中国城乡流动人口的推力与拉力因素分析 [J]. 中国社会科学，2003(1):125-136,207.

[6] 李强，龙文进 . 农民工留城与返乡意愿的影响因素分析 [J]. 中国农村经济 ,2009(2):46-54,66.

[7] 章铮，杜峥鸣，乔晓春 . 论农民工就业与城市化——基于年龄结构—生命周期分析 [J]. 中国人口科学，2008(6):8-18+95.

[8] 陶树果，高向东，余运江 . 农村劳动年龄人口乡城迁移意愿和城镇化路径研究——基于 CGSS2010 年数据的 Logistic 回归模型分析 [J]. 人口与经济，2015(5):40-49.

[9] QIAN W B. Rural-urban migration and its impact on economic development in China[M]. England: Ashgate Publishing limited Grower House,1998.

[10] 段成荣 . 影响我国省际人口迁移的个人特征分析 [J]. 人口研究，2000(4):14-22.

[11] 蔡昉，都阳 . 迁移的双重动因及其政策含义 [J]. 中国人口科学，2002(4):1-7.

[12] 何军，洪秋妹 . 个人、家庭与制度：苏北农民外出务工的影响因素分析 [J]. 农业经济，

2007(10):22-24.

[13] 汤爽爽，黄贤金 . 农村流动人口定居城市意愿与农村土地关系——以江苏省不同发展程度地区为例 [J]. 城市规划，2015(3):42-48.

[14] 夏显力，姚植夫，李瑶，等 . 新生代农民工定居城市意愿影响因素分析 [J]. 人口学刊，2012(4):73-80.

[15] DAVIES R B, PICKLES A R. An analysis of housing careers in Cardiff[J]. Environment and planning A.1991, 23(5):629-650.

[16] 王桂新 . 中国区域经济发展水平及差异与人口迁移关系之研究 [J]. 人口与经济，1991(1):50-56.

[17] 吴兴陆，亓名杰 . 农民工迁移决策的社会文化影响因素探析 [J]. 中国农村经济，2005(1):26- 32,39.

[18] 段成荣，吕利丹，邹湘江 . 当前我国流动人口面临的主要问题和对策——基于 2010 年第六次全国人口普查数据的分析 [J]. 人口研究，2013，37(2):17:24.

[19] 国家卫计委 . 中国流动人口发展报告 2015[M]. 中国人口出版社，北京 .

[20] 盛来运 . 中国农村劳动力外出的影响因素分析 [J]. 中国农村观察，2007(3):2-15,80.

[21] 李荣彬，张丽艳 . 流动人口身份认同的现状及影响因素研究 [J]. 人口与经济，2012,193(4):78-86.

本文刊发于《城市规划》2018 年第 1 期 59–68 页，作者：陈艳，张立。

城乡双重视角下的村镇养老服务（设施）研究

引　言

　　国际上通常把 65 岁以上人口占总人口的比重达到 7% 或者是 60 岁以上的人口占总人口比例达到 10% 作为国家或地区进入老龄化社会的标准。2013 年，我国 65 岁以上人口 1.32亿，占总人口比重的 9.7%；60 岁以上老年人口数量达到 2.02 亿，占总人口比重的 14.9%。很明显，中国已经步入了老龄化社会。相比于城市地区老龄化的程度，村镇地区往往老年人口占总人口比重更高。六普数据显示，2010 年全国 65 岁以上人口占比 8.92%，其中农村地区 65 岁以上人口比重达到 10.06%，远高于城市地区（7.68%）。农村地区 60 岁以上人口比重更是达到 14.98%，也远高于城市地区（11.47%）。进一步的数据显示，农村地区50 ～ 64 岁年龄段人口比重也相当高，这意味着未来农村地区的老龄化形势将更加严峻。

　　然而我国过去三十多年快速的城镇化进程加剧了城乡发展的差异，村镇地区的公共服务配置严重滞后，养老服务基本是空白（除了发达地区的个别村镇）。随着城市化、工业化和现代化进程的深化，农村传统的社会结构和思想观念正发生着根本性转变，农村人口不断向城市流动、迁移，严重的空心化现象致使村镇地区传统"养儿防老"的养老模式面临巨大冲击（夏峰，2008）。村镇地区公共服务（设施）的欠缺，使得村镇老年人面临着比城市老年人更多的养老困境。

　　与一般的城市问题不同，农村养老问题既是经济问题，也是社会问题（钟建华、潘剑锋，2009）。农村人口外出导致农村家庭"空巢化"，加剧了养老服务的困境（黄佳豪，2010），但是劳动力的转移就业对农村养老服务的影响也具有两面性：一方面是负面的，如繁重的农业劳动损害了老年人的健康；另一方面，农民工对城市文明的认同程度对未来农村养老保障制度的建立与完善将起着积极作用（戴卫东、孔庆洋，2005；John &Chanpen，2005）。但目前社会普遍认为，在农村要实施社会化养老模式（张晖、何文炯，2007）。苏保忠和张正河（2008）认为制度欠缺和财政能力是引发农村养老困境的根本所在。Berry（2011）则探讨了由于农村人口老龄化带来的农村人口密度进一步下降，而引发的公共服务、公共设施的布局以及该类设施自我维持的难度，并着重探讨了村镇老年服务的供给难度。陈小卉和杨红平（2013）基于江苏省的案例研究，提出通过规划编制的完善，来营造老年友好型的城乡整体环境。

尽管关于养老服务和养老设施的研究成果众多，但是研究方法较为单一，或者仅仅关注于政府层面的财政能力（苏保忠、张正河，2008），或者仅仅关注老年人口的自身感受（夏峰，2008），或者关注于对各种养老模式（陈小卉，2013）的分析。但是实际上，村镇地区的养老服务（设施）困境不仅与农村相关，也与城市有紧密联系；不仅与制度安排有关，也与供给能力和供给模式有关；不仅需要自上而下的资源配置安排，也需要自下而上的深入研究。

因此，本文以佛山市高明区的村镇地区为研究案例，以实地调研和访谈为基础，尝试剖析和探讨村镇地区的养老服务及设施配置问题。

◆ 1 研究方法

1.1 高明区概况

高明区地处珠三角外围，是佛山市五个行政辖区之一，1994 年撤县设市，2002 年撤市设区，是典型的城乡混合的区划单元。高明区下辖一街三镇（即荷城街道、杨和镇、明城镇与更合镇）和 52 个行政村，2012 年底常住人口 42.3 万人（其中户籍人口 24.24 万人），地区生产总值 502 亿元。如若以本地人口为基数测算老龄化程度，三镇的老龄化水平（本文以 65 岁为标准）均大大超过了 7%，已经明显进入了老龄社会（表 1）。

2010 年六普部分乡镇数据　　　　　　　　　　　　表 1

行政区	常住人口	65 岁以上人口	本地户籍人口	老龄化程度（以常住人口为底）	老龄化程度（以本地人口为底）
高明区	420044	28529	242435	6.8%	11.8%
荷城街道	278454	14322	145983	5.1%	9.8%

行政区	常住人口	65 岁 以上人口	本地户籍 人口	老龄化程度 （以常住人口为底）	老龄化程度 （以本地人口为底）
杨和镇	53224	3708	27889	7.0%	13.3%
明城镇	41838	4316	30923	10.3%	13.9%
更合镇	46528	6183	37640	13.3%	16.4%

1.2 研究方法

尽管农村地区发展面临着诸多问题，需要深入研究，但是村镇地区统计资料不健全的实际问题制约着相关研究的深入开展。为克服统计资料的约束，课题组采用社会调查的工作方法来展开研究，作为对既有资料的补充。

课题组走访调研了一街三镇（共计 52 个行政村）45 个行政村[①]，占全部 52 个行政村的 86.5%。课题组与村支书、村主任或村干部进行了交流，并在每个村亲自发放并指导填写了各 5 ～ 10 份村民调查问卷，同时在三镇的镇区随机完成了 99 份有效调查问卷。另外通过相关部门向高明区的中学生和小学生发放了调查问卷，交由家长填写，共回收有效问卷 2598 份[②]，学生问卷覆盖了荷城和三镇的人口，抽样比达 5.6%，能够与村镇问卷形成互补认证的关系。在三个渠道的问卷中均有关于养老服务（设施）的选项，且不仅涵盖了被调查人的养老意愿，还涵盖了被调查人对父母亲养老的打算等。经综合分析，三个层次的问卷完成质量较好，覆盖面较广，基本能够反映高明区村镇的实际情况。

除村干部访谈和问卷调查外，课题组还在明城镇明城广场随机走访了 15 位老人，与老人针对养老问题做了深入访谈，获取了最直接的信息。老人访谈对象年龄均值为 67 岁，不仅包括明城镇当地人，还含 5 位的外来老年人（原籍非明城镇），他们或随子女打工而由外地迁来，或特意来此地养老，可以说较为全面地反映了村镇地区老年人的构成及其不同需求（表 2）。

调查问卷基本发放情况　　　　　　　　　　　　表 2

问卷类型	有效问卷数	抽样比
镇区居民问卷	99 份	3.29‰
行政村村民问卷	353 份	2.55‰
教育局渠道问卷	2598 份	5.6%

1.3 案例村镇的老龄化特征

佛山市村镇地区空心化和老龄化问题非常严峻。课题组对 45 个行政村的访谈记录显示，农村平均人口流出率达 41%。其中 14 个村 60 岁以上人口数据详尽，计算得出平均老年人口占比常住人口比重达 22.6%。通过与表 1 的数据对比，可见农村地区的老龄化程度比三镇整体情况更严重。并且老年人独自留守的情况较多，40%的村都提及了留守老年人的情况，农村老年人中平均有58%为独自留守[③]。

1.4 研究框架

本文从农村和城市两个视角来探讨村镇养老服务的需求和供给，并尝试剖析其供需失衡的原因。

◆ 2 村镇居民的养老服务（设施）需求与供给困境

2.1 村镇居民的养老需求特点

2.1.1 村镇居民倾向于在农村养老

考虑到问卷填写者多数为65岁以下人口，因此对于养老地点的问题设问了其对父母养老的看法。综合三类问卷，受访者为其父母选择的理想养老地点较为相似，选择农村的占比最高，达到60%以上；村民选择该项比例更是高达83%。镇区居民选择镇区养老的比例为25%，村民问卷和学生问卷选择此项为13%和14%。

考虑多数老年人未来养老地点的选择很大程度受子女决策影响，问卷结果与实际调研所发现的大量农村留守老年人的现实情况相符。据此可推测，近期农村将是村镇老年人的主要集聚地，其对于养老服务的刚性需求务必重视（表3）。

问卷受访者对父母养老地点的看法　　　　　　　　　　　表3

问卷类型	总样本量	农村		镇区		其他	
		样本量	占比	样本量	占比	样本量	占比
镇区问卷	99	62	63%	24	25%	13	12%
村民问卷	353	293	83%	46	13%	14	4%
村镇学生问卷	1621	1086	67%	227	14%	308	19%

2.1.2 村镇居民对机构养老的认可度较低

高明的村镇地区居民对于机构养老的意愿普遍不高。镇区问卷中回答愿意的仅19%，村民问卷中仅18%，学生（家长）问卷中仅26%。不愿意的主要原因包括"传统养儿防老观念"和"经济原因不允许"两项。学生问卷中对受访者的机构养老排斥度做了设问，发现多数受访者虽主观不愿意去养老机构，但实际并不排斥，前提是免费提供。仅22%的受访者对机构养老有较强抵触感，80%的人不排斥，但仅27%的人愿意承担费用。总体而言，村镇居民对于机构养老的认可度较低。

访谈案例中仅 4 人（占比 26%）表示愿意机构养老。与问卷调查涉及的受访者偏青壮年对机构养老态度坚决不同，相当比例老年人即使略排斥养老院，也都有心理准备（日后可能子女会为之选择机构养老）。但由于多数老年人对敬老院、养老院概念混淆，因此除却经济原因外，认为"只有孤老才会去机构养老"是老人不愿意的另一大原因（图1～图4、表4）。

问卷受访者机构养老意愿 表4

问卷类型	总样本量	愿意		尚未考虑		不愿意	
		样本量	占比	样本量	占比	样本量	占比
镇区问卷	99	19	19%	18	18%	62	63%
村民问卷	353	63	18%	32	9%	258	73%
村镇学生问卷	1621	421	26%	114	7%	1086	67%

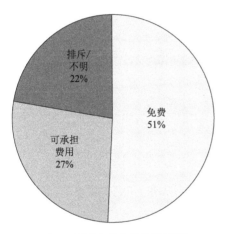

图1 受访者养老机构排斥度

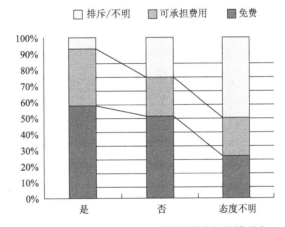

图2 不同机构养老意愿受访者的养老机构排斥度

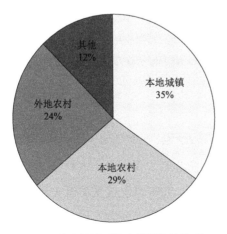

图3 个案访谈对象户籍所在地构成

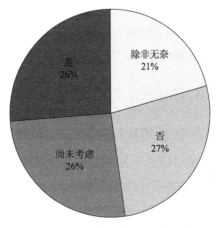

图4 个案访谈对象机构养老意愿

大样本的学生（家长）问卷显示，受访者偏好为父母选择居家养老，也希望子女未来为自己选择居家养老服务项目。本次访谈的 15 个镇区老人中有 12 位是与子女同住，8 位受访者表示平时帮助子女照看孙辈。不同于个案访谈，老年人更偏好托老所④，青壮年受访者更偏好为父母寻找上门服务。60% 受访者对于养老服务设施的首选都为上门服务；其次是养老院⑤（图 5 ～图 8）。

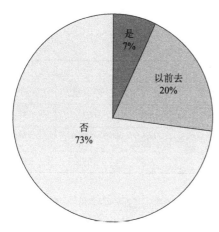

图 5　访谈对象老年活动室使用情况

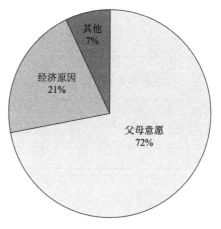

图 6　受访者不愿为父母选择机构养老原因

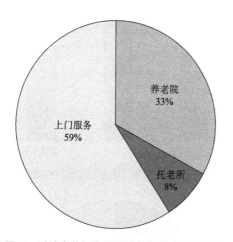

图 7　受访者偏好为父母选择的养老服务设施

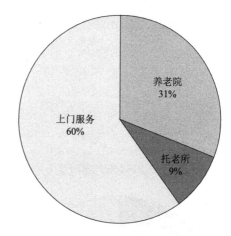

图 8　受访者偏好子女为自己选择的养老服务设施

2.2　村镇居民的养老困境

2.2.1　经济收入少，无力也不愿意承担养老机构开销

目前村镇老年人可支配的经济来源主要是退休工资、新农保，其中农村老年人唯一稳定的经济来源为新农保，高明区的偿付额为 120 元 / 月，80% 以上的受访者表示不想接受子女的钱财支援。由此可见，村民年老后可支配收入十分有限，多数农村老年人无法承担机构养老相关费用。由于多数老年人表示年老后是否使用养老服务设施的最终选择权在子

女。在 1621 份村镇学生家长的有效问卷中，44% 的受访者愿意送父母去养老院，可见村镇居民对机构养老设施有一定需求量，但受访者多不愿意承担大于 500 元 / 月的费用。

2.2.2 现状养老服务（设施）供给不足、规范缺失

目前高明区村镇地区除敬老院外，养老服务设施尚无供给，老年活动中心也未全覆盖。农村留守老年人平日生活自理，仅五保家庭享有名存实亡的"一对一挂靠"的居家养老服务。村级老年室内外活动设施、活动场地匮乏，留守老年人缺乏活动场地。调查统计显示，仅 50% 的行政村设有可供老年人使用的室内活动室，其中仅 5 个行政村（相当于总量的 10%）能够做到自然村全覆盖，且（由于距离问题）老年人前往较为不便。仅 15.5% 的行政村配备了健身设施及可供老年人活动的户外场地。村镇一级缺乏专业助老服务（设施），也缺乏公益性的养老服务（设施），多数留守老年人无法享受到相应的养老服务。

综上，目前村镇地区在养老机构、老年活动中心、室外活动场地等方面较为滞后，居家养老服务也基本没有提供，面临明显的"数量"不足。即使配备了少量养老设施和服务的村，也缺少专业化的养老服务（设施）规范指导。

2.2.3 政府财政供给养老服务（设施）能力不足

我国村镇地区目前养老服务供给主体为政府，因此养老服务体系建设与当地政府的财政能力和认识有关。高明区近五年来的财政支出构成显示，政府目前尚未为村镇养老服务（设施）单列财政支出项目，可见政府对于老龄服务和设施的供给资金还不是很重视。进一步筛选出"社会保障和就业、医疗卫生、城乡社区事务"等三项与村镇地区养老服务相关的栏目，发现其占财政总支出的比例也较小，其占比也未呈现增长的趋势，这与日益增长的老年人口的趋势相悖。此外，尽管财政对于机构养老方面有所拨款（计入社会保障和就业），但仅为对敬老院方面的财政支持，对于社会化的养老设施尚没有相关的财政和政策支持。财政供给方面的不足，以及相关扶持政策的滞后，使得村镇养老服务和设施建设难以打开新的局面（图 9）。

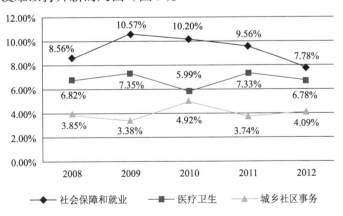

图 9 指定支出项目占财政总支出比例

◆ 3 城市居民的养老服务（设施）需求与困境

3.1 城市居民可能的农村养老需求

除了村镇居民的养老需求外，城市居民未来的乡村养老也可视作一种转移性需求。综观西方发达国家的相关研究，城市老年人退休后迁至乡村养老是较普遍的现象。那么，我国城市居民是否也有这样的村镇养老意愿？本次高明调查问卷和访谈覆盖了部分城市居民，可以为此议题提供支持。

3.1.1 未来村镇养老意愿强烈

学生（家长）问卷中，70% 以上的城市地区受访者愿意退休后搬迁至村镇居住，比例相当之高。学生问卷中，城区受访者为父母选择农村养老的占比多达 44%，选择镇区的占 13%，选择城市的占 39%。可见转移性需求的假设成立。

3.1.2 机构养老意愿稍高，经济支付能力强

977 份实际居住地为城区的学生（家长）问卷表明，33% 受访者愿意选择机构养老，比照镇区和村民问卷，这一比例是相对较高的。可见，城市地区居民对机构养老的接受度要高于村镇地区。横向比较其对养老服务（设施）的支付意愿也强于村镇地区，对于养老院的可承受费用均值为 1295 元，远高于村镇地区的 655 元。

3.1.3 同样倾向于多元化的养老服务

城市地区居民对于两大类（机构养老与居家养老）三小项（养老院、托老所、上门服务）养老服务（设施）的偏好，与村镇地区类似，同样最偏好上门服务，其次是养老院。进一步的信息显示，受访者倾向于选择离子女近的、位于乡村空气好、环境优美的以及配有医疗设施的，这三项所占的比例最多，都为 20% 左右。另有 18% 的受访者选择公立的养老设施，仅 2% 选择私立。由此，再次验证未来在村镇地区发展养老产业的可行性，一方面城市地区居民愿意未来在村镇地区养老，另一方面城市地区居民相对可承受支出较高，并且城区居民更偏好居家养老服务项目以及公立的养老设施，将养老服务设施结合卫生设施设置也将更受使用者欢迎。

3.2 城市居民的养老困境

3.2.1 交通不便制约村镇养老服务

尽管城市居民对村镇养老有一定需求，但选择城市养老的比例依然很高，那么什么因素阻碍了人们选择村镇养老，问卷统计结果如下：排在首位的是交通出行不便，占比超过五成（56%）。其由此可见，村镇地区要想更好地发展养老产业，首先要解决的便

是交通问题,包括内、外通达性,以及可能对于老年人而言更重要的公共交通系统(图10、图11)。

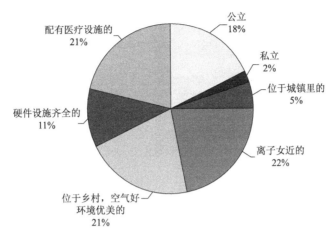

图 10 收费类养老服务设施偏好

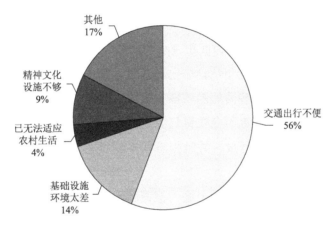

图 11 城市居民退休后不愿搬迁至村镇居住的原因

3.2.2 镇区机构养老设施质量不佳,制度约束大

高明村镇地区仅在镇区一级设公立机构养老设施(敬老院),村一级不设。民间也有少量小规模的盈利性养老机构(系民宅改建私人机构),服务于不具备基本行动能力的老人。

课题组对明城镇敬老院(非盈利性公立)做了实地踏勘和访谈。敬老院于1993年成立,只接受户籍所在地为明城镇的五保老年人,不向老年人收费,一切开支均为政府拨款,标准约为每人650元/月,现尚未满员,不乏多位愿意有偿机构养老的非五保老年人前来询问入住,但由于敬老院强制规定的入住条件,对这类老年人敬老院不予接收。明城敬老院建造年代较早,主体建筑二层,各类设施陈旧,缺乏无障碍设施,室内也无紧急呼叫铃等设备，靠老人互相照应（图12、图13）。

图12 孤独的老人在活动室

图13 缺少无障碍设施的厕所

明城镇原老年活动中心区位较好，位于1层且有乒乓桌，开放时间固定。搬迁后活动室面积仅原址的1/3左右，并迁至2楼；无可供室内锻炼（如乒乓）的场地，亦无户外活动场地；活动室楼梯较陡未设电梯，老年人使用诸多不便。据工作人员介绍，未搬迁前尽管去活动的老年人也不多，但活动次数较多。搬迁后基本没有老人来活动。个案访谈中，多数老年人都提到过是因为面积变小了，同时距离变远了。

课题组实地踏勘发现，现老年活动中心与其他多项设施共用场地，并常年落锁。尽管笔者原计划对使用者进行一些简短的访谈，最终因设施无人问津而只得作罢。活动中心每月实际的开放天数极少，也不存在每日固定开放时间。课题组调查的另外两处老年人活动中心也均闭门，未正常开放，并且附近找不到相关工作人员，难以寻获可以帮助开门的人员。

总体而言，虽然高明区的调研是个案，但课题组在其他地方的调查经历，同样证明了上述情况的普遍性。在村镇层面而言，老年活动设施不仅缺乏，而且服务非常滞后，相关的管理和设施配置与老年人的需求也不是很匹配。这样的设施条件不仅无法吸引城市居民来村镇养老，也无法为村镇本地居民提供相应的服务（图14～图16）。

图14 镇区老年活动中心常年落锁

图 15　镇区老年活动中心场地共用情况

图 16　明城镇镇区外围老年活动中心

◆ 4　提升村镇地区养老服务（设施）的建议

前文分析显示，村镇地区养老服务（设施）的未来需求可以基本分为村镇的本地需求和城市的转移需求两类。一方面，对于村镇的本地需求，由于村镇老人对机构养老接受度低，并且收入微薄难以有偿使用各类设施，因此村镇居民的需求偏向于基础服务，居民希望有一个步行距离适中、面积适宜，能够提供多样化活动的老年活动场所，包括室内的，也包括室外的。另一方面，未来城市地区的转移性需求也将是客观存在的，且数量不小，但未必是即时产生的，而是在未来的 15 ～ 20 年间逐步释放的。故发展村镇养老产业是可行的，由于城市居民经济承受力较强，对于机构养老的接受度也高，可以考虑设置一定盈利性养老院。另外，考虑到城市居民对居家养老的偏好，以及对乡村自然环境的渴望，也可考虑适度发展养老地产。无论村镇居民还是城市居民，他们都更偏好居家养老，更喜好托老所模式，并且都认为医疗卫生设施与养老服务设施结合运营相当必要。

目前，村镇地区老年服务（设施）的供给面临着"量"与"质"的双重匮乏。由于缺乏相关配置规范、标准，总体数量无法做到满足村镇老年人的需要。同时由于供给主体单一，政府财政支撑力有限，目前供给的服务类型也不足，无法满足居民现状与未来的多元需求。而非公立机构养老设施体系尚不完善，相关设施尚未合法化、规模化，受众群过于片面，无法对公立设施产生有效的补给。由于供给制度僵化、管理体制滞后，导致有关设施未能在实际中发挥其应该达到的供给能力。如即使尚未满员仍仅面向五保老人开放的敬老院，浪费资源的同时阻碍了敬老院获取一定盈利来提升服务质量。

目前村镇地区养老服务（设施）的供需矛盾，与社会各方面尚未引起重视有关，也与其相关制度欠缺有很大关系。因此，构筑适应多元化需求的养老服务（设施）体系就显得尤为重要。结合前文的研究，借鉴发达国家经验，尝试提出若干发展建议。

4.1 逐步推进居家养老服务项目体系建设，使养老服务多元化

积极在村镇两级引入"居家养老"服务项目，提供多类型的养老服务，探索托老所、日间照料、上门服务、供餐系统等各色居家养老服务种类。先期可以从镇区开始设施布点，然后逐步推行到各行政村全覆盖。选址方面，建议与老年活动中心联合设置，形成村镇"综合养老服务站"，以便于充分整合各项资源。并考虑使用者喜好，增加上门服务的相关工作人员，为之提供按次按项目收费、多种标准的服务。

4.2 重点满足老年人的基础性服务（设施）需求

考虑到短期内村镇地区的老年人收入水平难以改变，其对有偿养老服务设施的承受力将仍然保持在一个较低的水平。因此，应当优先满足其基础性的服务需求，比如免费的老年活动室、老年户外活动设施等。争取确保老年活动室在行政村一级全覆盖，并确保相应的服务质量。在村镇地区结合相关规划，划定适当的老年户外活动场地，并提供无障碍设施。

4.3 探索村镇医疗卫生设施与养老服务相结合

与我国一样，美国等西方国家的乡村公共服务同样面临服务半径与服务成本的矛盾，美国就将传统由养老院提供的长期照料服务移植到乡村医院中去，以解决广袤乡村养老服务机构无法全覆盖的情况（Mary&Susan，2007）。由于高明区村镇居民的机构养老意愿较低，这里更强调基层农村社区资源的整合，积极尝试将老年活动中心与卫生站联合设置。二者的融合有利于促进政府相关财政预算的合并，减轻村镇设施用地、新建的成本。结合居家养老服务项目，为老年人提供更为集中、多样的服务，亦可尝试在乡村卫生站内设置少量养老床位，满足农村地区可能存在的机构养老需求，也可以提高乡村卫生站的服务效率。

4.4 创新农村养老保险制度，源头解决村镇老年人养老困境

通过访谈、调研可以发现村镇地区老年人对于有偿使用养老服务（设施）具有一种"恐惧感"，直白来说就是怕花钱，怕花钱源头在于相当数量老年人养老金微薄。这方面可借鉴日本关于农村养老保险制度的创新实践，该体系施行双层结构年金制：第一层次是国民年金制度，是全体国民强制性加入的基础养老金，国家负担1/3；第二层次是支付国民年金的基础上，就农民经营权转让等因素权衡进一步支付的年金（郑军、张海川，2008）。对于我国的村镇地区而言，也可引入相应的模式，除了基础层次的新农保全覆盖，也要对于贫困居民由政府给予一定补贴；地方上再推出第二层级的农民养老保险金，满足要求更高偿付额的村民。

4.5 制度灵活，公立机构的社会福利服务与盈利经营服务相结合

将传统敬老院的准入标准灵活化，打破原有僵化的供给制度，将社会福利与盈利经营相结合，在满足社会福利对象的前提下，允许适当开展盈利的养老服务。社会福利的敬老服务与经营性的养老服务相结合，可以适当增收以改善提升敬老和养老环境，也可以改变对养老机构的传统认识。

积极引入社会资本投入，建立非营利性民办养老机构建设补贴和运营补贴制度，建立多支柱混合的社会养老服务事业发展。对于愿意开设在村镇地区的有关设施给予更优惠的政策倾斜，助推乡村养老产业的发展。

4.6 逐步推动村镇养老产业，平衡财政支付

针对城市地区居民未来的乡村养老意愿，在村镇地区谋划养老产业，适当开发养老地产，建设乡村养老疗养院，提升村镇地区有关居家养老服务项目的整体供给品质，以满足可能迁入的城市居民的需求。在养老产业推进的同时，增加财政收入，可以设计相应制度，确保养老产业的收入能够反补到养老服务中去。

本文为"第一届全国村镇规划理论与实践研讨会"优秀论文。

感谢同济大学赵民教授和王颖老师为本课题调研提供的支持，感谢相关地方政府的积极配合，感谢同济大学城市规划系相关同学的努力工作。

注释：

① 由于不可抗因素，4个行政村未能前往调研，3个行政村访谈记录不全。

② 课题组近年在其他城市的相关调查经验显示，学生家长问卷的完成质量普遍较高。

③ 即无子女或年轻人口陪伴。

④ 不同于养老院，托老所不留宿老人，收费也较养老院便宜很多，一般只收餐费及适当看护费。子女白天将老年人送至该机构，由工作人员看护在活动室活动，中午提供午餐，晚上由子女接回家中享天伦之乐。

⑤ 由于相关部门对问卷中托老所的注解未正确列印，而现状村镇也没有托老所这一设施，笔者认为这会致使部分受访者无法准确理解托老所的定义，一定程度影响受访者判断。

参考文献：

[1] 陈小卉，杨红平.老龄化背景下城乡规划应对研究——以江苏为例 [J].城市规划,2013(9):17-21.

[2] 戴卫东，孔庆洋.农村劳动力转移就业对农村养老保障的双重效应分析——基于安徽省农村劳动力转移就业状况的调查 [J].中国农村经济,2005(1):40-50.

[3] 黄佳豪.我国农村空巢老人（家庭）问题研究进展 [J].中国老年学杂志,2010,9(30):2708-2710.

[4] 苏保忠，张正河.人口老龄化背景下农村养老的困境及其路径选择——基于安徽省砀山县的实证分析 [J].改革与战略,2008(1):67-69.

[5] 夏锋.千户农民对农村公共服务现状的看法——基于 29 个省份 230 个村的入户调查 [J].农业经济问题,2008(5):69-73.

[6] 张晖，何文炯.中国农村养老模式转变的成本分析 [J].数量经济技术经济研究,2007(12):83-90.

[7] 郑军，张海川.日本农村养老保险制度建设对我国的启示——基于制度分析的视角 [J].农村经济,2008(7):126-129.

[8] 钟建华，潘剑锋.农村养老模式比较及中国农村养老之思考 [J].湖南社会科学,2009(4):58-61.

[9] 朱杰，陈小卉.江苏省区域城乡养老模式引导研究 [R].城市时代，协同规划——2013 中国城市规划年会论文集,2013.

[10]Berry E.Helen. Rural Aging in International Context [J]. International Handbook of Rural Demography, 2011:67-79.

[11]John Knodel, ChanpenSaengtienchai. Rural Parents with Urban Children: Social and Economic Implications of Migration on the Rural Elderly in Thailand [R]. Ann Arbor: Population Studies Center, 2005.4:1-42.

[12] Mary L. Fennell, Susan E. Campbell. The Regulatory Environment and Rural Hospital Long-Term Care Strategies From 1997 to 2003 [J]. National Rural Health Association, 2007(23): 1-9.

本文刊发于《小城镇建设》2014 年第 11 期 60-67 页，作者：张立，张天凤。

台湾地区乡村规划政策的演进研究

引　言

中国台湾地区的乡村发展经验告诉我们，乡村规划政策与整体经济社会环境之间有着极强的交互影响作用。例如，台湾地区于1953年制定了"第一期台湾地区经济建设四年计划"[1]，随之乡村规划的编制也开始起步，但此时的乡村规划目标都是以服务城市服务工业为主的目的挂帅；20世纪60年代开始，台湾乡村规划政策转变，显示着台湾地区经济基础由单纯的农业经济转向工业经济；而20世纪70年代出口导向的经济政策带动经济高速发展，导致了乡村工业区的设置；20世纪80年代早期，由于贸易顺差持续增长、金额持续扩大，使得生产者与消费者对消费型服务业的需求大幅提升；20世纪80年代中期以后，劳动密集型加工出口工业逐渐丧失比较优势，导致民间投资意愿低落，经济发展出现困境。当时台湾地区乡村规划编制的目标是"一切为了工业和城市发展"，显然这一目标下的乡村规划已经走到了尽头，必须要转型。到20世纪90年代后，台湾的服务经济快速上升，一直到1992年我国台湾地区人均收入超过1万美元[2]时，乡村规划以"提升乡村生活、生态质量"及"环境综合利用"等为主要目标。特别是台湾地区于2002年以"台湾、澎湖、金门、马祖单独关税区"的名义加入WTO后，与经济发展政策并行的乡村规划政策也意在使市场发挥更大的作用，包括较少运用政府"法令"，努力强化市场机制调节乡村产业和社区的综合发展[3,4]。至2005年，服务业在地区生产总值中占到了 73.6%；同期乡村消费型服务业的比重也逐年增长，此时乡村规划的目标开始针对乡村服务业，也就是乡村 1.5 产业、2.5 产业发展转型 [5]。

2009 年后，台湾地区已经进入后工业化社会，产业经济对乡村发展的作用逐渐减弱，即不再仅仅以乡村经济增长作为发展指标，"乡村社区总体营造"成为乡村规划的目标和手段。笔者认为，在经济社会变迁的视角下研究台湾地区乡村规划政策的演进，有助于深入观察我国台湾地区的社会发展，理解乡村规划政策变迁的前因后果，进而汲取对大陆地区乡村规划的借鉴意义。

◆ 1 我国台湾地区的乡村规划

乡村规划作为乡村发展的目标导向和蓝图，一直以来都是台湾地区乡村发展的主要议题，特别是以土地改革为主的乡村规划政策直接带动了乡村经济发展 [6]。1993 年以前的台湾，一直将"土地""农业""产业"的经济增长效益放在乡村规划目标的首位 [7]。1994 年，台湾地区颁布"社区总体营造计划"，此后的乡村规划突破了传统的乡村规划政策目标，规划手段由"自上而下"的政府投入、政府试点等转为"自下而上"的"乡村社区总体区营造"；同时汲取了前期乡村社区发展政策中的参与性、在地性因素，政府的规划职能发生了"政策控制"向"提供政策服务"的转变；乡村规划从"以土地为中心"转变为"以人为中心" [8]。其后 2010 年"乡村再生条例"的制定，又将乡村规划的重点从"三农问题"转向了"生活、生产、生态"与"农民、农业、乡村"融合的"三生共生、三农共荣"。

通过以上对台湾地区乡村规划发展的纵览，可以认为台湾地区现今的乡村规划是"乡村空间形态与乡村发展、乡村生活"并重的乡村社区综合营造规划，包括了乡村经济发展与创新、乡村社区培育、乡村生态永续、乡村文化的再发现和再延续等内容。当今，台湾地区乡村规划与城市规划的区别在于乡村规划的"后工业"属性，即乡村规划不再是工业化、城市化的附庸和致力于提供服务，而是走向突出乡村生态化、农民生活化、农业在地化特色的蕴含"乡愁"的规划。

下文将乡村规划发展分为 1949 ～ 1993 年、1994 ～ 2008 年和 2009 年至今三个时期展开详细讨论。

◆ 2 通过乡村土地改革政策奠定乡村发展基础（1949 ～ 1993 年）

从经济发展的规律来看，20 世纪 50 年代的我国台湾地区工业虽然在乡村发展政策扶持下得到了发展，但这个时期的乡村规划目标是推动农业产值的增加。到 1960 年时，我国台湾地区农业产值占该地区 GDP 的三分之一；1962 年，农业产业提供了该地区一半以上的就业和出口 [3]。可以认为，该时期的乡村规划政策是以发展农业经济为核心目标。1976 年，我国台湾地区人均 GDP 首超 1000 美元，1984 年首超 3000 美元。而自 20 世纪 80 年代中期至 2000 年，我国台湾地区人均 GDP 年均增长 1000 美元，特别是自 1992 年起，台湾地区人均 GDP 超过 1 万美元，正式进入了中等发达经济体行列。在此期间，我国台湾地区的乡村规划政策是围绕着土地改革政策实施的——两次土地改革的顺利完成是乡村发展的基础，它对整个台湾地区经济发展都发挥了举足轻重的作用 [9]。以下从分析台湾地区的两次乡村土地改革政策入手，对台湾地区乡村规划的政策历程作背景和影响分析。

2.1　第一次土地改革（1949～1978 年）

自 1949 年起，我国台湾地区开始了第一次土地改革，主要分为三个阶段：三七五减租、公地放领、耕者有其田 [10]。本次土地改革改变了佃农经济，建立了自耕田制度；在农业发展上主要选择了外向型农业经济；同时以促进农业持续快速发展为规划目标，实施了农业技术革新、农业机械应用和农作物品种改良等措施。农业作为乡村规划的主要目标，助力了战后台湾地区经济的恢复。至 1964 年，农业生产增长率与工业发展增长率均达到峰值，分别为 11.9% 和 21.2%（图 1）。整体而言，这一时期可谓实施了适度"盘剥农业"以培养工业的乡村规划战略 [11]。

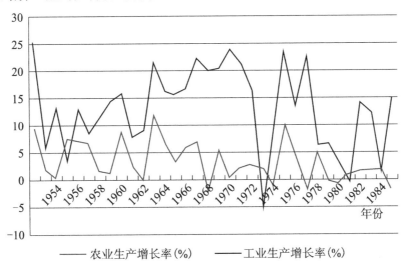

图 1　农业与工业生产增长率

资料来源：作者根据参考文献 [2] 整理绘制。

随着 20 世纪 60 年代台湾地区经济的重心从农业转向工业生产，"第三期经济建设四年计划（1961～1964 年）"将工业生产置于农业生产之上，以此作为乡村规划政策的主要目标，导致了经济发展的不均衡——在工业以双位数增长的同时，农业产值出现了负增长。如1969年的工业增长率为19.8%，农业增长率则为-2%。至1973年，工业就业人口率首次超过农业就业人口率（图2）。

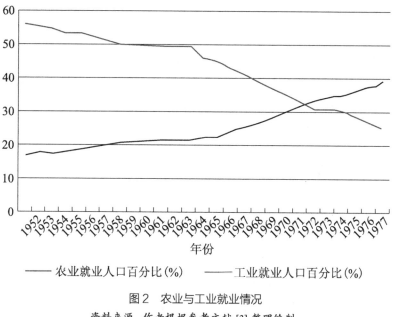

图2　农业与工业就业情况

资料来源：作者根据参考文献 [3] 整理绘制。

这一阶段的乡村规划政策主轴是：通过土地改革手段，激活农村资源，带动农业增长并为工业增长服务；通过土地、农业、教育等乡村发展政策措施来引导乡村资源向城市转移、乡村人口向城市流动，促使城市快速发展。台湾地区1950年的城市化率仅为24.07%，至1970年便大幅上升到了55.5%。但乡村自身的发展相较于城市发展则处于劣势，且第一次土地改革后，台湾地区南部以"小农制"[12]为基础的乡村已经不能适应农业机械化发展的需求，乡村发展遭遇瓶颈。至此，针对存在的问题，根据前期的经验启动了第二次乡村土地改革。

2.2　第二次土地改革（1979～1993年）

进入20世纪70年代后，新兴经济体如韩国、新加坡、中国台湾、中国香港合称"亚洲四小龙"，成为世界经济发展的亮点。而由于农产品的种植技术发展和新兴农业生产地如古巴、泰国等地的开发，造成国际市场上的传统农产品竞争加剧，台湾地区的"米糖"经济正式瓦解[13]。因为台湾地区旧有的小规模乡村经济在国际竞争中明显缺乏竞争力，所以第一次土地改革形成的以"小农制"为代表的农业生产方式亟需改变，新型农业亟待发展。这构成了本阶段乡村规划政策调整的主因。新的土地改革政策包括废除对乡村土地兼并的限制，允许部分乡村土地自由流转，扩大农业生产规模，推广和发展"共同经营""专业区""委托代耕"等措施,以推动"大农业"的发展。总之,该阶段的乡村规划政策,除促进了农业的规模化发展外,还清除了阻碍乡村土地集约利用和市场化流转的制度性障碍,为工业资本进入乡村地区、以市场机制经营乡村土地创造了条件[14]。

台湾地区乡村规划的结合具体实施措施包括:1982年的"第三期提高农民所得,加强乡村建设方案",1984年的"加速基层建设,增进农民福利方案"和发展"精致农业"的构想,1985年的"加速农业升级重要措施,改善农业结构,提高农民所得"方案等;以及1995年的通过规划后进行"农地释出方案"。该阶段的乡村规划措施强调"调和城乡发展""重视社会公平"和"公共建设"等;在手段上则仍集中于改革和政策调整,如调整土地利用政策和农地利用政策,调整农业保护政策中的农业补助方向等,希冀通过产业政策调整来激活乡村经济。

2.3 小结

20世纪50～90年代是台湾地区社会与经济高速发展的时期,两次土地改革夯实了乡村规划的经济基础。政府在第一次土地改革中回笼的资金主要用于投资水利事业、建立自耕农保护基金、提供农业贷款、实施土地重划及乡村基础设施建设[9],它对此后的农业生产持续发展以至台湾地区整体经济的发展都发挥了重要作用。此外,两次土地改革一定程度上克服了"小农制"生产方式的发展瓶颈,同时基于实际经济发展需求,开始通过规划进行土地整理,对农村的基础生产资源"农村土地"按照发展阶段的需求进行了分析和整理,推动乡村工农业协调发展,再一次促进了乡村经济的发展。由于1949～1993年间以政府为主导,乡村规划不支持自主的社会力量,在政府推动下的乡村发展工作范围包括了公共设施建设、生产福利建设和精神伦理建设[15]。但乡村政策并没有关注乡村文化建设,乡村规划政策持续以"自上而下"的方式执行,未赋予人民自主的规划权利。

◆ 3 通过"乡村社区总体营造政策"促使乡村发展转型(1994～2008年)

1994年我国台湾地区拟定的"十二项建设计划"中,"文建会"以"社区总体营造"的政策为主题,编列了"充实乡镇展演设施计划""辅导美化地方传统文化建筑空间计划"等四项计划,标志着台湾地区乡村社区总体营造的正式启动[16]。虽然"乡村社区发展"政策早已出现在乡村规划政策中[17],但本时期的"社区总体营造"政策有别于早先的"乡村社区发展"政策,因为乡村社区总体营造更关注"自下而上"的参与性和在地性[15]。乡村发展自此不再仅着眼于乡村经济发展,乡村规划政策跨越了"以土地为中心"的经济效益取向,实现了向"以人为中心"的社会效益取向的转型。

3.1 "社区总体营造"的前期酝酿

我国台湾地区自1992年人均GDP超过1万美元而正式进入中等发达经济体行列后，社会、经济发展速度开始趋缓，并展现出转型的趋势（图3）。促使乡村规划政策发生变化的因素除经济制约外，还包括社会运动、产业结构变化[4]、城乡关系变化等因素。城乡关系变化是指在城市与乡村的发展过程中，乡村人口逐渐外移，城市人口迅速增长，城市就业人口增加；同时乡村发展空心化、老龄化，乡村社区认同感缺乏，传统文化与价值动摇，乡村生产、生活、环境持续恶化，城乡矛盾加重[17-19]。另外，我国台湾地区乡村社区运动开始发挥社会影响力，乡村居民趋于积极参与政策制定，成为影响乡村规划政策制定的重要因素。除此之外，全球化资本冲击、市场经济、信息技术、生态环境等因素也影响着乡村规划政策的制定。这意味着我国台湾地区的乡村规划不再是墨守成规的、空间专业的蓝图式规划，也不再是仅展现当地文化的"展览"或刻板的"乡村活动"，而是紧扣生活议题的"空间性"和"社会性"的行动与计划[20]。

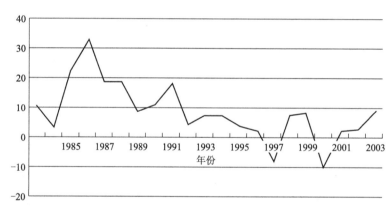

图3　人均GDP增长率

资料来源：参考文献[2]。

3.2 "社区总体营造"的延伸

乡村社区总体营造政策成为我国台湾地区乡村规划的主轴并非一蹴而就。"社区总体营造"计划源自台北市政府提出的"地区环境改造计划"，该计划将"居民参与""社区协力"的概念融入城市规划的内容之中；之后社区营造的理念逐步扩展到了农村地区。1998年，台湾地区"经建会"的"扩大内需求方案——创造城乡新风貌计划"开始推动乡村环境规划应由基层政府和乡村基层组织共同制定，而不再是由上级直接制定规划。2001年，我国台湾通过了"创造台湾地区城乡风貌"乡村总体发展规划，该规划涵盖了"新故乡社区营造"的政策，在乡村规划编制中特别强调当地农村社区居民的提案，并鼓励各县市政府推广"社区规划师"制度，培养在地化乡村社区规划专业人员。其后的

2002 年，我国台湾提出"五年台湾地区经济社会发展总体规划"，在规划中明确将"新故乡社区营造计划"列为重点工作，并成为乡村规划编制和实施政策的主要依据，该内容包括推动乡村产业活化、乡村社区风貌营造、乡村文化资源创新活用等七项规划编制主题，28 项乡村规划具体实施手段，社区营造政策的概念正式进入乡村规划领域[15]。2005 年，因应前期规划实施中的问题，政府出台了"健康社区六星计划"的乡村规划编制政策，要求乡村规划中必须体现产业发展、社福医疗、社区治安、人文教育、环境景观、环保生态六大主题，但在编制手段上仍然延续"在地性""参与性"的概念。2008 年，"磐石行动——新故乡社区营造第二期计划"通过，将乡村社区总体营造规划加以系统化，形成了完整的乡村规划编制方法和编制要求，该计划要求乡村规划的目标应该涵盖培养地方参与意识、重建地方认同感、形成政府与民间组织的乡村发展协力伙伴关系等内容。

◆ 4 通过"乡村再生计划"重燃乡村发展活力（2009 年至今）

2009 年我国台湾地区根据前期乡村规划编制与实施的效果和存在问题，制定了"乡村再生条例"。该条例延续了前期"社区总体营造"政策中的乡村发展协力伙伴的编制方式，同时配以"新农业运动"的农业政策，致力于开创"创力农业、活力农民、魅力乡村"的农业新局面，以达成建立富丽新乡村的目标，将美化景观、社区服务、活化产业、留存文化、教育培训等规划理念整合于"生产、生活、生态"的乡村永续发展之中。

从政策推广的社会层面来看，社区总体营造虽然是在城市规划中实施的，但在乡村规划中也已经产生了积极的指引性作用。乡村规划中社区营造与城市规划中社区营造的区别在于：前者首先要保障与协调乡村产业发展的"经济事务"，具有更强的经济属性；而后者主要解决的是城市内部的"公共事务"，具有相当强的政治属性[21]。据此，可以认为我国台湾地区乡村规划的永恒主题是乡村产业永续发展，包括重视充分利用在地资源与经济特色，并培育乡村人文力量。

◆ 5 结论和启示

通过对不同时期乡村规划政策的分析，可以得出三个时期的不同特点。

（1）第一个时期（1949～1993 年）即经济发展初期的乡村规划特点。

乡村发展政策仅被视为经济政策的一环，乡村规划目标主要是解决农业发展，同时推进"农村服务城市、农业服务工业"；实施策略上以"自上而下"执行的土地整理政策为主。该时期乡村规划的重点是促进农业生产，农业服务工业的经济性、政治性目标被视为首要目标；而促进农业发展、增进农民利益则为次要目标。利用乡村土地的"空间交换价值"和乡村配合城市工业发展亦为本时期乡村规划的主要目的。

（2）第二个时期（1994～2008年）即经济转型时期的乡村规划特点

此时的我国台湾地区因为经济、社会的剧烈变革而面临着产业调整和社会意愿的转型，乡村规划方式受之影响也发生了转变。民众增强了对政策制定参与的权利要求、积极争取地方民意支持的地方政治博弈、城乡经济发展矛盾的激化、地方社区文化的缺失和生活环境危机等，新的需求导致了乡村规划手段和目标的剧烈转变。"社区总体营造"政策的出台，预示着乡村规划方式将由过去的"自上而下"向"自下而上"方式转变，同时也意味着乡村规划不仅要注重空间价值，更要注重其社会属性及公众参与。

（3）第三个时期（2009至今）即经济发展平稳时期的乡村规划特点

由于前期"社区总体营造"的"自下而上"思想延伸到了乡村规划之中，同时乡村规划目标也从前期的土地综合整治与农业发展转向了关注乡村社区的整体发展，通过培育乡村社区及乡村产业"在地化"扶植，将"农民、农业、乡村"与"生产、生活、生态"相融合，凸显出乡村处发展魅力之外，还促进了城乡一体化和城乡各异化的发展。

纵观我国台湾地区乡村发展和规划政策变迁，1994年之前是乡村发展配合经济发展，乡村规划以土地整理为载体。然而随着经济进入后工业化时代以及全球化背景下的经济发展转型，要求乡村规划在内容上必须包含地方特色与新经济增长点；同时"自上而下"的行政方式已经无法满足社会转型的需求，经济发展和政治改革只有落实到社区层次，地区的转型才能成功[23]。

对比我国台湾地区的发展历史，大陆现今的经济、社会发展也已经进入转型时期，乡村规划已经不能再囿于通过乡村土地整理和农业发展配套来满足农民、农业、乡村的发展。对此，我们可从台湾地区的相关经验中获取有益借鉴。

参考文献：

[1] 台湾地区（经济）建设计划沿革 [EB/OL].[2016-01-14].http://ebooks.lib.ntu.edu.tw/1_file/CEPD/2/001.pdf.

[2] 台湾地区统计资讯网 [DB/OL].http://www.stat.gov.tw/mp.asp?mp=4.

[3] 李国鼎 . 台湾地区经济发展背后的政策演变 [M]. 江苏：东南大学出版社 ,1993.

[4] 盛九元，胡云华 . 台湾地区的都市化与经济发展 [M]. 北京：九州出版社 ,2009.

[5] 贺涛 . 台湾地区经济发展轨迹 [M]. 北京：中国经济出版社 ,2009.

[6] 吕宗盈，林建元 . 由制度面探讨台湾地区土地使用管理制度变迁之研究 [J]. 建筑与规划学报 ,2002,3(2):136-159.

[7] 孔宪法，郭美芳.台湾地区乡村空间发展规划之回顾 [C]// 中国城市科学研究会，台湾地区都市计划学会，宁波市人民政府.2005 第十二届海峡两岸城市发展研讨会论文集.中国城市科学研究会，台湾地区都市计划学会，宁波市人民政府,2005:15.

[8] 黄源协，萧文高，刘素珍.从"社区发展"到"永续社区"——台湾地区社区工作的检视与省思 [J]. 台大社工学刊,2007(19):87-132.

[9] 陈恩.台湾地区的农业改革与农业政策 [J].台湾地区研究,1996(3):31-46.

[10] 朱桂香，王炫，樊万选.中国台湾地区农业发展与《乡村再生条例》[J].世界农业,2010(4):63-68.

[11] 蔡天新，陈国明.现代台湾地区农业发展模式的历史考察 [J].中国经济史研究,2008(1):129-137.

[12] 高兴松.小农制与台湾地区农业的发展 [J].台湾地区研究集刊,1999(2):31-38.

[13] 蔡宗翰，张秀智.台湾地区转型时期农地保护政策变迁分析 [J].苏州大学学报 (哲学社会科学版),2010(6):78-82.

[14] 张子荣.台湾地区历次土地改革与工业化的交互演进 [J].人民论坛,2014(34):173-175.

[15] 曾旭正.从社区发展到社区营造 [C]// 台湾社区营造协会.落地生根——台湾地区社区营造的理论与实践.台北：台湾唐山出版社,2014:5-18.

[16] 丁康乐，黄丽玲，郑卫.台湾地区社区营造探析 [J].浙江大学学报 (理学版),2013(6):716-725.

[17] 台湾地区社区发展工作纲要 [EB/OL].[2016-01-14].http://www.mohw.gov.tw/MOHW_U pload/doc/%E7%A4%BE%E5%8D%80%E7%99%BC%E5%B1%95%E5%B7%A5%E4%BD%9C%E7%B 6%B1%E8%A6%81_0046648002.pdf.

[18] 汤韵.台湾地区城市化发展及其动力研究 [M].浙江：浙江大学出版社,2011.

[19] 韩昱，郑启五.台湾地区人口省内迁移的现状及其影响分析 [J].当代经理人,2006(2)4-5.

[20] 刘克智，董安琪.台湾地区都市发展的演进——历史的回顾与展望 [J].人口学刊,2013(26):1-25.

[21] 喻肇青.社区行动计划与参与式社区工作坊 [C]// 台湾地区社区营造协会.落地生根——台湾地区社区营造的理论与实践.台北：台湾唐山出版社,2014:5-18.

[22] 李丁赞.社区营造与公民社会 [C]// 台湾社区营造协会.落地生根——台湾地区社区营造的理论与实践.台北：台湾唐山出版社,2014:119-40.

[23] 黄丽玲.新国家建构中社区角色的转变——社区共同体的论述分析 [D].台北：台北大学建筑与城乡研究所硕士论文,1995.

[24] 李永展.社区组织运作 [C]// 社区营造协会.落地生根——台湾地区社区营造的理论与实践.台北：台湾唐山出版社,2014:57-94.

本文刊发于《国际城市规划》2016 年第 31 卷第 6 期第 30–34 页，作者：蔡宗翰，刘娜，丁奇。

台湾地区的农村社区土地重划

——以云林县古坑乡水碓社区为例

引 言

　　台湾地区农村社区土地重划的依据是 1946 年 10 月 31 日颁布的"土地重划办法"，以及 1970 年 12 月 19 日公布的"农村社区土地重划条例"。通过农地重划可实现：（1）改善农业生产条件；（2）缩小城乡生活差异；（3）提供公共设施建设所需的土地；（4）维护自然环境和乡村的宜居性；（5）调整土地所有权关系及土地利用方式。

　　如何在政府经费有限的情况下启动农村建设是个难题，而通过农村土地重划来改善农村公共环境，则不必由政府来负担经费。由于台湾农村土地为私有，所以在重划的背景下可要求私人提供不超过 30% 的土地用作公共设施建设。通过重划可整理畸零不整的土地，并使所有权过于细分的土地以及祭祀公业土地和无主土地等得到重新的配置。这体现了取之于民、用之于民的原则，也是政府在财政困难条件下的农村再生良方。

　　本案例所指的云林县古坑乡水碓社区，其重划区不属于都市重划的范围，基地内的休憩空间及公共设施不足，地籍权属复杂且部分地籍不明，同时也无完整路网，所以亟需改善该地区的环境品质，提升农村居民生活质量。

　　配合"农村社区土地重划六年（2009—2014）示范计划"，云林县古坑乡的水碓农村社区实施了土地重划工作。其目的在于缩短城乡发展差距，改善农村生活环境，推动农村社区建设和经济发展。水碓社区属非都市土地，由古坑乡公所依水碓社区特性呈报主管机关核定后，在水碓社区选定了部分范围先行开展土地重划，其范围见图1。

图例 ----计划范围 □□□地籍线   北

图1 水碓社区先行开展土地重划的范围

◆1 农村社区土地重划的方法与流程

在农村土地重划之前要掌握必要的基础资料，主要通过现状调查、实地测量、实地访谈及问卷调查等方式获得数据；进而对数据进行分析研究，确定重划目标及重划原则；在期初报告、期中报告、期末报告完成的过程中，召开说明会及各种工作会议，与社区居民充分互动，最终形成规划成果，如图2所示。

◆2 农村社区土地重划原则

重视居民的实质性需要，以说明会、实地访谈、问卷调查等方式深入了解居民对于日常活动空间的实际需求，确定居民在土地开发中的合理负担。同时，农村土地重划社区必须遵守"非都市土地开发审议作业规范"。归纳起来，农村社区土地重划需满足如下原则要求。

2.1 土地使用

配合地形及现有建筑型态重划适当的建筑单元，非必要者，以保留既有建筑为原则。于基地周边划设绿带、道路为缓冲带，以减少基地开发后对周边农业使用的影响。配合地形和地势，于重划范围内设置三处滞洪池，以解决因基地开发增加的径流量。为

保持街廓的完整性及未来建筑配置的
需求，有关街廓以 20～35m 的基本
原则划设宽度，并以社区内外联结动
线作为道路及街廓方向配置的主要考
虑，以达成全区的均衡发展。

2.2　公共设施

设置社区活动中心以满足水碓社
区的扩张需求，同时也满足居民对于
活动及休憩场所的需要，并解决原社
区活动中心的产权问题；重划两处可
供居民休憩的公园，并结合小型运动
空间与区内绿带联结。基地的公共空
间如公园、社区中心等将划设停车空
间，以供访客及居民停车使用。基地
内的灌水、排水系统将配合道路调整；
增加沟渠深度以改善社区排水状况。

2.3　交通运输

基地重划 6m 宽的道路为主要道
路，减少区内道路的会车点；于各主要
路口重划凸起路面（减速作用），并增
设标志及感应式红绿灯等，以保障交
通安全。于基地西北侧临农业使用土
地划设东西向道路，解决目前务农进
出不便问题，方便居民农耕及基地交
通网络联结。社区学童上下学主要道
路，应以孩童的通学安全为重划要点。

2.4　产业经济

于基地内设置社区中心，呈现当
地历史文化（如玉龙宫及水碓分水碑
等）的特有古迹，结合竹笋、橙子等

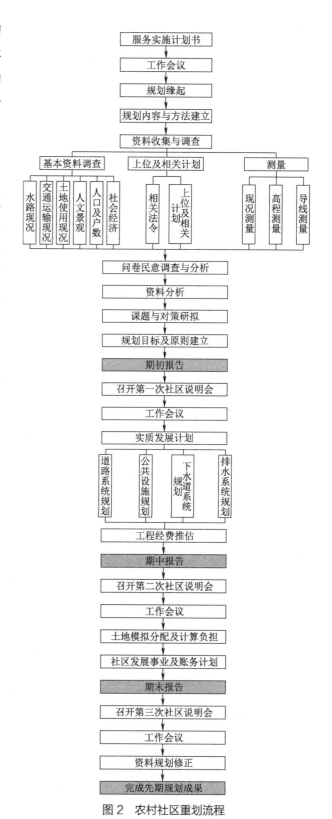

图 2　农村社区重划流程

地方产业，建立共同产销制度，由当地农会及乡公所加强辅导。本基地邻近剑湖山游乐区和华山游憩区，可将地方产业和观光发展结合；通过发展休闲观光产业，带动乡内产业活动，提高当地居民的留乡意愿。

◆ 3 农村社区土地重划的预期效果

本案例的实施依据是"农村社区土地重划条例"。对本基地存在的问题与重划的预期效果，以及依条例所确定的若干重要控制指标说明如下。

3.1 现状问题与重划预期效果

（1）水碓社区的公共设施不足。基地位于水碓村水碓社区南侧，缺乏公园、绿地等休憩空间；唯一的活动中心附属于玉龙宫，无独立产权及使用权。鉴于公共设施严重不足，经重划后将设置广场兼停车场、公园及活动中心等公共设施，可满足居民对公共设施的需求。

（2）土地权属复杂，无法有效发挥土地价值。重划范围的地籍权属复杂，取得公共设施建设的困难度高且用地不足，无法满足社区居民需求。重划后将完成地籍整理，使土地有效利用并发挥其经济、社会价值。

（3）交通系统不完善，缺乏停车空间，无机耕路。基地周边土地多为农作，农路不足且道路狭窄，通行不便；基地紧邻中山路，区内道路亦属私设，停车空间明显不足；本重划区西侧现状皆为农田，无农路进出，耕作不易。重划后可改变这一状况。

（4）灌排的雨污合流。重划社区内现况为灌排水合流，且基地外的土地使用以农作为主。通过基地重划，利用湿地净化污水，减少雨污合流对周边农业土地使用的影响。

3.2 若干控制指标

（1）基地应设置不少于人均 $3m^2$ 的邻里公园用地（含儿童游乐场、运动场）。预计未来人口数为 252 人，故应划设至少 $756m^2$ 的公园用地，本案划定公园面积为 $1117m^2$。

（2）应设置人均面积不超过 $4.5m^2$ 且不超过住宅用面积 8% 的社区中心，以利于社区共同体意识的形成。经计算社区中心应小于 $1344m^2$，本案划定社区活动中心面积为 $615m^2$。

（3）滞洪设施应以百年一遇暴雨强度计算，以阻绝因基地开发增加的径流量。经计算滞洪沉砂池所需容量总计为 $694m^3$，本案划定滞洪沉砂池面积为 $1448m^2$。

（4）基地的公共设施、公用设备用地比例不得低于开发总面积的 25%，本案划定公共设施用地面积为 $8363m^2$，比例约为 33%。

（5）社区重划前经编定为建设用地以外的土地，应控制在至少40%，本案重划非建筑用地比例为46%。

◆ 4 农村社区土地重划的内容

4.1 土地使用

农村社区的土地使用以保留原有农村聚落的特色和风貌为原则，并考虑未来的发展也能符合相关规范。社区土地重划案依据"非都市土地开发审议作业规范"总编和住宅小区专编的规定，以及"农村社区土地重划条例"等相关"法规规范"，并结合实际调研和相关经验，研究拟定土地重划配置；依据配置目标提出住宅区、公园绿带、道路、社区活动中心、停车空间、滞洪池、排水沟渠、广场及停车场等的土地使用配置。

社区土地经重划后，在用地功能上可分为建筑用地、道路用地和其他公共设施用地，所占比例分别为66.76%、17.51%和15.73%。重划后本次工作范围内的土地使用分区调整为"乡村区"，并依各类土地使用性质，编定乙种建筑用地（住宅）、特定目的事业用地（社区活动中心）、水利用地（滞洪沉砂池、排水沟渠）、交通用地（道路）和游憩用地（广场兼停车场、公园、绿带，图3）。

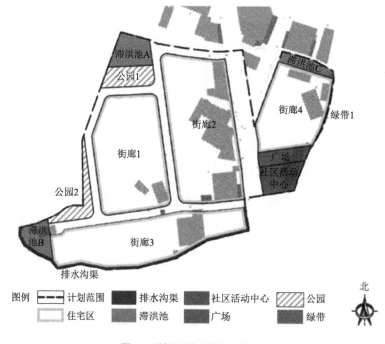

图3 重划后的土地使用计划

4.2 产业发展

关于未来的产业发展，依历年的产业成长情形来看，本社区产业结构仍以第一产业为主。故在产业发展上，配合地方政策提出农村产业发展指导原则。

（1）改善基地生产环境。依目标及需求重新规划有关设施，如灌排水设施、农路兴修等，以保育生产环境，从而形成理想的生产环境及建立理想的生产基地。

（2）提供现代化农业产销设施。依照发展需要，建议由农会为主管机关设置包括农机代耕中心设施、农机修护中心、农业运搬机具、病虫害防制机具等生产设施；同时，还要设置货场、仓库、加工设备等加工贮运设施等，以促进农业运销现代化。

（3）以适地适作为原则。选择适宜当地发展的作物，优先考虑当地现有的橙子、竹笋、柑橘等主要作物。

（4）协助成立观光果园及休闲农园区。结合社区内的田园条件，经营自然景观，组织研习营、度假农庄等活动，推广地方的观光体验产销，以增加一产的服务性收入。

4.3 交通运输

（1）重划原则。基地对外联络道路以"非都市土地开发审议作业规范"总编第二十六条规定"应至少有独立二条通往外界的道路，其中一条路宽至少8m以上……"为原则；区内道路以"方便车辆进出、人车安全和拆除民房损失最低"为重划原则。机动车道系统的重划要作全盘考量，应以主要道路及社区道路的进出动线作为重划的依据，并考虑未来主要进出动线及消防车辆的出入等。

（2）重划构想。新社区主要动线，主要以县道197作为通往斗六市区及古坑市区的主要道路。社区道路方面，新划设道路皆为6m路宽，并且，为了避免干扰社区安宁及维持安全性，利用设计手法，减少穿越性车辆通过。原聚落尽量避免建筑物拆除，以保留原社区居民的生活空间，于社区内设置三条6m道路，供居民出入使用。

（3）设计构想。以1号道路作为进入社区的主动线，并减少区内道路与县道的会车点，且于各主要路口重划凸起路面及增设标志、感应式红绿灯等，以确保行车和居民的安全。于基地西侧临农业用地划设环状道路，解决目前农务进出不便的问题，方便居民农耕及基地交通网络的联结。中山路为水碓社区学童上下学的主要路径，要以孩童的通学安全为重。

4.4 公共设施

为满足居民的平日休闲、聚会需求，适当配置公共设施，并依"非都市土地开发审议作业规范"住宅专编第十八条第二款"社区中心应设置于基地内主要道路上且应于距离各住宅单位或邻里 800m 之步行半径范围"，以及第二十三条第六款"……其公共设施，公用设备用地比例不得低于开发总面积 25%……"等规定办理。经与居民多次说明和讨论后，配合当地居民的诉求，并考虑居民对公共设施的便利性要求，在社区的中心位置配置公园，作为社区的联结及动线串连的交汇点，并结合社区活动中心及位于基地东侧主要道路 197 县道旁的广场兼停车场，供活动及推广地方特色产品使用。有关社区的活动中心、公园、广场、停车场、滞洪池、绿带及道路等各项公共设施的面积及区位和功能等均给予明确的安排。

4.5 河川与灌溉系统

本基地的地表径流是顺势引入池中滞洪，最终再与（通过基地西侧的）河圳连接后，将洪水外排。基地内的排水系统要顺应地形地势，并配合基地的道路系统设置，使其能维持良好的地表排水功能，经滞洪后外排。基地现临两条管道，分别为基地北侧的埔子尾圳支线及基地南侧的河圳，皆设置混凝土管道。

4.6 排水系统

（1）排水系统。基地地形特点是东高西低，于基地西北侧、东北侧及西南侧最低处分别设置一座沉砂滞洪池，并依据街廓轮廓配置排水系统，汇集区内排水，引入沉砂滞洪池中。

（2）排水设计构想。土地用作建设用地之后，坡地产生的地面径流比一般未开发地区的地面径流更大，其原因是由于开发后地面截流量、储存力、渗透力、蒸散率都会明显减少，雨水落于地面后大部分直接变为径流。对这样的巨量径流应设法顺利排出，以免冲毁相关的人工构造物，或严重冲蚀表土和损害地力。本基地各排水设施采用的降雨强度依水土保持技术规范的规定，采用 25 年频率的降雨强度设计，经水理分析计算其径流量，作为排水构造物断面及滞洪沉砂池设计的依据。在建筑物基地开挖和土地整理时，须考虑土石流失、洪峰加大、地层滑动与边坡崩塌，以及水土保育功能降低对下游河川生态的不利影响等。

4.7 环境改善

农村社区的建筑物是构成农村景观特质的重要元素，本重划范围的住宅改善与设置内容如下。

（1）公共工程：道路、景观步道、停车场、广场兼停车场、公园、社区中心等设置，均应选择适当的区位。

（2）建筑物美化：农宅辅建时采用同一格局材料，以到达整齐、美观，并于庭园中留设各类景观树木，以增加庭园美观。

（3）照明系统：其造型、色彩与材质等，应加以整体设计配置，避免破坏视觉景观。此外，还应利用景观美化方法，减缓人为开发对环境造成的视觉冲击；重建时应融合现有材料、景观设施与元素，藉此创造社区风格与人文特质；建设开发时，鼓励对基地进行整体考量，使得乡村住宅呈现出整体效果。材料选用上，要以易于管理和低维护成本为主，以利长远经济效益。

在户外环境方面，以植物来配合基地环境及景观规划需求，塑造多样化的农村景观意象，同时提供良好的社区居住环境。在环境质量维护方面，植物具有净化空气、涵养湿度及阻绝噪声和防风等功能。植栽选种方面优先选择当地原生树种，其生态习性长时间与本地气候、土壤等环境因素相互适应，植栽存活率高，且维护管理相对容易。

◆ 5 结语

农村社区土地重划对社区的实质建设、经济产业、人文活动及环境资源等意义重大。未来的实际工作需由县政府与地方居民加强配合，方能使本区重划工作顺利开展，实现早日建构现代化社区的愿景。水碓社区现况道路狭窄、交通动线不良，使本社区无法藉由县道 197 带动区内聚落的发展；且区内环境服务机能及活动空间不足，农村环境改善和公共设施建设都不是独立的，而与外围环境相联。通过农村社区的土地重划，妥善重划聚落东、西两侧空间；藉由社区的绝佳地理位置及外围丰富游憩资源带来的大游客量，塑造水碓农村社区的休闲观光入口意象；提升社区交通、居住环境、公共设施水平及土地合理利用，达到优质的生活环境质量；期许能促进观光及农特产品销售等产业发展，带动社区整体观光经济；减缓农村社区人口外移。最后，本文提出如下建议：

（1）区内各项产业发展应在云林县政府、古坑乡公所、古坑乡农会及本地民众的共同配合和持续努力下，展现实质的成效；

（2）有关建设用地及非建设用地的负担比例及调整方式，建议古坑乡公所及社区与地方加强沟通，以期获得参与重划居民的共识，以利于后续工作的进行；

（3）县政府应全盘性考虑区域观光及教育设施规划，以增加水碓农村社区的产业收入及增加外出村民的回流意愿；

（4）建议本社区开发完成后，将水碓农村社区原有的公车转运站迁至重划的广场前，以增加社区发展观光休闲的潜力，包括提高未来来此参加相关活动的游客量。

本文刊发于《国际城市规划》2016 年第 31 卷第 6 期第 40—44 页，作者：苏南，何肇喜。

培育新乡村共同体

——台湾地区"农村再生"的经验研究

引　言

　　农业大国的国情决定了我国历次重大改革主要从农村开始，而随着城镇化水平的不断提高，对乡村问题的认识也经历着不断的深化调整：从 2005 年十六届五中全会上提出的"社会主义新农村"到以浙江安吉县为样本推广的"美丽乡村建设"，到 2017 年提出"乡村振兴战略"成为新时代"三农"工作的总抓手；进一步，2018 年中央一号文件《中共中央国务院关于实施乡村振兴战略的意见》对实施乡村振兴战略进行了全面部署，并将坚持农民主体地位、坚持乡村全面振兴作为基本原则之一，强化了乡村振兴战略中的人本意识和社会协作参与的重要意义。可见，对乡村问题的关注实则蕴含着深刻的社会转型意义，而"乡村振兴"作为国家战略，需要全社会的共同参与，需要建立起符合乡村发展规律、科学合理且行之有效的乡村共同体。

　　在国家乡村振兴路径的探索之中，借鉴发达国家和地区的经验，形成具有中国特色的乡村振兴之路，是未来几十年我国乡村规划和建设发展的方向 [1]。而其中，我国台湾地区在进入城市化高度发展阶段后，重新审视乡村价值并改变治理方式，通过"社区营造"和"农村再生"等政策计划，使乡村彰显出自下而上的勃勃生机和多样化的发展特点，其在乡村内生力的塑造和乡村社区共同体培育中的探索经验值得深入研究学习。综上，结合台湾地区现行的"农村再生计划"实践，本文试图探讨以下问题：乡村振兴作为全社会共同参与的行动，各方力量的投入如何建构起有效的共同体作用于乡村发展？在这一过程中，如何确保农民的主体性地位并充分发挥其自治力量？乡村规划的角色和工作内涵又会发生怎样的转型？

◆1 乡村振兴背景下的新乡村共同体建构

德国社会学家滕尼斯最早将"共同体"的概念阐释为：在基于自然因素（血缘和地缘）和文化因素（宗教和认同共识）所形成的共同体模型中，人的交往模式依靠"本质意志"联合[2]，而在村庄中这种关系体现得最为密切。这一规律同样符合于中国传统乡村社会，即费孝通先生所总结的"差序格局"，在乡村中"社会关系是逐渐从一个个人推出去的，是私人联系的增加，社会范围是一根根私人联系所构成的网络"。乡村社会的基本属性是建立在血缘及地缘之上的熟人社会网络，是依托内部个体与个体、群体与群体之间的对话关系和"默认一致"的意志诉求所建立的"共同体模型"。这也决定了乡村相较于城市而言具有更明显的"自组织"特征，因而当乡村规划作为外部手段介入时，需要充分注重对乡村社会自组织规律的认识。

而随着城镇化的快速发展，乡村人口的更迭流失与城市要素的流入弱化了传统意义上乡村内部的"共同关系"，使得乡村熟人社会内部的共同价值认同、同质性社会需求及利益结构亦随之发生分化[3]。然另有学者指出，社区共同体仍然是正常的现代社会的基本资源[4]，而村落共同体要在现代社会保持活力，更需要通过谋求社区外联系、外力量对社区的介入而发展社区[5]，而不是再指望把社会重新"部落化"为一个个孤立的、自我的单位[6]。因而笔者认为，当下社会各界对于乡村问题的共识提供了在新语境下重塑乡村社会结构的契机：即外部力量与内部成员组织相结合，共同完成系统的乡村建设活动，建构新型的"乡村共同体"。

因此，在乡村社区的营造过程中，内部成员之间归属感的修复和内生性力量的培育是构成共同体的基础，并逐步形成乡村社区基层自我管理及协调的自组织系统。与此同时，以政府部门、外界机构、专业人士等构成的外部资源作为推动力量，通过集体行动的方式助力乡村建设。而对于乡村永续的发展来说，尤为关键的是促进乡村内部自主力量的形成，并逐渐使乡村社区具备自力更生、持续运作的能力。

综上，本文所指的乡村共同体拓展于传统乡村社会基于血缘及地缘的共同体概念，将其范围进一步扩大为基于集体行动共同作用于乡村发展的行动者集合，而由此乡村振兴战略实施的本质可理解为"整合内外力量，重建新乡村共同体"（图1）。

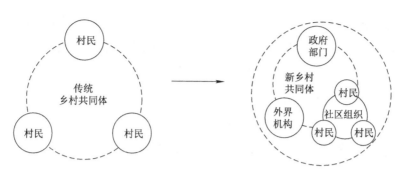

图1 传统乡村共同体向新乡村共同体的模式转变示意图

资料来源：作者自绘。

◆ 2 基于新乡村共同体的"农村再生"机制特征

台湾地区农村发展政策的演变历程折射出农村管理由"政府主导"向"民众参与"、由"单一目标"向"综合诉求满足"的管理范式转变[7]。1994年的"社区总体营造"开启了通过自下而上促进社区居民共同参与地方事务的模式先河，并将具有社区向心力的共同体意识在全社会推广；2010年"农村再生计划"作为首部农村相关"法律"出台，延续了社区营造政策中的乡村发展协力伙伴的编制方式[8]，构建"农村社区—地方政府—当局"双向并行的推动机制（图2）。以下从农民主体、政府支持和外部效应三个方面予以阐释。

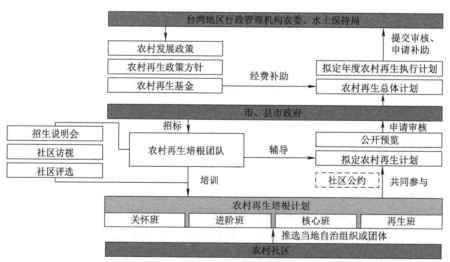

图2 农村再生计划执行机制框架图

资料来源：作者自绘。

2.1 农民主体：社区赋权、自主自治

农村再生的精神在于社区自主，村庄"农民"作为计划主体承担如下义务：共同参

与乡村社区事务、自主研拟社区发展计划和自行维护乡建成果，因而"农村再生"中新乡村共同体的培育以强化内生发展力量为先行基础。

2.1.1 培根教育厚植认知基础

农村地区普遍面临人口老龄化、知识水平不高、缺乏专业技术指导的现实瓶颈，因而人力资源培训、提高认识是培养共同意识的基础。"农村再生条例"规定，农村社区在拟定农村再生计划前，需先接受四阶段共92小时（2017年后调整为68小时）的培根计划课程教育。参与人数根据社区规模而定，而授课内容则循序渐进从政策宣导、认识社区、技术辅导到凝聚共识拟定社区发展愿景，包含核心课程及自选课程，后者为社区根据自身发展特点，自主申请所需的专题课程（表1）。对于农村社区而言，培根计划不仅是对村民教育启蒙的开始，更是长期的辅导与陪伴。共同授课的形式提供了成员内部互动沟通的契机，在交流讨论中逐步凝聚社区共识，形成对自身家园的认同感，并培养社区自主发展意识，辅以培根团队的指导将自主意识进一步系统化为发展计划。从调研的社区情况来看，社区成员的个人能力在培根的过程中得到显著提升，因而培根教育的价值体现在：凝聚社区共识、培植在地人才、协助找回乡村的生命力与价值。

培根计划各阶段课程内容（原92h） 表1

班别	核心课程	自选课程
关怀班 （6h）	农村再生计划及相关规定介绍（3h）	农村发展案例分享
		初步社区议题工作坊
进阶班 （26h）	社区资源调查与社区地图制作（3h）	农村营造概念及各项发展实务介绍
		认识社区防灾
	农村发展课题与对策或农村优劣势分析（3h） 农村营造经验观摩研习（8h） 社区组织运作实务与讨论（3h）	农村文史资料调查 气候变迁与低碳社区 农村营造操作技巧与方法
	共计17h	生态社区概念与实务
		政府资源寻找及运用
核心班 （36h）	社区愿景分析及具体行动方案规划（3h）	社区防灾规划
	社区计划实务操作讨论及辅导（3h）	农村社区产业活化
	农村美学（3h）	农村多元发展规划
	农村再生社区公约（3h）	农村再生条例相关子规定介绍
	社区雇工购料或活化活动实作（12h）	农村再生计划初步讨论
	共计24h	低碳社区实践方法
再生班 （24h）	农村再生计划讨论及修正（3h） 社区会议召开技巧实务操作（3h）	其他与农村再生相关之课程

班别	核心课程	自选课程
再生班	社区计划现场实做辅导（12h）	
	（24h）	

资料来源：台湾地区行政管理机构2010年发布的"农村再生条例"。

2.1.2　在地组织凝聚内生力量

"农村再生条例"要求，再生计划须经社区居民共同讨论研究后，经由在社区立案组织自发提出及研拟计划书，这也决定了农村社区必须在共识基础上自发地成立村民组织，以之作为乡村集体行动的决策领导核心，同时也是乡村社区内部共同体的具象体现。初步调研发现，多样化的村民组织是台湾乡村社区的共有特点，而其中立案组织主要分为：行政体系下里长（或村长）所带领的法定基层自治组织，以及由村民团体自发参与、组织形成的社区发展协会两种类型。两者或择其一或合作共存，在组织社区会议、汇总村民意见、"农再"计划的推进和后续经营维护中起到关键作用。此外，社区组织通过内部资金积累机制创立社区发展基金，以供公共支出及照顾社区弱势群体所用。因而在社区成长过程中，在地组织通过积累参与公共事务的能力与资源，不断凝聚强化乡村建设的内生动力，带领社区走上独立运作。

2.1.3　社区公约形成自治规约

从治理的角度来看，共同体的形成不仅是凝聚乡村社区内部团结的精神纽带，同时也是一种自组织机制，通过制定团体规则和集体监督机制走向"永续经营"。农村再生计划对于共同体自治规律的认识亦是如此，对农村的公共设施、建筑物及景观，村民可共同制定社区公约一同管理维护，建立内部规范以形成自主管理。在农村再生计划中，总结乡村社区内生力量的促成规律为：以培根教育提升基本认识和营建能力、以村民组织凝聚共识带领集体行动、以社区公约形成自治制度，使农村社区从零散到具备集体行动能力，完成了对"人"的意识改造和共同体精神的培育。

2.2　政府支持：配套补助、陪伴成长

由台湾地区行政管理机构农委、水土保持局牵头，县市政府相配合的政府机构，在农村再生计划机制中主要起到资金、技术支持和引导审核计划、协助社区发展的作用。

2.2.1　经济支援，专款专用

"农村再生"计划设置再生基金专款专用，分十年编列1500亿元新台币补助农村计划，于农村社区提出年度执行计划并得到审核后，由水土保持局直接下发至农村社区。因而资金的补助作为外部力量提供乡村发展的原始"共有财"，也极大地鼓励了社区共

同体的促成。值得一提的是，再生基金的补助类型有一定的限制：对于社区可自立营造的部分，鼓励村民雇工购料自主完成施工；而需要高度专业与技术性的工程项目，则由社区提出发展愿景、公共部门规划协助完成。因此，在乡村公共设施改善建设过程中，可以看到乡村民间智慧与"空间学科背景的专业机构"的高度融合，其合力营建的成果也是"出自乡土"的（表2）。

农村再生基金补助项目表   表2

整体环境改善	基础设施建设	文化保存及生态保育	产业活化
闲置空间再利用、意象塑造、环境绿美化及景观维护等设施	自用自来水处理及水资源再利用设施	传统建筑、文物、埤塘及生态保育设施	产业资源调查
人行步道、自行车道、社区道路、沟渠及简易平面停车场	污水处理、垃圾清理及资源回收设施	水土保持及防灾设施	产业辅导培力
公园、绿地、广场、运动、文化及景观休闲设施	网路及资讯之基础建设	—	产业人才培育及观摩研习活动
农村社区老旧农水路修建	照顾服务设施	—	农村社区产业促销及推广活动

资料来源：根据"农村再生条例"第 12～14 条整理绘制。

2.2.2 引导发展，软硬兼顾

社区环境是由物质环境、制度环境及文化环境三方面耦合而成[9]。对于硬件环境的完善，结合政府、专业机构及社区团体分别承担公共物品的建设与维护，而对于软体环境的营造，是政府协力作用的体现。依据农村发展特色与文化资产，政府部门充分发挥平台效益，协助社区组织农村宣导和乡村体验交流活动，在人力支援、物资筹备及活动推广辅助方面，对农村社区开展休闲农业和乡村旅游及社区公共活动上给予支持，共同营造地方发展特色。调研信息显示，继培根课程之后，各级政府在农村社区间积极开展农业相关的培训交流会，为社区提供源源不断的知识动力。

2.3 外部效应：跨部门、跨领域、跨社区的多样合作

如果说农民主体和政府支持建构起来的乡村共同体是 1.0 架构，那么 2017 年"农村再生"计划则进入到 2.0 架构。其主要特点是：扩大多元参与、强调创新合作、推动友善农业及强化城乡合作四大主轴[10]。在政府领导层面，扩大不同单位的分工合作，各司其职指导农村不同方面的发展；在社会参与层面，鼓励创新与跨领域合作的全民参与，导入更多外部专家提供咨询协助，持续陪伴农村社区成长；在区域发展层面，不再局限于单一社区，更加强调横向整合与联合农村社区共同发展。由此完成了"农村再生"下，内外合力的新乡村共同体架构（图3）。

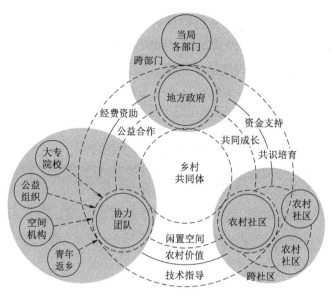

图3 "农村再生"下的新乡村共同体架构示意图

资料来源：作者自绘。

◆ 3 新乡村共同体实践——新北市三芝区共荣社区的案例

新北市三芝区共荣社区（八贤里）是中国台湾地区北部传统的农业社区，土地面积2.1 km²，常住人口不到300人，在土地休耕政策后面临农地抛荒、环境破坏严重的问题（图4）。自2005年起，由水保局辅助社区参与"农村再生"培根教育，在社区原居民"能人"的带动下组建社区组织，不断凝聚自生力量营造共同体意识，大力恢复了社区生态环境并荣获金牌农村称号，其农村再生工作取得了显著的实践效果，新乡村共同体得以成功建构。

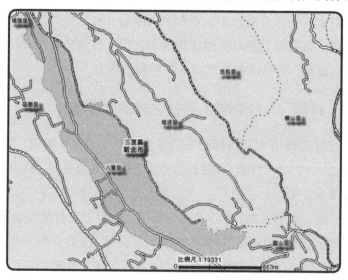

图4 新北市三芝区共荣社区位置图

3.1 农村社区再生过程

3.1.1 核心成员带动组建社区组织、培育内部力量

为配合推动农村再生计划，在原有发展协会之外，由退休返乡教师等当地知识分子先后筹组成立"三芝区关怀社区协会"及"八连溪农村再生促进会"，成为社区行动核心成员。初期积极宣导并广泛动员村民参与培根教育、发展内部共识、带领村民进行社区资源调查、共同商讨社区发展议题及撰写农村再生计划（图5、表3）。在推行友善耕作的过程中，核心成员往往自发以自家农田为优先实验对象，进一步扩大其示范作用，建立内部信任。

除立案组织外，社区依不同功能成立了多元化工作坊，如社区联合组织八连溪里山工作坊、友善耕作产销合作社、无毒生产工作坊等，对分区发展项目进行分工协作、自主管理。因而，以协会为中心，有效整合了各类自治组织团体并发挥其长，促进与激活更多在地民间创意。在社区营造过程中，社区协会每周组织开展村民会议，制定月度工作计划，并公示经由农村居民共同监督提议，持续培育内部发展动力。

3.1.2 循序渐进推进社区工作，分阶段扩大共同体

共荣社区再生计划的推进过程反映了乡村再生和乡村共同体建构具备阶段性、动态调整的特征。在社区初拟发展愿景时，利用开放式问卷调查汇集社区居民诉求，并制定近期、中期及远期的发展目标，将农村再生按步骤有序推进。其行动逻辑依次为：农民培根教育—土地净化与生态复育—整体环境改善—有价值的历史文化保存—推动无毒生产和有机耕作—成立农夫学堂持续推广教育活动，设置农夫市集消费据点促进农民增收，至最后一阶段结合八连溪上下游社区共同开展里山生态村计划。前期重点投入于基础设施和物质环境的改善，政府资金及水土局、顾问公司等专业机构介入辅导村民营造技术和工程规划。其中，雇工购料部分大多由社区成员自主施工完成（如闲置空间改造、灌水沟渠的修缮与维护等），使在地村民各司其长，也增加了社区融入感；后期逐步进入到深化阶段，主要涉及既有农业产业的活化、改良耕作技术、挖掘乡村的生态价值等。社区进一步成为研究和教学活动场所，大专院校等学术团体走入农村，共同学习和指导农村生态环境守护；地方政府则委托相关工作室协助社区举办知识经济活动（生态及农事体验营等），同时以制作纪录片、绘本等方式扩大社区宣传通道。

3.1.3 形成跨域整合，逐步走向独立自主、永续经营

随着工程项目的减少和自身发展的成熟，社区逐渐脱离政府的资金协助，进而凭借社区组织的自治能力举办对外活动，如培训在地解说员、社区自行开展行销、推广活动等。社区的发展目标则不局限于昙花一现的参访热潮或乡村旅游的引入，而是努力践行

联合国的"里山倡议"，期许人与土地的友善共存，通过凝聚永续发展的共识，结合三生一体的长远目标进行规划，使农村社区具备持续发展的魅力。

在呈现阶段性再生成果后，共荣社区的实践也成为社区模仿学习的典范，因而社区成员在促进会及三芝乡关怀协会的带动下，主动将经验推广，协助八连溪上下游社区共同发展，在水源保护、封溪护养、友善耕作、农作物产销通路等议题上，建立合作共享机制，将目标和价值进一步扩大，促成以八连溪为主轴、八连溪农村再生促进会为联系纽带的跨域农村社区共同体，同时也形成社区间居民互助合作的友好关系。

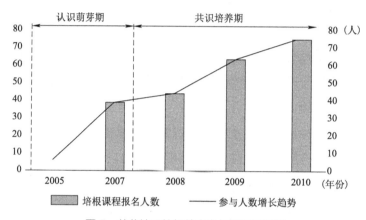

图5　共荣社区培根教育参与情况统计图

资料来源："共荣社区农村再生计划"。

三阶段培根教育代表性课程　　　　　　　　　　　　　　　　表3

培根年度	代表性课程	授课单位
2008	自然农法的经营理念与实务操作	淡水大屯溪幸福农庄经理
2009	农产品有机生产与验证管理	台湾地区行政管理机构农委会农粮署农业资材组
2010	农村文化资产认识	南投县桃米社区

资料来源：根据笔者访谈信息整理。

3.2　新乡村共同体的促成规律透视

共荣社区经过十余年持续的农村再生努力，成功构建了稳定的新乡村共同体发展模式。更为重要的是，社区组织逐步减少了对政府部门及社会资本的辅助，培养了强烈的社区共识及认同感，村民参与乡村公共事务的自觉性与主动性也大大提高，建立了可持续发展的社区自治治理机制。其乡村共同体的促成规律可从以下不同层面进行剖析。

3.2.1　农村社区层面——内生力量培育

共荣社区的再生经验显示，从"人"入手、凝聚社区农民共识是建立乡村共同体的基础，通过阶段性集体行动不断培育的内生力量将贯穿社区发展的全过程，而成功的共同体构建将会最终导向社区走向独立自主共治。通过核心成员的动员征召，农村居民不再只是各自独立的角色，而是转换成为参与农村再生运作的领导者、规划者或实践者等互相影响且具有高度联系的内部网络，透过社区组织进行群体决策，因而乡村建设的成果凝聚了社区居民的共识。

3.2.2 政府部门层面——外部力量推动

政府由治理角色转型为参与农村再生运作的协同者，在不同阶段根据社区发展的需要，提供不同方式的辅助支持。以"水土保持局"为主要部门，动态地调动各部门及外界团队的技术资源，推动农村持续成长，因而政府与农村社区表现为长期的"伙伴关系"。

3.2.3 协力团队层面——社会资本协助

评判社会资本介入是否有利乡村发展的一个标准，是看其能否转化为乡村发展的内生动力。共荣社区在农村再生计划中对社会资本的引入主要体现在对村民营造技术的培训、复杂工程项目规划和新型耕作方式的指导，避免了财团法人的介入及外包规划工程的负面影响，社会资本以协力和辅助的方式嫁接在乡村内生发展的循环过程中，从而为乡村带来整体水平的提升。

3.2.4 外部效应层面——社会效益增值

乡村共同体的构建有效地促进了社区全方位的再生，也影响了附近社区起而效尤，形成了良好的带动效益，建立了跨社区的合作机制。此外，乡村社区也提供了学术研究、生态体验、休闲农业等外部经济效益，进而逐步提升了社会对乡村价值的认识。

◆ 4 对大陆乡村振兴战略实施的启示

4.1 重塑认知价值，培育新乡村社区共同体

乡村振兴强调乡村村民的主体性，村民认识到自身对村庄社区资源和事务具有决策和支配权具有重要意义。目前乡村规划公众参与机制尚不完善，导致村庄居民有改善村庄环境的强烈意愿，但由于体制的不健全与政府的强势干预而无法有效参与[7]，因而首先要完善乡村治理架构，让村民自主提出社区发展愿景，切身参与到乡村的营造建设中，在实践中学习和提升农村建设方法并逐步培养本地人才，在"承担责任的同时，赋予他们一定的权利"。台湾地区农村再生经验也显示，应充分重视对乡村村民的认知教育和乡建意识的动员，由此对村民打开乡建工作的大门，并激发社区成员将民间智慧与生活经验融入到社区公共事务的营造过程中，以培养乡村社区的新共同体精神。

4.2　构筑开放性的乡村建设平台，促进多方合作

乡村建设是涉及多方面和多个领域的系统性工程，促进乡村内部社区新共同体形成、引导其良性发展，需要来自外部力量的支撑。片面地只依赖和强调村民、政府或其他社会力量中的某一方，都不能完成整个社区营造的建设过程[11]。地方政府在乡建初期应当起到关键的政策动员和村民教育作用，在社区发展逐步成熟的条件下，搭建开放的乡村建设平台，吸纳社会组织、专家学者和技术团队等协助和推动乡建活动的开展，结合各界力量构建有效运作的乡村共同体。其次，通过在资金、人力、技术上的扶持，促进社区间的互动交流，营造一个良好的外部环境。

4.3　转换规划师的角色，从蓝图绘制到协力参与

对于乡村社区来说，乡村规划是空间技术手段，更是一次乡村社区运行机制的变革。在以农民为规划主体的前提下，规划师或建筑师的角色和工作内容都面临着转换。首要的是认识到乡村社会所特有的"自组织"特征，每一个规划决策都影响着公共利益的分配和社会关系的转变。因而，以规划师为代表的社会机构应当建立与基层民众的交流互动，把乡村的提升计划与当地村民的自我身份认同联系在一起，触发乡村社会的家园意识觉醒[12]。在搭建价值认同的基础上，为乡村社区的规划建设提供咨询与辅助计划，与本地村民形成合作亦分工的"伙伴关系"，以沟通者和协力者的身份介入乡村规划建设。

◆ 5　结语

乡村规划不止是一个制定并执行规划的过程，而是一个全社会共同参与并实现乡村活力再生的过程。当我们回顾并深刻认识乡村社会的发展时，其本质是紧密联系的自治群体，乡村建设活动也就是一场基于在地关系的乡村共同体建构。本文在传统乡村共同体理论基础上，结合台湾地区"农村再生计划"的机制特点，提出了构筑"新乡村共同体"的设想，并探讨了在台湾地区农村再生的语境下，以农村社区为主体的内生力量如何与以政府部门、外界协力团队等构成的外部推动力量相互结合，并作用于乡村的成长过程中，从而实现新乡村社区共同体的构建。台湾地区的"农村再生"实践，为大陆地区乡村振兴中新乡村共同体模式建构提供了探索经验。

参考文献：

[1] 张立.乡村活化：东亚乡村规划与建设的经验引荐 [J]. 国际城市规划 ,2016,31(6):1-7.

[2] 方冠群 , 张红霞 , 张学东 . 村落共同体的变迁与农村社会治理创新 [J]. 农业经济 ,2014(8):27-29.

[3] 毛丹 . 村落共同体的当代命运：四个观察维度 [J]. 社会学研究 ,2010,25(1):1-33,243.

[4] SUMMERS, G.F. Rural Community Development[J]. Annual Review of Sociology.1986(12):347-371.

[5] J. Boissevain, J. Friedl, eds. Beyond the Community: Social Process in Europe[M]. Netherlands: Department of Educational Science of the Netherlands,1975.

[6] 刘钊启 , 刘科伟 . 乡村规划的理念、实践与启示——台湾地区 "农村再生" 经验研究 [J]. 现代城市研究 ,2016(6):54-59.

[7] 蔡宗翰 , 刘娜 , 丁奇 . 台湾地区乡村规划政策的演进研究——基于经济社会变迁视角 [J]. 国际城市规划 ,2016,31(6):30-34.

[8] 陈剩勇 , 于兰兰 . 网络化治理：一种新的公共治理模式 [J]. 政治学研究 ,2012(2):108-119.

[9] 台湾地区行政管理机构农业委员会 . 农村再生 2.0 创造台湾农村的新价值 [EB/OL].(2017-03-06) [2018-06-28].https://www.coa.gov.tw/ ws.php?id=2506098.

[10] 周颖 . 社区营造理念下的乡村建设机制初探 [D]. 重庆：重庆大学 ,2016.37.

[11] 施卫良 . 乡村规划在社会动员当中的作用 [J]. 小城镇建设 ,2013,31(12):34.doi:10.3969/j.issn.1002-8439.2013.12.006.

[12] 余侃华 , 刘洁 , 蔡辉 , 等 . 基于人本导向的乡村复兴技术路径探究——以 "台湾农村再生计划" 为例 [J]. 城市发展研究 ,2016,23(5):43-48.

[13] 刘健哲 . 台湾村民参与农村再生问题之探讨 [J]. 台湾农业探索 ,2015(4):1-5.

[14] 许远旺 , 卢璐 . 中国乡村共同体的历史变迁与现实走向 [J]. 西北农林科技大学学报 (社会科学版), 2015,15(2):127-134.

[15] 申明锐 , 张京祥 . 新型城镇化背景下的中国乡村转型与复兴 [J]. 城市规划 ,2015,39(1):30-34,63.

[16] 刘明德 , 胡珂 . 乡村共同体的变迁与发展 [J]. 成都大学学报 (社会科学版),2014(3):20-28.

[17] 张晨 . 台湾 "农村再生计划" 对我国乡村建设的启示 [C]// 中国城市规划学会 . 多元与包容—— 2012 中国城市规划年会论文集 (11. 小城镇与村庄规划). 北京：中国城市规划学会 ,2012.

[18] 刘健哲 . 农村再生与农村永续发展 [J]. 台湾农业探索 ,2010(1):1-7.

[19] 周志龙 . 台湾农村再生计划推动制度之建构 [J]. 江苏城市规划 ,2009(8):9-12,8.

本文刊发于《小城镇建设》2019 年第 37 卷第 1 期 30–37 页，作者：李雯骐，徐国城。

后　记

关注东亚地区的乡村建设与规划是源于 2012 年夏天，我作为带队教师在韩国釜山大学参加暑期联合设计夏令营。当时，日本大分大学和九州大学、韩国釜山大学和中国同济大学参与了这个活动。期间，三个国家的老师以英文为沟通语言进行了多次交流。在谈话交流期间，我们经常会引用一些汉语的发音，甚至于我们用英文表达某些词汇有困难时，书写一下汉字（尤其是地名），三国的老师就会异口同声地"哇"一声："原来是这个意思，明白了。"就这样，三国老师之间的交流以英文为基础，以汉字为辅助，基本无障碍。活动之后，韩国釜山大学的李仁熙教授亲自带领我们全体师生参观考察了釜山和首尔以及沿途的文化遗产，这令我十分感动。近一周的考察生活让我们切身体会到，韩国的建筑、城市空间和乡村社区等，无一不与中国有太多的相似性。甚至于说，除了语言以外，有时并不觉得身处异境。

在这次短暂的交流之后，我向我们研究团队的责任教授赵民老师汇报了韩国之行的感受以及意图推进东亚地区的村镇研究工作，以从更广阔的视角来审视中国的城镇化进程。赵民老师非常赞同这样的想法，并给予了大力支持。第二年暑期我们一起相约与韩国釜山大学李仁熙教授去日本大分地区考察乡村。之后多次往返于中国大陆、日本、韩国和中国台湾地区，不断积累对中日韩三国乡村建设与规划的总体认识。

在日本、韩国和中国台湾地区的乡村田野考察中，我们受到了非常热情的接待，民间的友好和宽松着实让我们感到意外。当地接待我们的学者和民间人士对我们的田野工作非常肯定，并多次指出"国外（境外）学者来我们这里通常是开会和参观景点，像你们这样深入乡村地区的实地踏勘工作，我们多年来是第一次遇到"。不仅学术伙伴对我们的东亚乡村研究表现出很大的关注，我们访谈的当地居民也对我们的到来展现出了极大的热情。他们往往提前准备好丰富的文字和多媒体材料、交流文件以及当地的小吃，让我们每每不仅收获学术，还收获友情，满"载"而归。这样的热情也支持着我们的东亚乡村研究得以不断地持续。

作为东亚乡村规划研究的阶段性成果，2016年我和赵民教授共同为《国际城市规划》杂志组织了一期"东亚乡村规划"专刊，又于2018年为《小城镇建设》杂志组织了一期"日本乡村规划"专刊，两次专刊共约稿了18位中日韩学者，发表了18篇研究论文。但对于东亚各国和地区而言，英文都不是母语。所以，当日韩作者所提交的母语论文翻译成中文时，因涉及专业词汇等，我们所拿到的文字质量基本上很糟糕。于是，我们用了大半年的时间才完成了对这些邀约论文的文字校对、检查、注释以及进行适应于中国读者阅读习惯的文字改写等，甚至于对部分论文的写作体例等进行加工。期间，我和赵民教授对相关论文做了大量文字修改和提升工作。非常欣慰的是，两期专刊组稿刊发后，各方面的反馈还算不错，专刊为大家呈现了最前沿的东亚乡村研究和实践成果，对促进我国的乡村建设与规划工作起到了应有之作用。

虽然本书出版之本意是希望给读者展现一个东亚乡村建设与规划的完整轮廓，但实际看来，这一目标仍然难以达成。乡村在各国和不同地区内存在着很大的差异性，对其客观地进行系统描述，本身就是一门科学。本书希望给读者一个对于东亚乡村的整体性的初步认知，建议读者结合我国当下的乡村规划和建设工作去阅读审视书中的每一篇论文，相信会有启发。为此，本书还收录了我和赵民老师及团队近几年发表的若干关于中国大陆地区乡村的若干论文，希望能够与日本、韩国及中国台湾地区的相关研究形成对照，以更好地理解东亚乡村的差异和共性。

最后，感谢在东亚乡村研究工作推进过程中赵民教授给予的无私支持，赵民老师对年轻学者的宽容、扶持和帮助，是我们在成长过程中收获的宝贵财富。感谢韩国釜山大学的李仁熙教授在多次赴韩考察过程中给予的热切帮助，感谢日本大学系长浩司教授、大分大学姬野由香和佐藤诚治教授、明治学院大学锻冶智也和毛桂荣教授、日建设计公司牧野小辉先生、同济大学李京生教授和张冠增教授，对我们多次赴日本考察给予的支持，感谢杨松龄、徐国诚、游政谕教授等对我们赴中国台湾地区开展乡村考察给予的帮助。最后，还要感谢国家自然科学基金、科技部外专计划和上海同济城市规划设计研究院对我们国际交流活动的资助，感谢同济大学建筑城规学院和城市规划系给予的各方面支持。

当然，书中疏漏难免，诚恳接受批评指正！

张立　同济大学城市规划系